高职高专机电类专业系列教材

机械制造技术课程设计指导书

第 2 版

主　编　郭彩芬　万长东
副主编　赵宏平　朱苏男
参　编　赵海燕　董　志

机　械　工　业　出　版　社

作为机械工程各专业“机械制造技术”课程的配套教材，本指导书提供了编制零件加工工艺规程及进行专用机床夹具设计的指导原则。第2版加大了实例示范比重，全新的第2章通篇都是零件加工工艺规程编制的具体内容，包括杠杆零件和泵轴零件。附录的内容涉及机床设备主要技术参数，夹紧元件结构，加工余量及切削用量选择，定位元件、导向元件、对刀元件的结构与参数等。第2版数据更加翔实，数据量进一步扩充，特别是新增的附录K机械加工工艺编制题目选编，解决了学生设计环节零件数量受限和零件类型不足的问题。

本书可供高职高专类学校机械工程类（机械设计与制造、机械制造与自动化、数控技术、模具设计与制造、车辆工程、汽车运用等）专业师生使用，也可供中等专业学校、职工大学和成人教育相关专业的师生参考。

图书在版编目（CIP）数据

机械制造技术课程设计指导书/郭彩芬，万长东主编. —2版. —北京：机械工业出版社，2018.2（2024.7重印）

高职高专机电类专业系列教材

ISBN 978-7-111-58968-6

Ⅰ.①机… Ⅱ.①郭… ②万… Ⅲ.①机械制造工艺-课程设计-高等职业教育-教学参考资料 Ⅳ.①TH16

中国版本图书馆CIP数据核字（2018）第010328号

机械工业出版社（北京市百万庄大街22号 邮政编码100037）

策划编辑：王英杰 责任编辑：王英杰 杨 璇 责任校对：潘 蕊

封面设计：马精明 责任印制：常天培

固安县铭成印刷有限公司印刷

2024年7月第2版第6次印刷

184mm×260mm · 13.25印张 · 318千字

标准书号：ISBN 978-7-111-58968-6

定价：39.00元

电话服务	网络服务
客服电话：010-88361066	机 工 官 网：www.cmpbook.com
010-88379833	机 工 官 博：weibo.com/cmp1952
010-68326294	金 书 网：www.golden-book.com
封底无防伪标均为盗版	机工教育服务网：www.cmpedu.com

第2版前言

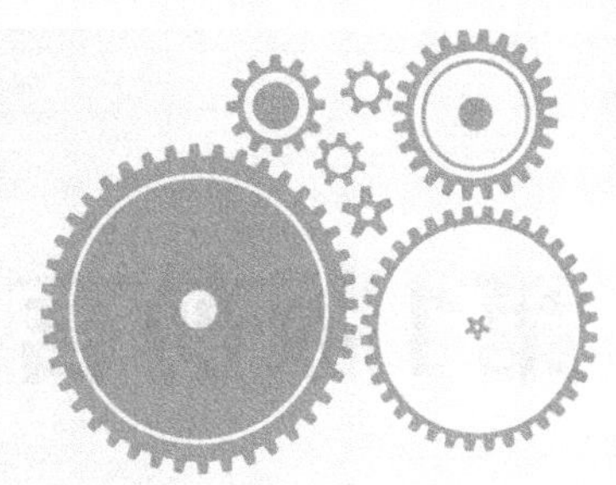

本次再版，对第 1 版的内容做了较大幅度的调整。

第 1 章的内容改动不大，但对 1.3 节（设计内容及步骤）做了进一步的充实和完整。

第 2 章是全新的内容，为机械加工工艺规程编制实例示范，包括杠杆零件和泵轴零件。从零件工艺分析开始，明确要加工零件的主要技术要求；以此为基础，选择毛坯的制造方法，确定零件的机械加工工艺路线，安排各工序的具体加工内容；再计算出所有加工表面各道中间工序的工序尺寸后，零件的毛坯图自然水到渠成；然后结合各道加工工序定位夹紧方案的设计结果，可以绘制各工序的工序简图；上述准备工作完成后，可着手编制零件加工工艺，即选择各工序的加工设备和刀具、夹具等工艺装备，然后以工步为单位计算切削用量；汇总前面的分析及计算结果，零件的机械加工工艺过程卡片和工序卡片这两份重要的工艺文件就汇总完成了。

编制零件机械加工工艺规程的另一个重要内容是设计某道工序的专用夹具。被加工表面工艺分析及定位夹紧方案设计可承接上述工艺规程编制的相关内容，然后选择合适的定位元件，进一步设计刀具的对刀或导向装置、分度机构、夹紧机构、夹具体等，最后绘制夹具总装图。设计的杠杆零件钻 2×ϕ8H7 孔钻模包含两个加工工位，解决了零件多工位加工时分度机构的设计问题；在泵轴零件铣键槽工序夹具总装图中，通过直角对刀块和圆形对刀块实现了铣刀在轴向、径向和垂向的对刀，解决了铣床夹具的对刀问题。

附录的内容也做了相应调整，保留机床、刀具、加工余量及切削用量等相关内容基本不变，扩充了附录 I（常用导向元件和对刀元件）、附录 K（机械加工工艺编制题目选编，35 份零件图）、附录 L（常用夹具元件的公差配合）的内容。

通过零件机械加工工艺规程编制和专用机床夹具设计的综合练习，学生可以更加深入消化理解课程内容，积累设计经验和提高设计能力，培养工程实践能力和创新意识。

感谢所有选用本指导书的老师。由于编者水平所限及时间仓促，书中错误和不妥之处在所难免，恳请广大读者批评指正，联系邮箱：guocf@ jssvc. edu. cn，联系人：郭彩芬。

编　者

第1版前言

“机械制造技术课程设计”是重要的实践教学环节，在整个机械制造技术教学过程中起着重要的作用。该实践环节是机械制造技术课程群知识的综合演练与运用。通过具体零件工艺规程编制和专用夹具设计的训练，学生可以更深入地消化理解课程内容，培养工程实践能力，提升专业素质。

本书是苏州市职业大学重点课程项目的配套教材，是根据高职高专机械工程类专业教学指导委员会推荐的指导性教学计划及车工、铣工、加工中心技工等国家职业标准的要求，结合高职高专类课程改革的具体情况编写的。

全书包括两部分，第一部分内容为机械加工工艺规程制定的原则、方法、步骤以及具体的零件加工工艺制定实例；第二部分内容为精选的机床参数图表、刀具结构与参数图表、各种加工类型的加工余量表、切削用量选择表以及常用的定位夹紧元件和典型夹紧机构图表。

本书提供了零件加工工艺规程编制及机床专用夹具设计的一般性指导原则和设计示例。对于工艺规程编制过程中的工序基准选择问题，本书进行了详细的分析和比较，弥补了一般教材和课程设计指导书的不足。本书收集了零件加工工艺规程编制和专用夹具设计过程中的常用设计资料，以增强学生的感性认识，锻炼学生使用设计资料的能力，强化学生使用和贯彻标准的训练。

本书通过某企业发动机连杆零件工艺规程编制实例，使学生了解机械制造技术的基本理论与方法在加工企业的具体应用。

本书供高职高专类学校机械工程类（机械设计与制造、机械制造与自动化、数控技术、模具设计与制造、车辆工程、汽车运输等）专业师生使用，也可供职工大学、成人教育和中等专业学校相关专业的师生参考。

由于编者水平所限及时间仓促，书中错误和不妥之处在所难免，恳请广大读者批评指正，联系邮箱：guocf@ jssvc. edu. cn，联系人：郭彩芬。

编　者

目 录

第 1 章

机械制造技术课程设计指导

1.1 设计目的

机械制造技术课程设计（或称为综合实训）是在学生完成“机械制图”“机械设计”“公差配合与技术测量”“机械制造基础”“机械制造技术”课程群后必修的实践教学环节。它一方面要求学生在设计中能初步学会运用所学的全部知识，另一方面也能为以后毕业设计工作做一次综合训练。学生应当通过机械制造技术课程设计达到以下几个目的：

1）培养学生综合运用“机械制图”“工程材料”“机械制造基础”“机械制造技术”等课程的理论知识。

2）初步掌握编制零件机械加工工艺规程的方法，解决零件在加工过程中的定位夹紧及工艺路线的合理安排问题，合理地选择毛坯的制造方法以及工艺装备。

3）提高夹具结构设计能力。

4）学会使用各种资料，掌握各种数据的查找方法及定位误差的计算方法，合理分配零件的加工偏差。

1.2 设计任务

机械制造技术课程设计题目一律定为：编制××零件的机械加工工艺规程。

生产纲领为批量生产。

设计任务包括以下几个部分：

1）绘制零件图、毛坯图（各一张）。

2）绘制零件机械加工工艺过程卡片、机械加工工序卡片［若干张（每工序一张）］。

3）设计指定工序专用夹具装配图及夹具体零件图。

4）编写课程设计说明书（一份）。

机械制造技术课程设计时间安排见表 1-1。

表 1-1 机械制造技术课程设计时间安排

序号	设计内容	规定时间/天	备注
1	对零件进行工艺分析，画零件图	1	
2	编制零件机械加工工艺过程卡片	1	
3	编制零件机械加工工序卡片	3	
4	零件毛坯图	0.5	
5	设计指定工序的专用夹具	3.0	
6	撰写课程设计说明书	1	
7	答辩	0.5	

1.3 设计内容及步骤

1.3.1 零件工艺分析，绘制零件图

对零件图进行工艺分析和审查的主要内容有：图样上规定的各项技术要求是否合理；零件的结构工艺性是否良好；图样上是否缺少必要的尺寸、视图或技术要求。过高的精度、过低的表面粗糙度值和其他过高的技术条件会使工艺过程复杂，加工困难。同时，应尽可能减少加工量，达到容易制造的目的。如果发现存在任何问题，应及时提出，与有关设计人员共同讨论研究，通过一定手续对图样进行修改。

对于较复杂的零件，很难将全部的问题考虑周全，因此必须在详细了解零件的构造后，再对重点问题进行深入的研究与分析。

1. 零件主次表面的区分和主要表面的加工质量保证

零件的主要表面是和其他零件相配合的表面，或是直接参与工作过程的表面。主要表面以外的表面称为次要表面。

主要表面本身精度要求一般都比较高，而且零件的构形、精度、材料的加工难易程度等，都会在主要表面的加工中反映出来。主要表面的加工质量对零件工作的可靠性与寿命有很大的影响。因此，在制订工艺路线时，首先要考虑如何保证主要表面的加工要求。

根据主要表面的尺寸精度、几何精度和表面质量要求，可初步确定在工艺过程中应该采用哪些最后加工方法来实现这些要求，并且对在最后加工之前所采取的一系列的加工方法也可一并考虑。

如某零件的主要表面之一是外圆表面，公差等级为 IT6，表面粗糙度 Ra 为 0.8μm，需要依次采用粗车、半精车和磨削加工才能达到要求。若对一尺寸公差等级为 IT7，并且还有表面形状精度要求，表面粗糙度 Ra 为 0.8μm 的内圆表面，则需采用粗镗、半精镗和磨削加工的方法方能达到图样要求。其他次要表面的加工可在主要表面的加工过程中给以兼顾。

2. 重要技术要求

技术要求一般指表面形状精度和表面之间的相互位置精度，静平衡、动平衡要求，热处理、表面处理、无损检测要求和气密性试验等。

重要技术要求是影响工艺过程制订的重要因素之一，严格的表面相互位置精度要求（如同轴度、平行度、垂直度等）往往会影响到工艺过程中各表面加工时的基准选择和先后次序，也会影响工序的集中和分散。零件的热处理和表面处理要求，对于工艺路线的安排也有重大的影响，因此应针对不同的热处理方式，在工艺过程中合理安排其位置。

零件所用的材料及其力学性能对于加工方法的选择和加工用量的确定也有一定的影响。

1.3.2 选择毛坯的制造方式

毛坯的选择应从生产批量的大小、非加工表面的技术要求以及零件的复杂程度、技术要求的高低、材料等几方面综合考虑。在通常情况下由生产性质决定。正确选择毛坯的制造方式，可以使整个工艺过程经济合理，故应慎重考虑，并要加以满足。

机械加工中常用的毛坯类型有：

1. 铸件

铸件适用于做形状复杂的零件毛坯。铸件的尺寸公差有16级，代号为CT1～CT16，常用的为CT4～CT13。铸件尺寸公差数值见表1-2。壁厚尺寸公差可以比一般尺寸公差降一级。例如：图样上规定一般尺寸公差为CT10，则壁厚尺寸公差为CT11。公差带对称于铸件公称尺寸设置，有特殊要求时，也可采用非对称设置，但应在图样上注明。铸件公称尺寸即铸件图样上给定的尺寸，包括机械加工余量。

表1-2　铸件尺寸公差数值　（单位：mm）

毛坯铸件公称尺寸	铸件尺寸公差等级（CT①）															
	1	2	3	4	5	6	7	8	9	10	11	12	13②	14②	15②	16②③
≤10	0.09	0.13	0.18	0.26	0.36	0.52	0.74	1	1.5	2	2.8	4.2				
>10～16	0.10	0.14	0.20	0.28	0.38	0.54	0.78	1.1	1.6	2.2	3.0	4.4				
>16～25	0.11	0.15	0.22	0.30	0.42	0.58	0.82	1.2	1.7	2.4	3.2	4.6	6	8	10	12
>25～40	0.12	0.17	0.24	0.32	0.46	0.64	0.90	1.3	1.8	2.6	3.6	5	7	9	11	14
>40～63	0.13	0.18	0.26	0.36	0.50	0.70	1	1.4	2	2.8	4	5.6	8	10	12	16
>63～100	0.14	0.20	0.28	0.40	0.56	0.78	1.1	1.6	2.2	3.2	4.4	6	9	11	14	18
>100～160	0.15	0.22	0.30	0.44	0.62	0.88	1.2	1.8	2.5	3.6	5	7	10	12	16	20
>160～250		0.24	0.34	0.50	0.72	1	1.4	2	2.8	4	5.6	8	11	14	18	22
>250～400			0.40	0.56	0.78	1.1	1.6	2.2	3.2	4.4	6.2	9	12	16	20	25
>400～630				0.64	0.90	1.2	1.8	2.6	3.6	5	7	10	14	18	22	28
>630～1000				0.72	1	1.4	2	2.8	4	6	8	11	16	20	25	32
>1000～1600				0.80	1.1	1.6	2.2	3.2	4.6	7	9	13	18	23	29	37
>1600～2500							2.6	3.8	5.4	8	10	15	21	26	33	42
>2500～4000								4.4	6.2	9	12	17	24	30	38	49
>4000～6300									7	10	14	20	28	35	44	56
>6300～10000										11	16	23	32	40	50	64

① 在等级CT1～CT15中，对壁厚采用粗一级公差。

② 对于不超过16mm的尺寸，不采用CT13～CT16的一般公差，应标注个别公差。

③ 等级CT16仅适用于一般公差规定为CT15的壁厚。

表1-3和表1-4列出了各种铸造方法所能达到的公差等级。铸件上的最小铸出孔直径可查表1-5确定。

表1-3　大批量生产的毛坯铸件的公差等级

方　法	公差等级（CT）					
	铸件材料					
	钢	灰铸铁	球墨铸铁	可锻铸铁	铜合金	锌合金
砂型铸造 手工造型	11～14	11～14	11～14	11～14	10～13	10～13
砂型铸造 机器造型和壳型	8～12	8～12	8～12	8～12	8～10	8～10

（续）

方　法		公差等级(CT)					
		铸 件 材 料					
		钢	灰铸铁	球墨铸铁	可锻铸铁	铜合金	锌合金
金属型铸造			8~10	8~10	8~10	8~10	7~9
压力铸造						6~8	4~6
熔模铸造	水玻璃	7~9	7~9	7~9		5~8	
	硅溶胶	4~6	4~6	4~6		4~6	

注：表中所列的公差等级是指在大批量生产条件下，而且铸件尺寸精度的生产因素已得到充分改进时铸件通常能达到的公差等级。

表 1-4　小批量生产或单件生产的毛坯铸件的公差等级

方　法	造型材料	公差等级(CT)					
		铸 件 材 料					
		钢	灰铸铁	球墨铸铁	可锻铸铁	铜合金	锌合金
砂型铸造手工造型	黏土砂	13~15	13~15	13~15	13~15	13~15	13~15
	化学黏结剂砂	12~14	11~13	11~13	11~13	10~12	10~12

注：表中的数值一般适用于大于 25mm 的公称尺寸。对于较小的尺寸，通常能经济实用地保证下列公差：

1）公称尺寸≤10mm：精三级。

2）10mm<公称尺寸≤16mm：精二级。

3）16mm<公称尺寸≤25mm：精一级。

表 1-5　最小铸出孔直径　（单位：mm）

类别	单件生产	成批生产	大量生产
通圆孔	30~50	15~30	12~15
不通圆孔	36~60	20~36	15~18
通方孔、长孔	36~60	20~36	15~18
不通方孔、长孔	40~70	20~40	16~20

对于成批和大量生产的铸件，可以通过对设备和工装的改进、调整和维修，严格控制型芯位置，获得比表 1-3 更高的等级。一种铸造方法铸件尺寸的精度，取决于生产过程中的各种因素，其中包括铸件结构的复杂性、模样和压型的类型、模样和压型的精度、铸造金属及其合金种类、造型材料的种类、铸造厂的操作水平。

2. 锻件

此类毛坯适用于要求强度较高、形状比较简单的零件，主要有锤上钢质自由锻件和钢质模锻件两种。

（1）锤上钢质自由锻件机械加工余量与公差（摘自 GB/T 21469—2008）　标准规定的机械加工余量与公差分为两个等级，即 E 级和 F 级。其中 F 级用于一般精度的锻件，E 级用于较高精度的锻件。由于 E 级往往需要特殊的工具和增加锻造加工费用，因此用于较大批量的生产。

1）盘柱类。国家标准规定了圆形、矩形（$A_1/A_2 \leqslant 2.5$）、六角形的盘柱类自由锻件的机械加工余量与公差（见图 1-1 和表 1-6）。它适用于零件尺寸符合 $0.1D \leqslant H \leqslant D$（或 A、S）盘类、$D \leqslant H \leqslant 2.5D$（或 A、S）柱类的自由锻件。

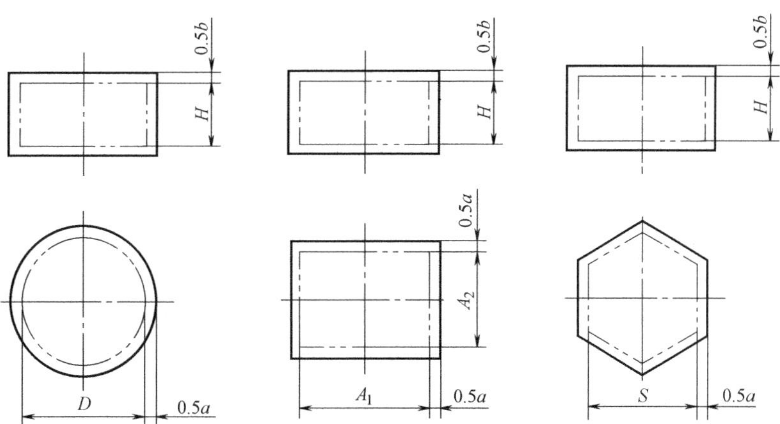

盘柱类自由锻件机械加工余量与公差图例

表 1-6　盘柱类自由锻件机械加工余量与公差　　（单位：mm）

零件尺寸 D（或 A、S）		零件高度 H											
		0~40		40~63		63~100		100~160		160~200		200~250	
		余量 a、b 与公差											
		a	b	a	b	a	b	a	b	a	b	a	b
大于	至	锻件公差等级 F											
63	100	6±2	6±2	6±2	6±2	7±2	7±2	8±3	8±3	9±3	9±3	10±4	10±4
100	160	7±2	6±2	7±2	7±2	8±3	7±2	8±3	8±3	9±3	9±3	10±4	10±4
160	200	8±3	6±2	8±3	7±2	8±3	8±3	9±3	9±3	10±4	10±4	11±4	11±4
200	250	9±3	7±2	9±3	7±2	9±3	8±3	10±4	9±3	11±4	10±4	12±5	12±5
大于	至	锻件公差等级 E											
63	100	4±2	4±2	4±2	4±2	5±2	5±2	6±2	6±2	7±2	8±3	8±3	8±3
100	160	5±2	4±2	5±2	5±2	6±2	6±2	6±2	7±2	7±2	8±3	8±3	10±4
160	200	6±2	5±2	6±2	6±2	6±2	7±2	7±2	8±3	8±3	9±3	9±3	10±4
200	250	6±2	6±2	7±2	6±2	7±2	7±2	8±3	8±3	9±3	10±4	10±4	11±4

2）带孔圆盘类。国家标准规定了带孔圆盘类自由锻件的机械加工余量与公差（见图 1-2、表 1-7 和表 1-8），它适用于零件尺寸符合 $0.1D\leqslant H\leqslant 1.5D$、$d\leqslant 0.5D$ 的带孔圆盘类自由锻件。

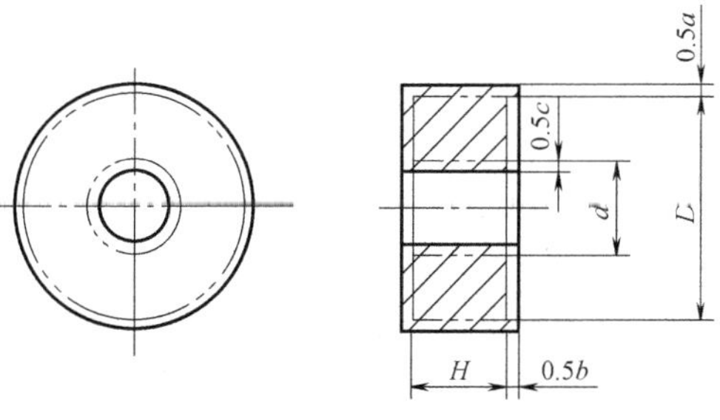

带孔圆盘类自由锻件机械加工余量与公差图例

表 1-7 带孔圆盘类自由锻件机械加工余量与公差 （单位：mm）

零件直径 D		零件高度 H																	
		0~40			40~63			63~100			100~160			160~200			200~250		
		余量 a、b、c 与公差																	
		a	b	c	a	b	c	a	b	c	a	b	c	a	b	c	a	b	c
大于	至	锻件公差等级 F																	
63	100	6±2	6±2	9±3	6±2	6±2	9±3	7±2	7±2	11±4	8±3	8±3	12±5						
100	160	7±2	6±2	11±4	7±2	6±2	11±4	8±3	7±2	12±5	8±3	8±3	12±5	9±3	9±3	14±6	11±4	11±4	17±7
160	200	8±3	6±2	12±5	8±3	7±2	12±5	8±3	8±3	12±5	9±3	9±3	14±6	10±4	10±4	15±6	12±5	12±5	18±8
200	250	9±3	7±2	14±6	9±3	7±2	14±6	9±3	8±3	14±6	10±4	9±3	15±6	11±4	10±4	17±7	12±5	12±5	18±8
大于	至	锻件公差等级 E																	
63	100	4±2	4±2	6±2	4±2	4±2	6±2	5±2	5±2	8±3	7±2	7±2	11±4						
100	160	5±2	4±2	8±3	5±2	5±2	8±3	6±2	6±2	9±3	6±2	7±2	9±3	8±3	8±3	12±5	10±4	10±4	15±6
160	200	6±2	5±2	8±3	6±2	6±2	8±3	6±2	7±2	9±3	7±2	8±3	11±4	8±3	9±3	12±5	10±4	10±4	15±6
200	250	6±2	6±2	9±3	7±2	6±2	11±4	7±2	7±2	11±4	8±3	8±3	12±5	9±3	10±4	14±6	10±4	11±4	15±6

表 1-8 最小冲孔直径

锻锤吨位/t	≤0.15	0.25	0.5	0.75	1	2	3	5
最小冲孔直径 d/mm	30	40	50	60	70	80	90	100

注：锻件高度与孔径之比大于 3 时，孔允许不冲出。

3）光轴类。国家标准规定了圆形、方形、六角形、八角形、矩形（$B/H \leqslant 5$）截面的光轴类自由锻件的机械加工余量与公差（见图 1-3 和表 1-9）。它适用于零件尺寸 $L>2.5D$（或 A、B、S）的光轴类自由锻件。

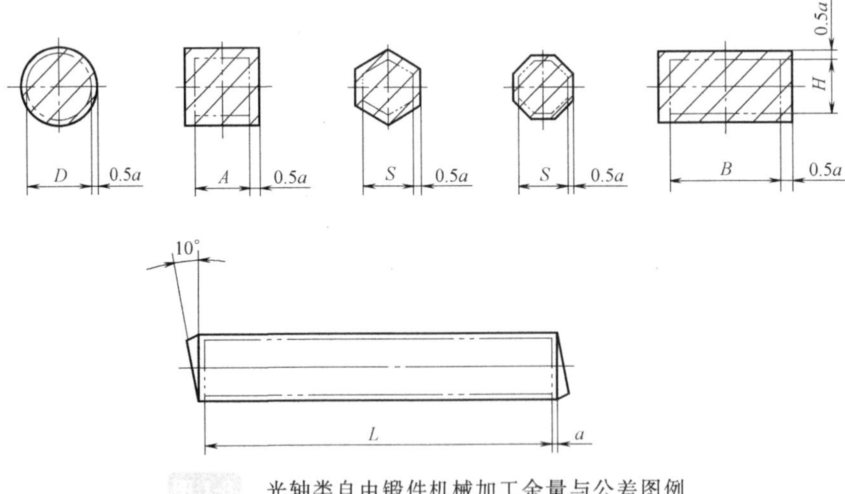

图 1-3 光轴类自由锻件机械加工余量与公差图例

① 矩形截面光轴两边长之比 $B/H>2.5$ 时，H 的余量 a 增加 20%。

② 当零件尺寸 L/D（或 L/B）>20 时，余量 a 增加 30%。

③ 矩形截面光轴以较大的一边 B 和零件长度 L 查表 1-9 得 a，以确定 L 和 B 的余量。H

的余量 a 则以零件长度 L 和计算值 $H_p=(B+H)/2$ 查表 1-9 确定。

表 1-9　光轴类自由锻件机械加工余量与公差　（单位：mm）

零件尺寸 D,A,S,B,H_p		零件长度 L				
		0~315	315~630	630~1000	1000~1600	1600~2500
		余量 a 与公差				
大于	至	锻件公差等级 F				
0	40	7±2	8±3	9±3	12±5	
40	63	8±3	9±3	10±4	12±5	14±6
63	100	9±3	10±4	11±4	13±4	14±6
100	160	10±4	11±4	12±5	14±6	15±6
160	200		12±5	13±5	15±6	16±7
200	250		13±5	14±6	16±7	17±7
大于	至	锻件公差等级 E				
0	40	6±3	7±2	8±3	11±4	
40	63	7±2	8±3	9±3	11±4	12±5
63	100	8±3	9±3	10±4	12±5	13±5
100	160	9±3	10±4	11±4	13±5	14±6
160	200		11±4	12±4	14±6	15±6
200	250		12±5	13±5	15±6	16±7

（2）钢质模锻件公差及机械加工余量（摘自 GB/T 12362—2016）　此标准适用于模锻锤、热模锻压力机、螺旋压力机和平锻机等锻压设备生产的结构钢模锻件。其他钢种的锻件也可参照使用。适用于此标准的锻件的质量应小于或等于 500kg，长度（最大尺寸）应小于或等于 2500mm。

1）锻件公差。国家标准中规定钢质模锻件的公差分为两级，即普通级和精密级。精密级公差适用于有较高技术要求，但需要采用附加制造工艺才能达到，一般不宜采用。平锻件只采用普通级。

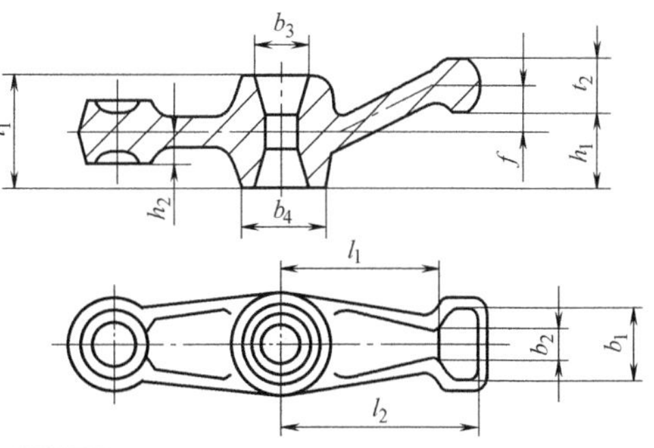

长度、宽度和高度尺寸公差示意图

① 长度、宽度和高度尺寸公差。长度、宽度和高度尺寸公差是指在分模线一侧同一块模具上沿长度、宽度、高度方向上的尺寸公差（见图 1-4）。图 1-4 中，l_1、l_2 为长度方向尺寸；b_1、b_2、b_3、b_4 为宽度方向尺寸；h_1、h_2 为高度方向尺寸；f 为落差尺寸；t_1、t_2 为跨越分模线的厚度尺寸。

此类公差根据锻件公称尺寸、质量、形状复杂系数以及材质系数查表 1-10 确定。

孔径尺寸公差按孔径尺寸由表 1-10 确定，其上、下极限偏差按 +1/4、−3/4 的比例分配。

落差尺寸公差是高度尺寸公差的一种形式（如图 1-4 所示 f），其数值比相应高度尺寸公差放宽一档，上下极限偏差按±1/2 比例分配。

表 1-10 锻件长度、宽度和高度尺寸公差部分节选（普通级） （单位：mm）

锻件质量 /kg	材质系数 M_1 M_2	形状复杂系数 S_1 S_2 S_3 S_4	锻件公称尺寸				
			0~30	30~80	80~120	120~180	180~315
			公差值及极限偏差				
0~0.4			$1.1^{+0.8}_{-0.3}$	$1.2^{+0.8}_{-0.4}$	$1.4^{+1.0}_{-0.4}$	$1.6^{+1.1}_{-0.5}$	$1.8^{+1.2}_{-0.6}$
0.4~1.0			$1.2^{+0.8}_{-0.4}$	$1.4^{+1.0}_{-0.4}$	$1.6^{+1.1}_{-0.5}$	$1.8^{+1.2}_{-0.6}$	$2.0^{+1.4}_{-0.6}$
1.0~1.8			$1.4^{+1.0}_{-0.4}$	$1.6^{+1.1}_{-0.5}$	$1.8^{+1.2}_{-0.6}$	$2.0^{+1.4}_{-0.6}$	$2.2^{+1.5}_{-0.7}$
1.8~3.2			$1.6^{+1.1}_{-0.5}$	$1.8^{+1.2}_{-0.6}$	$2.0^{+1.4}_{-0.6}$	$2.2^{+1.5}_{-0.7}$	$2.5^{+1.7}_{-0.8}$
3.2~5.6			$1.8^{+1.2}_{-0.6}$	$2.0^{+1.4}_{-0.6}$	$2.2^{+1.5}_{-0.7}$	$2.5^{+1.7}_{-0.8}$	$2.8^{+1.9}_{-0.9}$
5.6~10			$2.0^{+1.4}_{-0.6}$	$2.2^{+1.5}_{-0.7}$	$2.5^{+1.7}_{-0.8}$	$2.8^{+1.9}_{-0.9}$	$3.2^{+2.1}_{-1.1}$
10~20			$2.2^{+1.5}_{-0.7}$	$2.5^{+1.7}_{-0.8}$	$2.9^{+1.9}_{-0.9}$	$3.2^{+2.1}_{-1.1}$	$3.6^{+2.4}_{-1.2}$
			$2.5^{+1.7}_{-0.8}$	$2.8^{+1.9}_{-0.9}$	$3.2^{+2.1}_{-1.1}$	$3.6^{+2.4}_{-1.2}$	$4.0^{+2.7}_{-1.3}$
			$2.8^{+1.9}_{-0.9}$	$3.2^{+2.1}_{-1.1}$	$3.6^{+2.4}_{-1.2}$	$4.0^{+2.7}_{-1.3}$	$4.5^{+3.0}_{-1.5}$
			$3.2^{+2.1}_{-1.1}$	$3.6^{+2.4}_{-1.2}$	$4.0^{+2.7}_{-1.3}$	$4.5^{+3.0}_{-1.5}$	$5.0^{+3.3}_{-1.7}$
			$3.6^{+2.4}_{-1.2}$	$4.0^{+2.7}_{-1.3}$	$4.5^{+3.0}_{-1.5}$	$5.0^{+3.3}_{-1.7}$	$5.6^{+3.8}_{-1.8}$
			$4.0^{+2.7}_{-1.3}$	$4.5^{+3.0}_{-1.5}$	$5.0^{+3.3}_{-1.7}$	$5.6^{+3.8}_{-1.8}$	$6.3^{+4.2}_{-2.1}$

注：1. 锻件的高度尺寸或台阶尺寸及中心到边缘尺寸公差，按±1/2 的比例分配。对于内表面尺寸，上、下极限偏差对调且正负符号与表中相反。

2. 表中给出了锻件质量为 6kg，材质系数为 M_1，形状复杂系数为 S_2，尺寸为 160mm，平直分模线时公差查法。

② 厚度尺寸公差。厚度尺寸公差指跨越分模线的厚度尺寸的公差（如图 1-4 所示 t_1、t_2）。锻件所有厚度尺寸取同一公差，其数值按锻件最大厚度尺寸由表 1-11 确定。

③ 中心距公差。对于平面直线分模，且位于同一块模具内的中心距公差由表 1-12 确定；弯曲轴线及其他类型锻件的中心距公差由供需双方商定。

④ 公差表使用方法。由表 1-10 或表 1-11 确定锻件尺寸公差时，应根据锻件质量选定相应范围，然后沿水平线向右移动。若材质系数为 M_1，则沿同一水平线继续向右移动；若材质系数为 M_2，则沿倾斜线向右下移到与 M_2 垂线的交点。对于形状复杂系数 S，用同样的方法，沿水平或倾斜线移动到 S_1 或 S_2、S_3、S_4 格的位置，并继续向右移动，直到所需尺寸的垂直栏内，即可查得所需的尺寸公差。

例如：某锻件质量为 6kg，长度尺寸为 160mm，材质系数为 M_1，形状复杂系数为 S_2，平直分模线，由表 1-10 查得极限偏差为+2. 1mm、-1. 1mm，其查表顺序按表 1-10 箭头所示。

其余公差表使用方法类推。

表 1-11　锻件厚度尺寸公差部分节选（普通级）　　　（单位：mm）

锻件质量/kg	材质系数 M_1 M_2	形状复杂系数 S_1 S_2 S_3 S_4	锻件公称尺寸 0~18	18~30	30~50	50~80	80~120
			公差值及极限偏差				
0~0.4			$1.0^{+0.8}_{-0.2}$	$1.1^{+0.8}_{-0.3}$	$1.2^{+0.9}_{-0.3}$	$1.4^{+1.0}_{-0.4}$	$1.6^{+1.2}_{-0.4}$
0.4~1.0			$1.1^{+0.8}_{-0.3}$	$1.2^{+0.9}_{-0.3}$	$1.4^{+1.0}_{-0.4}$	$1.6^{+1.2}_{-0.4}$	$1.8^{+1.4}_{-0.4}$
1.0~1.8			$1.2^{+0.9}_{-0.3}$	$1.4^{+1.0}_{-0.4}$	$1.6^{+1.2}_{-0.4}$	$1.8^{+1.4}_{-0.4}$	$2.0^{+1.5}_{-0.5}$
1.8~3.2			$1.4^{+1.0}_{-0.4}$	$1.6^{+1.2}_{-0.4}$	$1.8^{+1.4}_{-0.4}$	$2.0^{+1.5}_{-0.5}$	$2.2^{+1.7}_{-0.5}$
3.2~5.6			$1.6^{+1.2}_{-0.4}$	$1.8^{+1.4}_{-0.4}$	$2.0^{+1.5}_{-0.5}$	$2.2^{+1.7}_{-0.5}$	$2.5^{+2.0}_{-0.5}$
5.6~10			$1.8^{+1.4}_{-0.4}$	$2.0^{+1.5}_{-0.5}$	$2.2^{+1.7}_{-0.5}$	$2.5^{+2.0}_{-0.5}$	$2.5^{+2.0}_{-0.5}$
10~20			$2.0^{+1.5}_{-0.5}$	$2.2^{+1.7}_{-0.5}$	$2.5^{+2.0}_{-0.5}$	$2.5^{+2.0}_{-0.5}$	$3.2^{+2.4}_{-0.8}$
			$2.2^{+1.7}_{-0.5}$	$2.5^{+2.0}_{-0.5}$	$2.5^{+2.0}_{-0.5}$	$3.2^{+2.4}_{-0.8}$	$3.6^{+2.7}_{-0.9}$
			$2.5^{+2.0}_{-0.5}$	$2.5^{+2.0}_{-0.5}$	$3.2^{+2.4}_{-0.8}$	$3.6^{+2.7}_{-0.9}$	$4.0^{+3.0}_{-1.0}$
			$2.8^{+2.1}_{-0.7}$	$3.2^{+2.4}_{-0.8}$	$3.6^{+2.7}_{-0.9}$	$4.0^{+3.0}_{-1.0}$	$4.5^{+3.4}_{-1.1}$
			$3.2^{+2.4}_{-0.8}$	$3.6^{+2.7}_{-0.9}$	$4.0^{+3.0}_{-1.0}$	$4.5^{+3.4}_{-1.1}$	$5.0^{+3.8}_{-1.2}$
			$3.6^{+2.7}_{-0.9}$	$4.0^{+3.0}_{-1.0}$	$4.5^{+3.4}_{-1.1}$	$5.0^{+3.8}_{-1.2}$	$5.6^{+4.2}_{-1.4}$

注：1. 上、下极限偏差按+3/4、−1/4 比例分配，若有需要也可按+2/3、−1/3 的比例分配。

2. 表中给出了锻件质量为 3kg，材质系数为 M_1，形状复杂系数为 S_3，最大厚度尺寸为 45mm 时公差查法。

表 1-12　锻件中心距公差部分节选　　　（单位：mm）

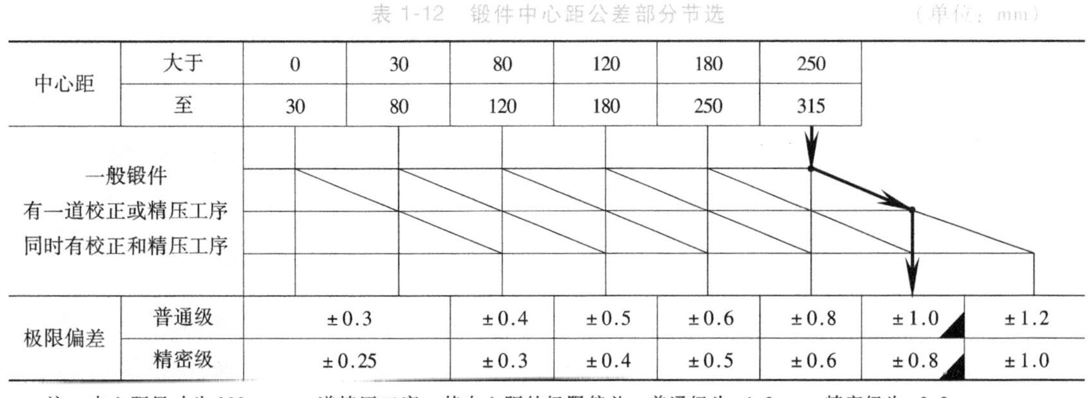

中心距	大于	0	30	80	120	180	250		
	至	30	80	120	180	250	315		
一般锻件									
有一道校正或精压工序									
同时有校正和精压工序									
极限偏差	普通级	±0.3		±0.4	±0.5	±0.6	±0.8	±1.0	±1.2
	精密级	±0.25		±0.3	±0.4	±0.5	±0.6	±0.8	±1.0

注：中心距尺寸为 300mm，一道精压工序，其中心距的极限偏差：普通级为±1.0mm，精密级为±0.8mm。

2）机械加工余量。锻件的机械加工余量根据估算锻件质量、零件表面粗糙度及形状复杂系数由表 1-13、表 1-14 确定。对于扁薄截面或锻件相邻部位截面变化较大的部分，应适当增大局部余量。

表 1-13　锻件内外表面机械加工余量部分节选

锻件质量/kg	零件表面粗糙度 Ra/μm ≥1.6，<1.6	形状复杂系数 S_1 S_2 S_3 S_4	单边余量/mm				
			厚度方向	水平方向			
				0~315	315~400	400~630	630~800
0~0.4			1.0~1.5	1.0~1.5	1.5~2.0	2.0~2.5	
0.4~1.0			1.5~2.0	1.5~2.0	1.5~2.0	2.0~2.5	2.0~3.0
1.0~1.8			1.5~2.0	1.5~2.0	1.5~2.0	2.0~2.7	2.0~3.0
1.8~3.2			1.7~2.2	1.7~2.2	2.0~2.5	2.0~2.7	2.0~3.0
3.2~5.6			1.7~2.2	1.7~2.2	2.0~2.5	2.0~2.7	2.5~3.5
5.6~10			2.0~2.2	2.0~2.2	2.0~2.5	2.3~3.0	2.5~3.5
10~20			2.0~2.5	2.0~2.5	2.0~2.7	2.3~3.0	2.5~3.5
			2.3~3.0	2.3~3.0	2.3~3.0	2.5~3.5	2.7~4.0
			2.5~3.2	2.5~3.5	2.5~3.5	2.5~3.5	2.7~4.0

注：当锻件质量为 3kg，零件表面粗糙度 $Ra=3.2\mu m$，形状复杂系数为 S_3，长度为 450mm 时，查得该锻件余量是：厚度方向为 1.7~2.2mm，水平方向为 2.0~2.7mm。

表 1-14　锻件内孔直径的单面机械加工余量部分节选　　（单位：mm）

孔　径	孔　深				
	0~63	63~100	100~140	140~200	200~280
0~25	2.0				
25~40	2.0	2.6			
40~63	2.0	2.6	3.0		
63~100	2.5	3.0	3.0	4.0	
100~160	2.6	3.0	3.4	4.0	4.6
160~250	3.0	3.0	3.4	4.0	4.6

3. 型材

热轧型材的尺寸较大，精度低，多用作一般零件的毛坯；冷拉型材尺寸较小，精度较高，多用于制造毛坯精度较高的中小型零件，适于自动机加工。

4. 焊接件

焊接件的特点及应用如下：

1）与铆接件相比，有较高的强度和刚度，较低的结构质量，而且施工简便。

2）可以全用轧制的板材、型材、管材焊成，也可以用轧材、铸件、锻件拼焊而成，给结构设计提供了很大的灵活性。

3）焊接件的壁厚可以相差很大，可按受力情况优化设计配置材料质量。

4）焊接件可以有不同材质，可按实际需要，在不同部位选用不同性能的材料。

5）焊接件外形平整，加工余量小。

6）与铸锻件相比，省掉了木模和锻模的制造工时和费用。对于单件小批生产的零部件，采用焊接件，可缩短生产周期，减小质量，降低成本。

7）特大零部件采用以小拼大的电渣焊件，可大幅度减小铸锻件的质量，并可就地加工，减少运输费用。

焊接件已基本取代铆接件。船体、车辆底盘、起重及挖掘等机械的梁、柱、桁架、吊臂以及锅炉等结构都已采用焊接件。机座、机身、壳体及各种箱形、框形、筒形、环形构件，也广泛采用焊接件。对于大件来说，焊接件简单方便，特别是对于单件小批生产可以大大缩短生产周期。但焊接件的零件变形较大，需要经过时效处理后才能进行机械加工。

5. 冲压件

它适用于形状复杂的板料零件，多用于中小尺寸零件的大批大量生产。

1.3.3　制订零件的机械加工工艺路线

1. 加工顺序的安排

在工艺规程设计过程中，工序的组合原则确定之后，就要合理地安排工序顺序，主要包括机械加工工序、热处理工序和辅助工序的安排。

（1）机械加工工序的安排

1）基准面先行。工件的精基准表面，应安排在起始工序先进行加工，以便尽快为后续工序的加工提供精基准。工件的主要表面精加工之前，还必须安排对精基准面进行修整。若基准不统一，则应按基准转换顺序和逐步提高精度的原则安排基准面加工。

2）先主后次。先安排主要表面加工，后安排次要表面加工。主要表面指装配表面、工作表面等。次要表面包括键槽、紧固用的光孔或螺孔等。由于次要表面加工量较少，而且又和主要表面有位置精度要求，因此一般应安排在主要表面半精加工结束后、精加工或光整加工之前完成。

3）先粗后精。先安排粗加工，中间安排半精加工，最后安排精加工或光整加工。

4）先面后孔。对于箱体、支架和连杆等工件，应先加工平面后加工孔。这是因为平面的轮廓平整，安放和定位比较稳定可靠。若先加工平面，就能以平面定位加工孔，保证平面和孔的位置精度。此外，平面先加工好，对于平面上的孔加工也带来方便，刀具的初始工作条件能得到改善。

（2）热处理工序的安排

1）预备热处理。一般安排在机械加工之前，主要目的是改善切削性能，使组织均匀，细化晶粒，消除毛坯制造时的内应力。常用的热处理方法有退火和正火。调质可提高材料的综合力学性能，也能为后续热处理工序做准备，可安排在粗加工后进行。

2）去内应力热处理。安排在粗加工之后、精加工之前进行，包括人工时效、退火等。一般精度的铸件在粗加工之后安排一次人工时效，消除铸造和粗加工时产生的内应力，减少后续加工的变形；精度高的铸件，应在半精加工后安排第二次时效处理，使加工精度稳定；要求精度很高的零件（如丝杠、主轴等）应安排多次去内应力热处理；对于精密丝杠、精密轴承等，为了消除残留奥氏体，稳定尺寸，还需采用冰冷处理，一般在回火后进行。

3）最终热处理。主要目的是提高材料的强度、表面硬度和耐磨性。变形较大的热处理，如调质、淬火、渗碳淬火应安排在磨削前进行，以便在磨削时纠正热处理变形。变形较小的热处理，如渗氮等，应安排在精加工后。表面的装饰性镀层和发蓝工序一般安排在工件精加工后进行。电镀工序后应进行抛光，以增加耐蚀性和美观。耐磨性镀铬则安排在粗磨和精磨之间进行。

（3）辅助工序的安排　辅助工序包括工件的检验、去毛刺、倒棱边、去磁、清洗和涂防锈油等。其中检验工序是主要的辅助工序，是保证质量的重要措施。除了每道工序操作者自检外，检验工序应安排在：粗加工结束、精加工之前；重要工序前后；送外车间加工前后；加工完毕，进入装配和成品库前应进行最终检验，有时还应进行特种性能检验，如磁力探伤、密封性等。

2. 制订工艺路线

制订工艺路线时，在工艺上常采取下列措施来保证零件在生产中的质量、生产率和经济性要求：

1）合理地选择加工方法，以保证获得精度高、结构复杂的表面。

2）为适应零件上不同表面刚度和精度的不同要求，可将工艺过程划分成阶段进行加工，以逐步保证技术要求。

3）根据工序集中或分散的原则，合理地将表面的加工组合成工序，以利于保证精度和提高生产率。

4）合理地选择定位基准，以利于保证位置精度的要求。

5）正确地安排热处理工序，以保证获得规定的力学性能，同时有利于改善材料的可加工性和减小变形对精度的影响。

不同的加工方法获得的加工精度是不同的，即使同一种加工方法，由于加工条件不同，所能达到的加工精度也是不同的。各种平面加工方法的加工精度和表面质量见表1-15。各种加工方法的经济加工精度和表面粗糙度见表1-16。

表1-15　各种平面加工方法的加工精度和表面质量

加工方法		表面粗糙度 *Ra* /μm	表面缺陷层深度 /μm	尺寸公差等级（IT）	几何公差等级	几何误差/μm							
						直线度平面度	垂直度平行度	直线度平面度	垂直度平行度	直线度平面度	垂直度平行度	直线度平面度	垂直度平行度
						被加工平面尺寸（长×宽）/mm							
						≤60×60		>60×60~160×160		>160×160~400×400		>400×400	
粗铣、粗刨		12.5~6.3	100~50	11~13	11/10~11	80，40	100，60	120，60	160，100	200，100	250，160	250，160	400，250
半精铣、半精刨		3.2~0.8	50~20	7~9	8~9/7~8	25，16	40，25	40，25	60，40	60，40	100，60	100，60	160，100
精铣、精刨		0.8~0.4	30~10	6~7	6~7/6	10，6	16，10	16，10	25，16	25，16	40，25	40，25	60，40
车削	粗车	25~12.5	100~50	11~13	11/9~10	80，40	100，60	120，60	1600，100	200，100	250，160	250，160	400，250
	半精车	12.5~1.6	50~20	8~10	8~9/7~8	25，16	40，25	40，—	60，—	60，—	100，—	100，—	160，—
	精车	1.6~0.4	30~10	7	6	6	10	10	16	16	25	25	40
一次拉削		3.2~0.8	50~10	7~9	6~7/6	10，6	16，10	16，10	25，16	25，16	40，25	40，25	60，40
磨削	粗磨	1.6	20	7~9	6~7/5~6	10，6	16，10	16，10	25，16	25，16	40，25	40，25	60，40
	半精磨	0.8~0.4	15~5	6~7	6/5~6	6，4	10，6	10，6	16，10	16，10	25，16	25，16	40，25
	精磨	0.4~0.1	5	5~6	4~5/2~3	2.5，1.6	4，2.5	4，2.5	6，4	6，4	10，6	10，6	16，10
研磨、精刮		0.4~0.1	5	5	2~3/2	1.6，1.0	2.5，1.6	2.5，1.6	4，2.5	4，2.5	6，4	6，4	10，6

注：1. 表中所列数据适用于钢件；对于铸铁件和有色金属件，应采用高一级精度。

2. 几何公差等级栏中“直线度和平面度”精度应比“垂直度和平行度”精度高一级，如“垂直度和平行度”为11级，则相应的“直线度和平面度”应为10级。

表 1-16　各种加工方法的经济加工精度和表面粗糙度

加工表面类型	加工方法	经济加工精度(IT)	表面粗糙度 Ra/μm	加工表面类型	加工方法	经济加工精度(IT)	表面粗糙度 Ra/μm
外圆和端面	粗车	11~13	12.5	孔	精镗(浮动镗)	7~9	0.80~3.20
	半精车	8~11	1.60~12.5		精细镗(金刚镗)	6~7	0.40~0.80
	精车	7~8	0.80~1.60		粗磨	9~11	3.20~12.5
	粗磨	8~11	1.60~12.5		精磨	7~9	0.80~3.20
	精磨	6~8	0.40~1.60		研磨	6	0.40
	研磨	5	0.20		珩磨	6~7	0.40~0.80
	超精加工	5	0.20		拉孔	7~9	0.80~3.20
	精细车(金刚车)	5~6	0.20~0.40	平面	粗刨、粗铣	11~13	12.5
孔	钻孔	11~13	12.5		半精刨、半精铣	8~11	1.60~12.5
	铸锻孔的粗扩(镗)	11~13	12.5		精刨、精铣	6~8	0.40~1.60
	精扩	9~11	3.20~12.5		拉削	7~8	0.80~1.60
	粗铰	8~9	1.60~3.20		粗磨	8~11	1.60~12.5
	精铰	6~7	0.40~0.80		精磨	6~8	0.40~1.60
	半精镗	9~11	3.20~12.5		研磨	5~6	0.20~0.40

表 1-17~表 1-19 列出了常见表面加工方法及适用范围。

表 1-17　外圆表面加工方法及适用范围

序号	加工方法	经济加工精度(IT)	表面粗糙度 Ra/μm	适用范围
1	粗车	11~13	25~6.3	适用于淬火钢以外的各种金属
2	粗车→半精车	8~10	6.3~3.2	
3	粗车→半精车→精车	6~9	1.6~0.8	
4	粗车→半精车→精车→滚压(或抛光)	6~8	0.2~0.025	
5	粗车→半精车→磨削	6~8	0.8~0.4	适用于淬火钢、未淬火钢
6	粗车→半精车→粗磨→精磨	5~7	0.4~0.1	
7	粗车→半精车→粗磨→精磨→超精加工	5~6	0.1~0.012	
8	粗车→半精车→粗磨→精磨→研磨	5 以上	<0.1	
9	粗车→半精车→粗磨→精磨→超精磨(或镜面磨)	5 以上	<0.05	
10	粗车→半精车→精车→金刚石车	5~6	0.2~0.025	适用于有色金属

表 1-18　内圆表面加工方法及适用范围

序号	加工方法	经济加工精度(IT)	表面粗糙度 Ra/μm	适用范围
1	钻	12~13	12.5	加工未淬火钢及铸铁的实心毛坯,也可用于加工有色金属(但表面粗糙度值稍大),孔径<15~20mm
2	钻→铰	8~10	3.2~1.6	
3	钻→粗铰→精铰	7~8	1.6~0.8	
4	钻→扩	10~11	12.5~6.3	同上,但孔径>15~20mm
5	钻→扩→粗铰→精铰	7~8	1.6~0.8	
6	钻→扩→铰	8~9	3.2~1.6	
7	钻→扩→机铰→手铰	6~7	0.4~0.1	
8	钻→(扩)→拉	7~9	1.6~0.1	大批量生产,精度视拉刀精度而定
9	粗镗(或扩孔)	11~13	12.5~6.3	毛坯有铸孔或锻孔的未淬火钢
10	粗镗(粗扩)→半精镗(精扩)	9~10	3.2~1.6	
11	扩(镗)→铰	9~10	3.2~1.6	
12	粗镗(粗扩)→半精镗(精扩)→精镗(铰)	7~8	1.6~0.8	
13	镗→拉	7~9	1.6~0.1	毛坯有铸孔或锻孔的铸件及锻件(未淬火)
14	粗镗(粗扩)→半精镗(精扩)→浮动镗刀块精镗	6~7	0.8~0.4	

（续）

序号	加 工 方 法	经济加工精度（IT）	表面粗糙度 $Ra/\mu m$	适 用 范 围
15	粗镗→半精镗→磨孔	7~8	0.8~0.2	淬火钢或非淬火钢
16	粗镗（粗扩）→半精镗→粗磨→精磨	6~7	0.2~0.1	
17	粗镗→半精镗→精镗→金刚镗	6~7	0.4~0.05	有色金属加工
18	钻→（扩）→粗铰→精铰→珩磨 钻→（扩）→拉→珩磨 粗镗→半精镗→精镗→珩磨	6~7	0.2~0.025	黑色金属高精度大孔的加工
19	粗镗→半精镗→精镗→研磨	6 以上	0.1 以下	
20	钻（粗镗）→扩（半精镗）→精镗→金刚镗→脉冲滚压	6~7	0.1	有色金属及铸件上的小孔

表 1-19　平面加工方法及适用范围

序号	加 工 方 法	经济加工精度（IT）	表面粗糙度 $Ra/\mu m$	适 用 范 围
1	粗车	10~11	12.5~6.3	未淬硬钢、铸铁、有色金属端面
2	粗车→半精车	8~9	6.3~3.2	
3	粗车→半精车→精车	6~7	1.6~0.8	
4	粗车→半精车→磨削	7~9	0.8~0.2	钢、铸铁端面
5	粗刨（粗铣）	12~14	12.5~6.3	不淬硬的平面
6	粗刨（粗铣）→半精刨（半精铣）	11~12	6.3~1.6	
7	粗刨（粗铣）→精刨（精铣）	7~9	6.3~1.6	
8	粗刨（粗铣）→半精刨（半精铣）→精刨（精铣）	7~8	3.2~1.6	
9	粗铣→拉	6~9	0.8~0.2	大量生产未淬硬的小平面
10	粗刨（粗铣）→精刨（精铣）→宽刃刀精刨	6~7	0.8~0.2	未淬硬的钢件、铸铁件及有色金属件
11	粗刨（粗铣）→半精刨（半精铣）→精刨（精铣）→宽刃刀低速精刨	5	0.8~0.2	
12	粗刨（粗铣）→精刨（精铣）→刮研	5~6	0.8~0.1	淬硬或未淬硬的黑色金属工件
13	粗刨（粗铣）→半精刨（半精铣）→精刨（精铣）→刮研			
14	粗刨（粗铣）→精刨（精铣）→磨削	6~7	0.8~0.2	
15	粗刨（粗铣）→半精刨（半精铣）→精刨（精铣）→磨削	5~6	0.4~0.2	
16	粗铣→精铣→磨削→研磨	5 以上	<0.1	

在选择加工方法时，首先选定主要表面的最后加工方法，然后选定最后加工前一系列准备工序的加工方法，接着再选次要表面的加工方法。

在各表面的加工方法初步选定以后，还应综合考虑各方面工艺因素的影响。如轴套内孔 $\phi76^{+0.03}_{0}$mm，其公差等级为 IT7，表面粗糙度 Ra 为 1.6μm，可以采用精镗的方法来保证，但 $\phi76^{+0.03}_{0}$mm 的内孔相对于内孔 $\phi108^{+0.022}_{0}$mm 有同轴度要求，因此，两个表面应安排在一个工序，均采用磨削来加工。

1.3.4　计算工序尺寸并绘制零件毛坯图

工序尺寸计算按加工表面进行，每一加工表面都应单独列表计算工序尺寸，表中标明该表面从毛坯到成品每一中间工序的工序尺寸及极限偏差。

1. 选择加工余量

根据工艺路线安排原则，应首先确定每个加工表面的工序加工余量，一个表面的总加工余量则为该表面各工序加工余量之和。

工序加工余量按查表法确定，其选用原则为：

1）为缩短加工时间，降低制造成本，应采用最小的加工余量。

2）加工余量应保证得到图样上规定的精度和表面粗糙度。

3）要考虑零件热处理时的变形，否则可能产生废品。

4）要考虑所采用的加工方法、设备的影响以及加工过程中零件可能产生的变形。

5）要考虑加工零件尺寸大小，尺寸越大，加工余量越大，因为零件的尺寸增大后，由切削力、内应力等引起变形的可能性也增加。

6）选择加工余量时，还要考虑工序尺寸公差的选择。因为公差决定加工余量的最大尺寸和最小尺寸。工序尺寸公差不应超过经济加工精度的范围。

7）本工序余量应大于上道工序残留的表面缺陷层厚度。

8）本工序公差必须大于上道工序的尺寸公差和几何公差。

各种加工方法的粗、精加工余量的选择参见附录F。

2. 确定工序尺寸及极限偏差

1）定位基准与工序基准重合时工序尺寸的计算。零件中的大多数表面需经多道工序加工，才能满足设计要求。如果加工中的定位基准与工序基准重合（如回转体零件中的外圆表面或内孔表面），此时可采用“由后往前推”的方法计算某一表面各道中间工序的工序尺寸，即已知该表面最终工序的工序尺寸，由本道工序的工序尺寸加减本道工序的工序余量即可计算出上道工序的公称尺寸，依次向前，可以一直推算出该表面的毛坯尺寸。

2）工艺尺寸链。如果某一工序加工时的定位基准与工序基准不重合，此时可采用工艺尺寸链的方法计算本道工序的工序尺寸。首先按照工艺尺寸链的原则建立工艺尺寸链，确定尺寸链的封闭环、增环及减环，然后计算得到工序尺寸。

3）工序尺寸极限偏差。各工序尺寸极限偏差由该工序加工方法的经济加工精度决定（见表1-16~表1-19），并按“入体原则”标注，即内表面标上极限偏差，下极限偏差为0；外表面标下极限偏差，上极限偏差为0。

3. 绘制零件毛坯图

各表面的工序尺寸计算完成后，就可以绘制零件毛坯图了。毛坯图与零件图可以画在一起，即零件-毛坯总图，其中各表面的总加工余量用红色双点画线标明，同时应在图上标出毛坯尺寸、公差、技术要求、毛坯制造分模面、圆角半径、起模斜度等；如果零件结构比较复杂，毛坯图也可以单独绘制。

1.3.5　绘制工序简图

1. 简图形式

在每张工序卡片的左上角放置工序简图（或称为工序示意图）。绘制工序简图时，要满足以下要求：

1）根据零件加工的具体情况可选择画向视图、剖视图、局部视图等。

2）被加工表面应用粗实线表示，其他非加工表面用细实线表示。

3）允许不按比例或真实尺寸绘制，被加工表面标注按上述1.3.4节计算得到的工序尺寸。

4）标明本工序加工所选用的定位基准以及夹紧力方向和作用点。

5）其他技术要求，如具体的加工要求（配磨、配钻等）、热处理、清洗等。

2. 选择定位基准以及夹紧力方向和作用点

根据粗基准、精基准选择原则，合理选择各工序的定位基准，实现本工序加工的完全定位或部分定位，尽量避免过定位，坚决不允许欠定位的出现。合理确定夹紧力方向和作用点。

将确定后的定位基准以及夹紧力方向和作用点以符号形式标注在工序简图上。

表 1-20 给出了定位、夹紧符号。

表 1-21 给出了定位、夹紧元件及装置符号。

表 1-22 给出了定位、夹紧及装置符号综合标注示例。

表 1-23 给出了定位、夹紧符号标注示例。

表 1-20　定位、夹紧符号

分类 \ 标注位置		独立		联动	
		标注在视图轮廓线上	标注在视图正面上	标注在视图轮廓线上	标注在视图正面上
主要定位点	固定式	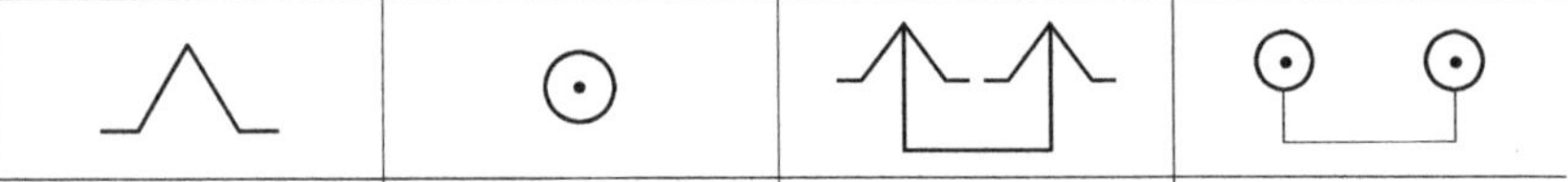			
	活动式	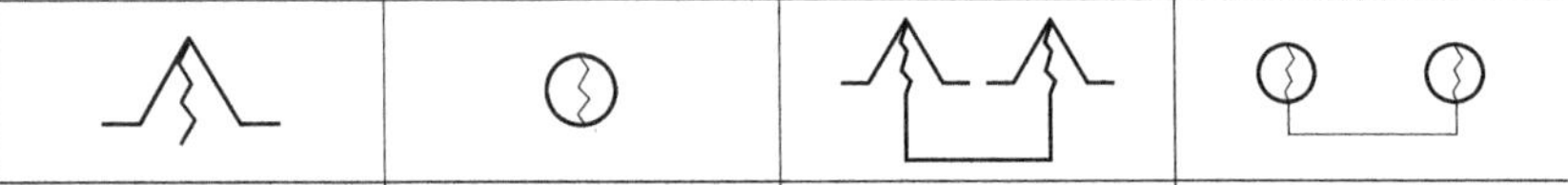			
辅助定位点		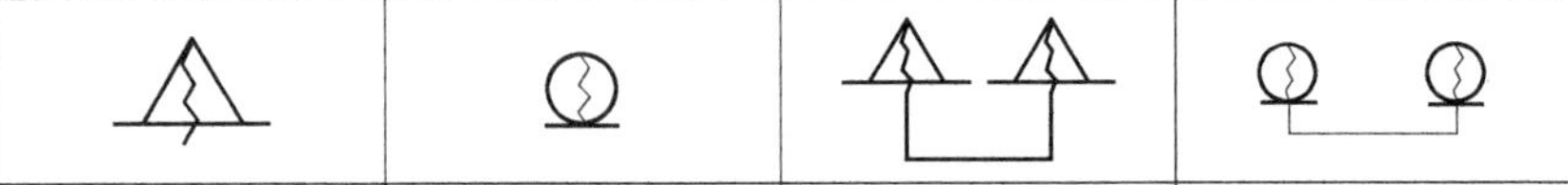			
机械夹紧					
液压夹紧		Y	Y	Y	Y
气动夹紧		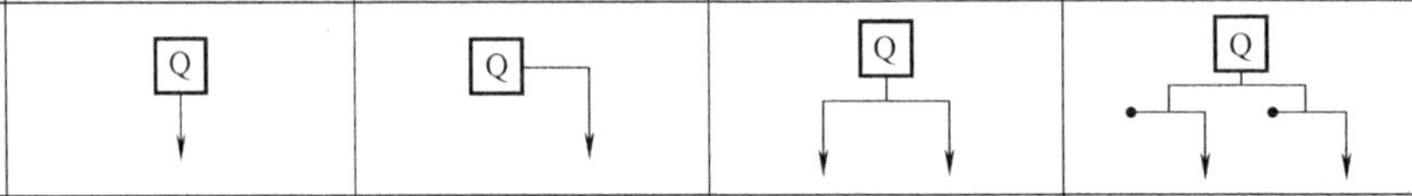 Q	Q	Q	Q
电磁夹紧		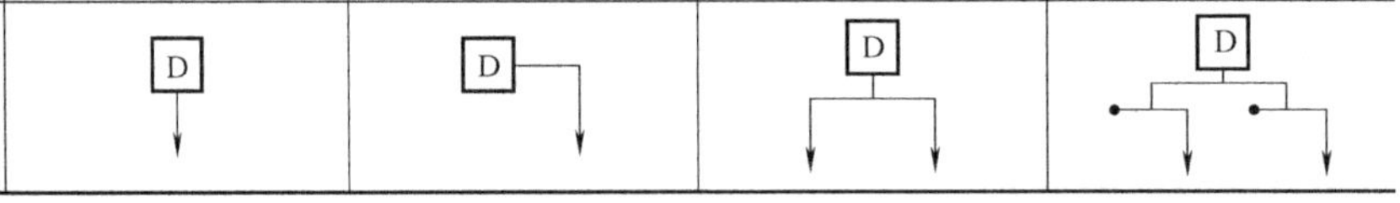 D	D	D	D

表 1-21　定位、夹紧元件及装置符号

序号	符号	名称	定位、夹紧元件及装置简图	序号	符号	名称	定位、夹紧元件及装置简图
1		固定顶尖	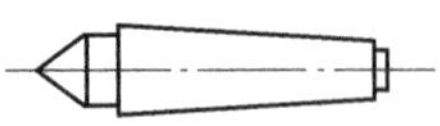	4		内拨顶尖	
2		内顶尖	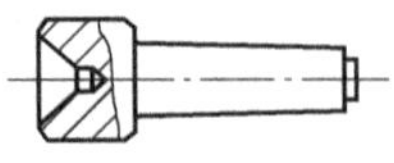	5		外拨顶尖	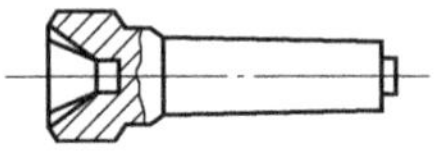
3		回转顶尖	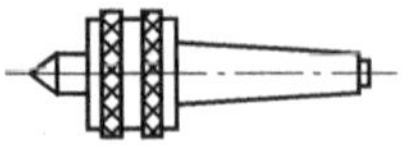	6		浮动顶尖	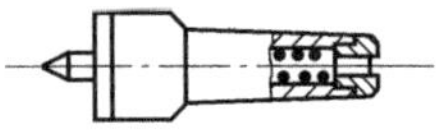

（续）

序号	符号	名称	定位、夹紧元件及装置简图
7		伞形顶尖	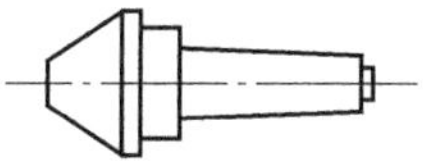
8		圆柱心轴	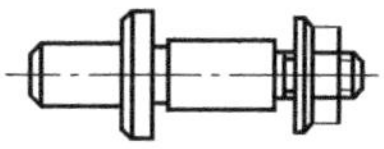
9		锥度心轴	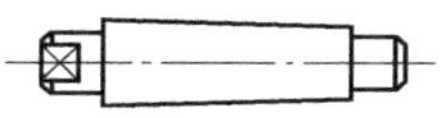
10		螺纹心轴	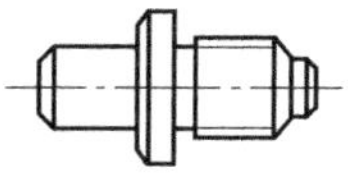
11		弹性心轴 弹性夹头	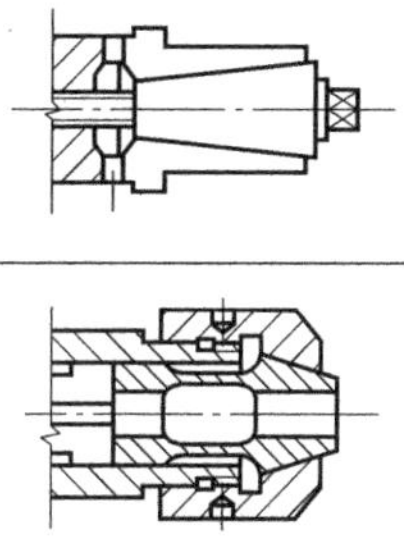
12		自定心卡盘	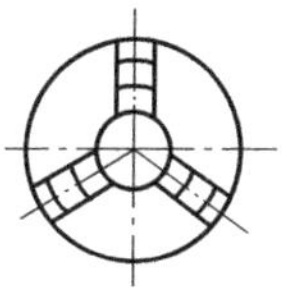
13		单动卡盘	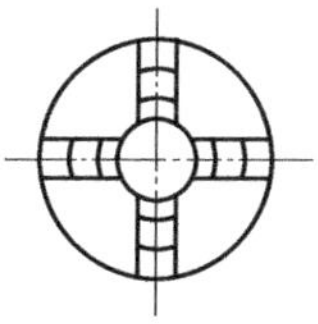
14		中心架	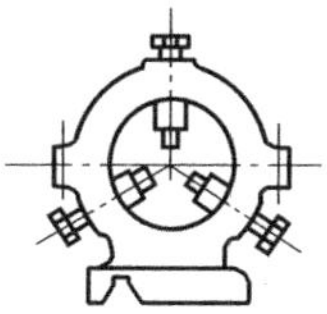
15		跟刀架	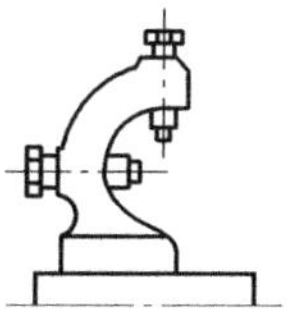
16		圆柱衬套	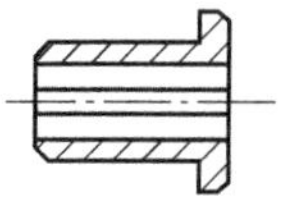
17		螺纹衬套	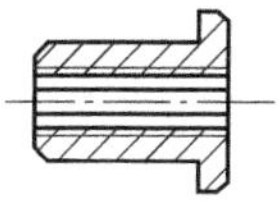
18		止口盘	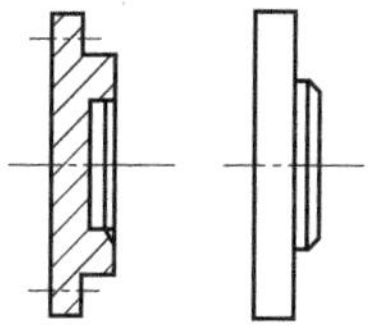
19		拨杆	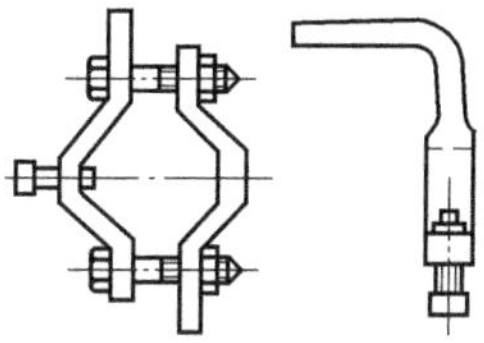
20		垫铁	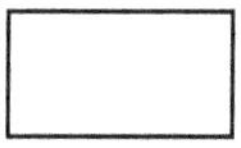
21		压板	
22		角铁	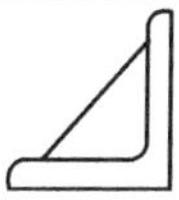
23		可调支承	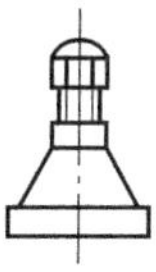
24		平口钳	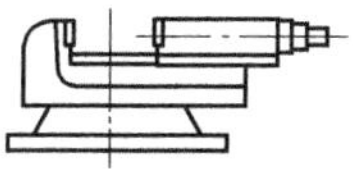
25		中心堵	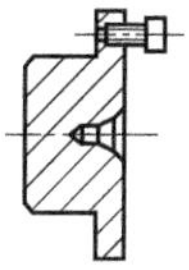
26		V形块	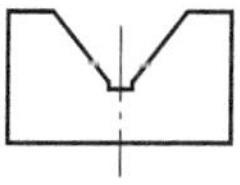
27		软爪	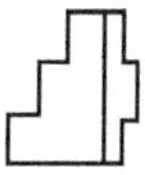

表 1-22　定位、夹紧及装置符号综合标注示例

序号	说　明	定位、夹紧符号标注示意图	装置符号标注示意图	备　注
1	床头固定顶尖、床尾固定顶尖定位，拨杆夹紧	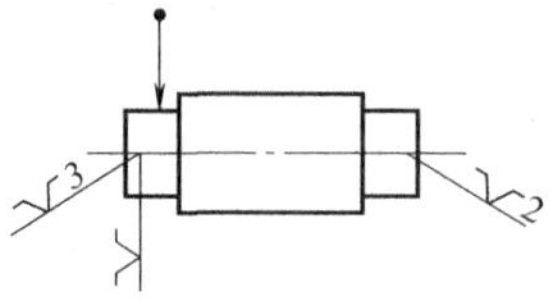 3　2	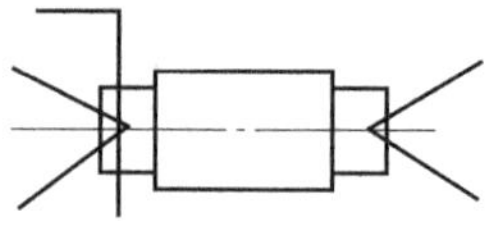	
2	床头固定顶尖、床尾浮动顶尖定位，拨杆夹紧	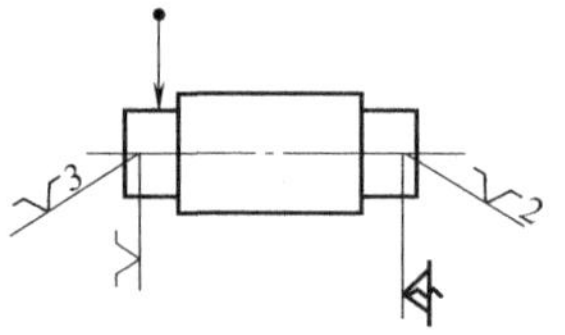 3　2	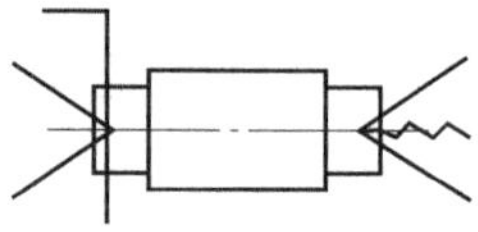	
3	床头内拨顶尖、床尾回转顶尖定位、夹紧（轴类零件）	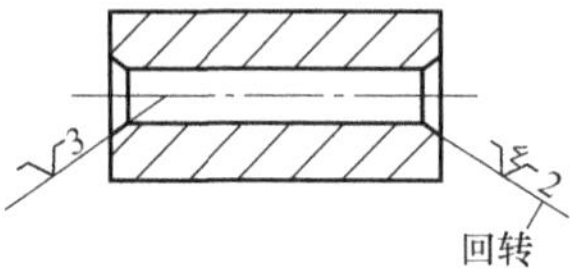 3　2　回转	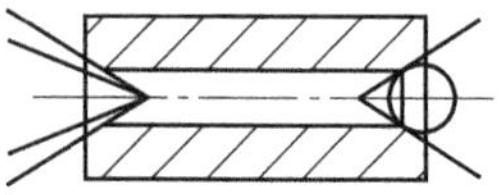	
4	床头外拨顶尖、床尾回转顶尖定位、夹紧（轴类零件）	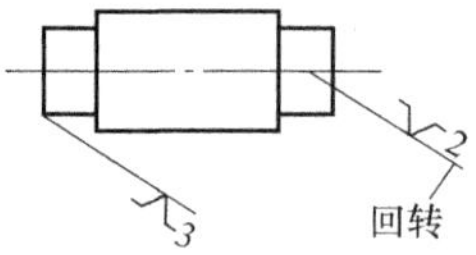 2　3　回转	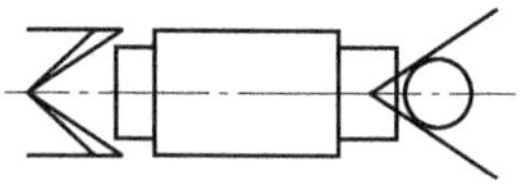	
5	床头弹簧夹头定位、夹紧，夹头内带有轴向定位，床尾内顶尖定位（轴类零件）	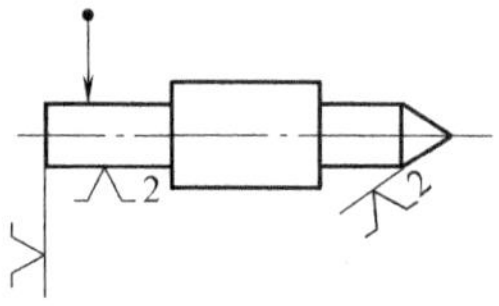 2　2	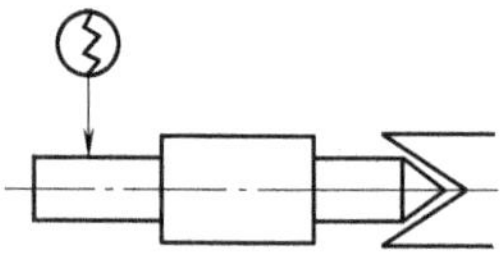	
6	弹簧夹头定位、夹紧（套类零件）	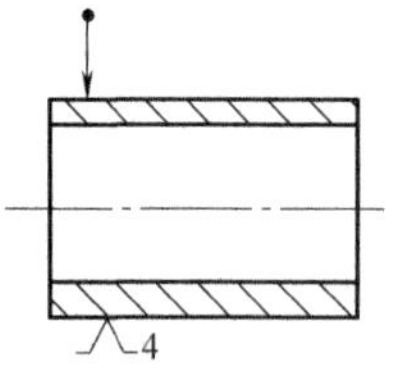 4	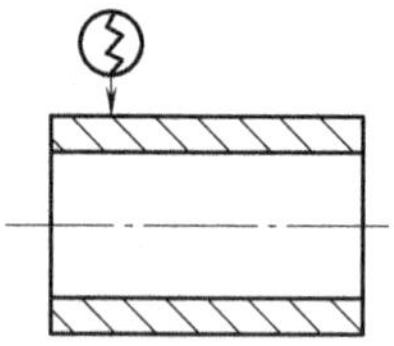	
7	液压弹簧夹头定位、夹紧，夹头内带有轴向定位（套类零件）	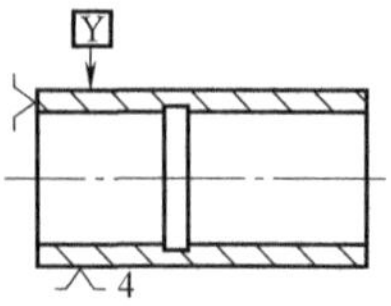 Y　4	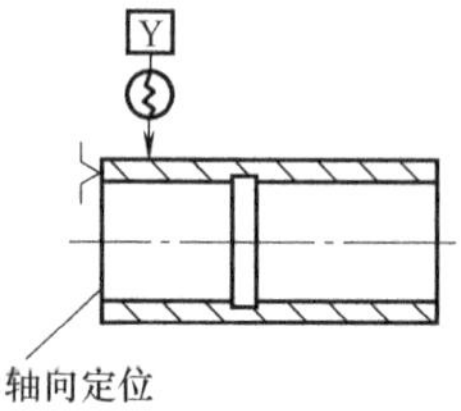 Y　轴向定位	轴向定位由一个定位点控制

（续）

序号	说　明	定位、夹紧符号标注示意图	装置符号标注示意图	备　注
8	弹性心轴定位、夹紧（套类零件）	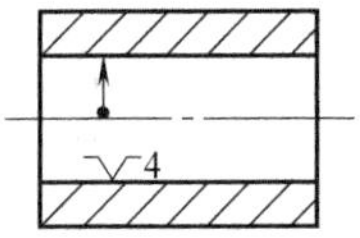 4	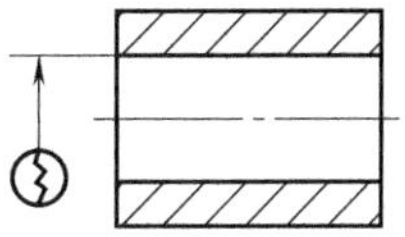	
9	气动弹性心轴定位、夹紧，带端面定位（套类零件）	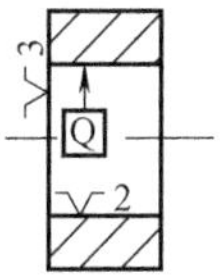 3 Q 2	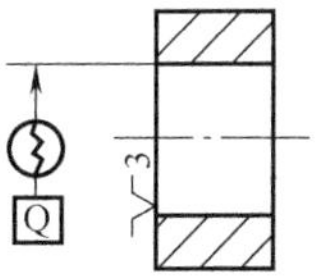 Q 3	端面定位由三个定位点控制
10	锥度心轴定位、夹紧（套类零件）	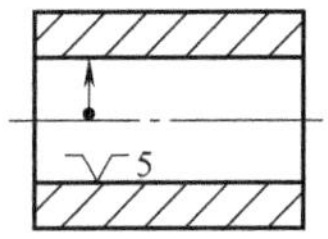 5	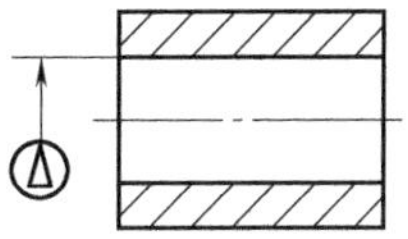	
11	圆柱心轴定位、夹紧，带端面定位（套类零件）	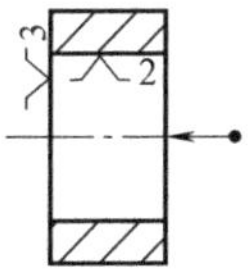 3 2	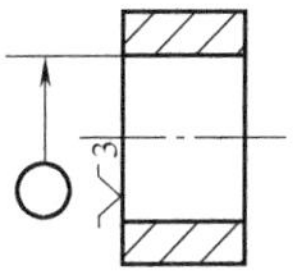 3	
12	自定心卡盘定位、夹紧（短轴类零件）	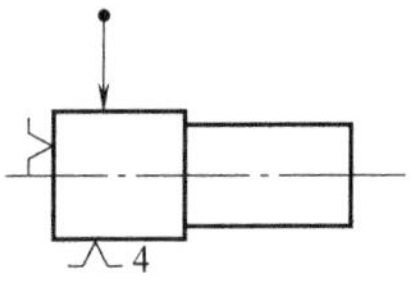 4	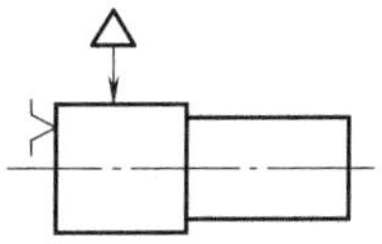	
13	液压自定心卡盘定位、夹紧，带端面定位（盘类零件）	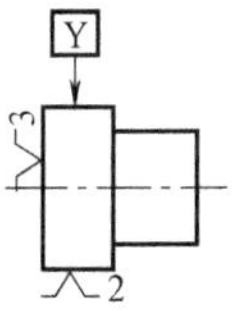 Y 3 2	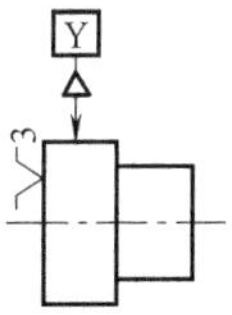 Y 3	
14	单动卡盘定位、夹紧，带轴向定位（短轴类零件）	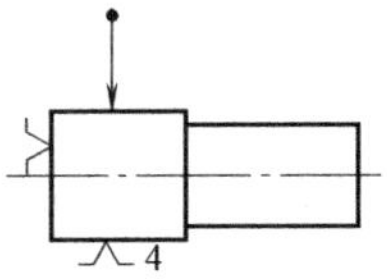 4	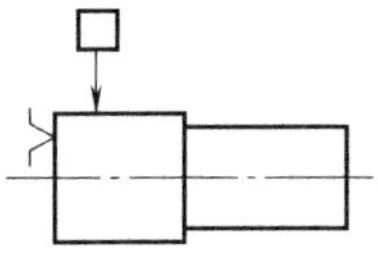	
15	单动卡盘定位、夹紧，带端面定位（盘类零件）	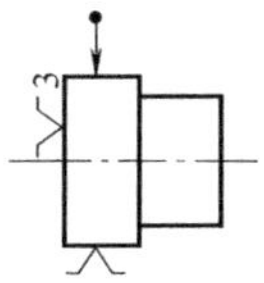 3	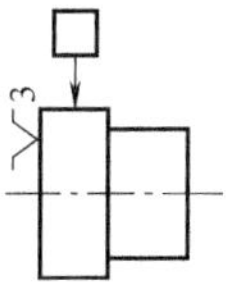 3	

（续）

序号	说　明	定位、夹紧符号标注示意图	装置符号标注示意图	备　注
16	床头固定顶尖，床尾浮动顶尖，中部有跟刀架辅助支承定位，拨杆夹紧（细长轴类零件）	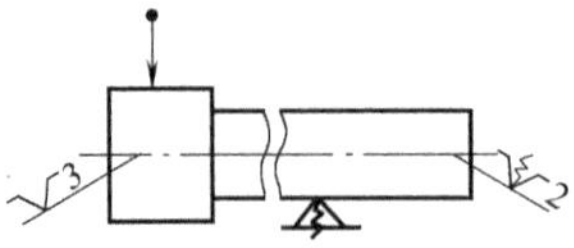 3　2	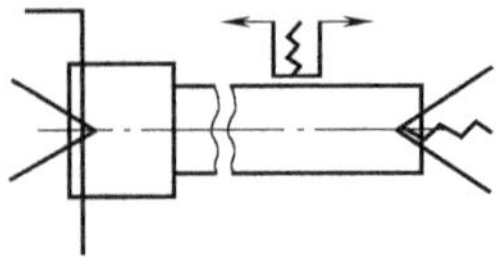	
17	床头自定心卡盘定位、夹紧，床尾中心架支承定位（细长轴类零件）	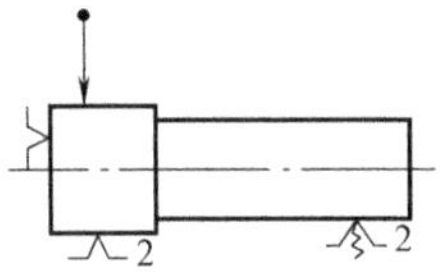 2　2	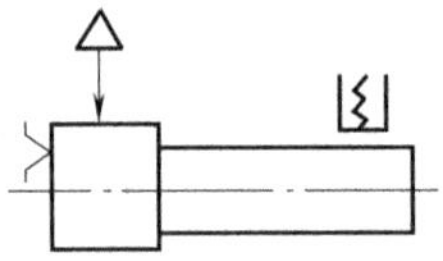	
18	止口盘定位，螺栓压板夹紧	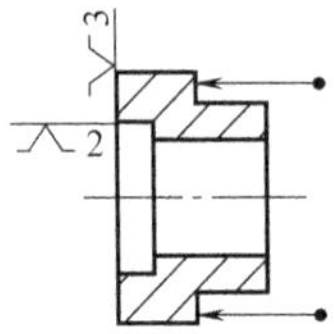 3　2	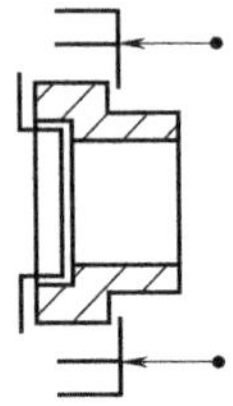	
19	止口盘定位，气动压板夹紧	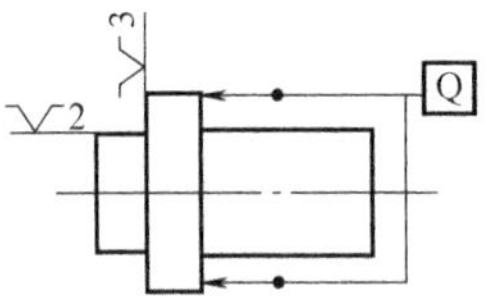 3　2　Q	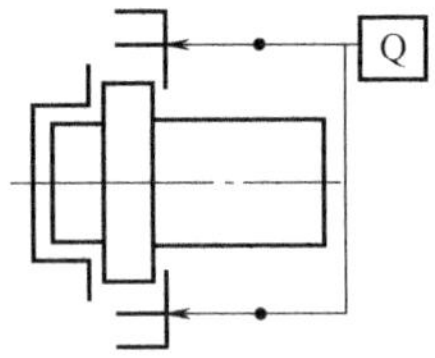 Q	
20	螺纹心轴定位、夹紧（环类零件）	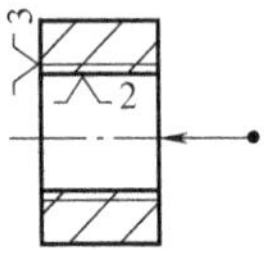 3　2	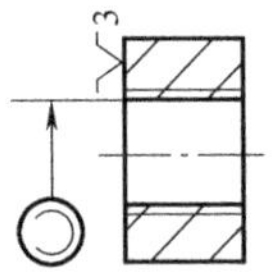 3	
21	圆柱衬套带有轴向定位，外用自定心卡盘夹紧（轴类零件）	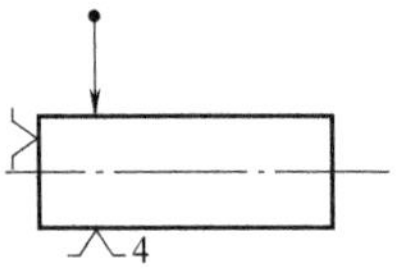 4	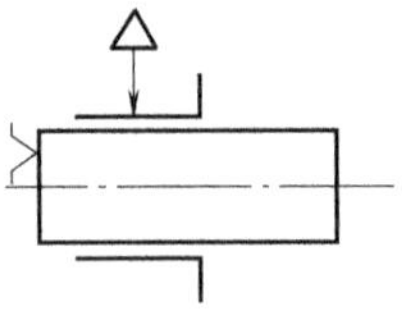	
22	螺纹衬套定位，外用自定心卡盘夹紧	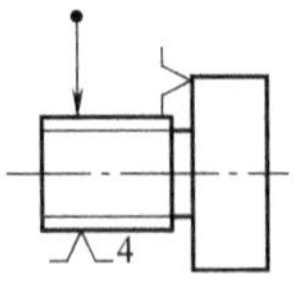 4	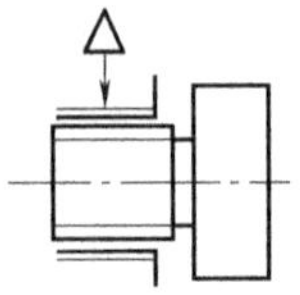	
23	平口钳定位夹紧	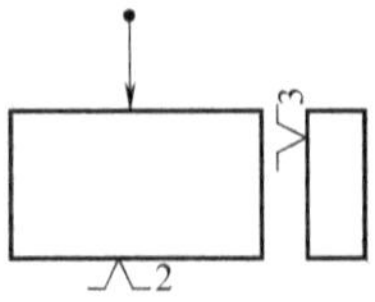 3　2	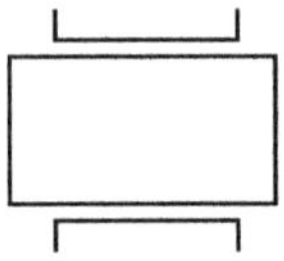	

（续）

序号	说明	定位、夹紧符号标注示意图	装置符号标注示意图	备注
24	电磁盘定位夹紧	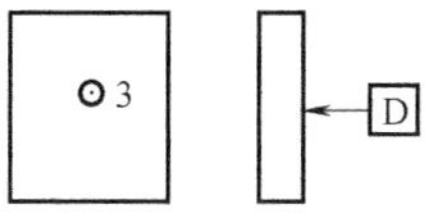 ◎3　D		
25	软爪定位夹紧（薄壁零件）	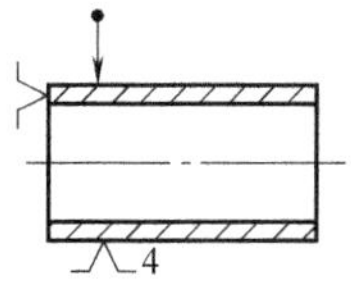 4	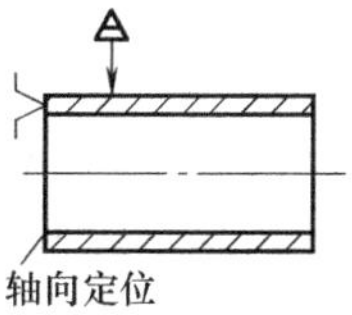 轴向定位	
26	床头伞形顶尖、床尾伞形顶尖定位，拨杆夹紧（筒类零件）	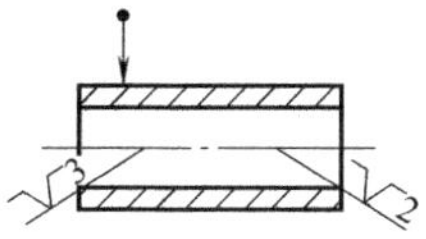 3　2	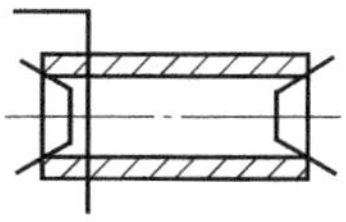	
27	床头中心堵、床尾中心堵定位，拨杆夹紧（筒类零件）	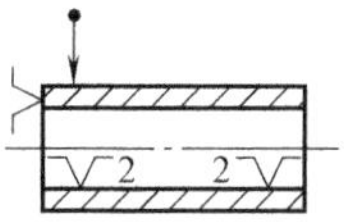 2　2	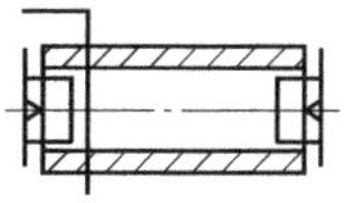	
28	角铁及可调支承定位，联动夹紧	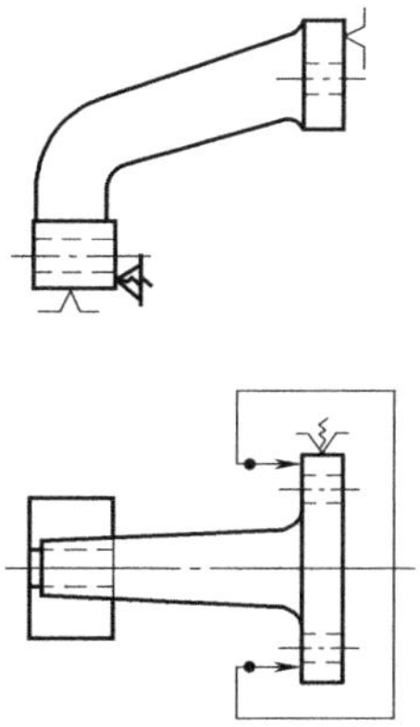	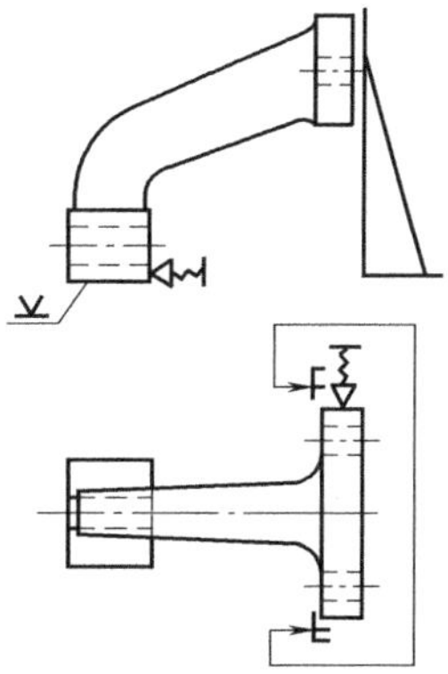	
29	一端固定V形块，工件平面用垫铁定位；另一端用可调V形块定位夹紧	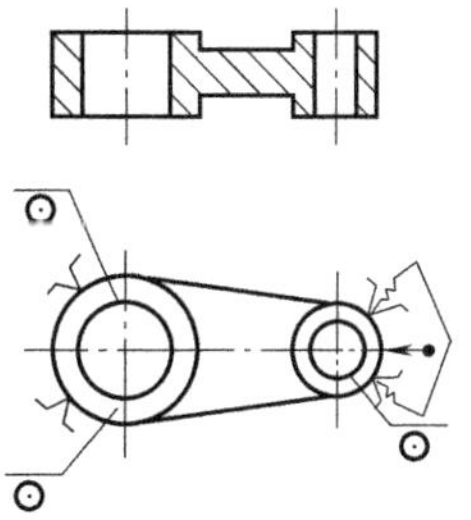	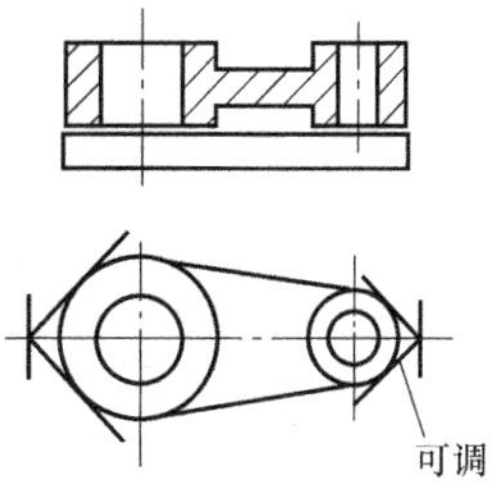 可调	

表 1-23　定位、夹紧符号标注示例

序号	说　　明	定位、夹紧符号标注示意图	序号	说　　明	定位、夹紧符号标注示意图
1	装夹在V形块上的轴类工件（铣键槽）	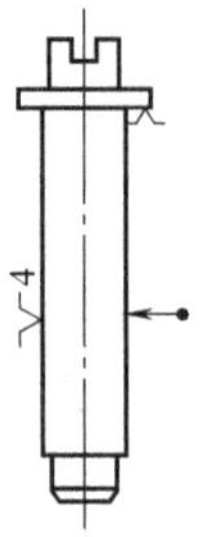	6	装夹在钻模上的支架（钻孔）	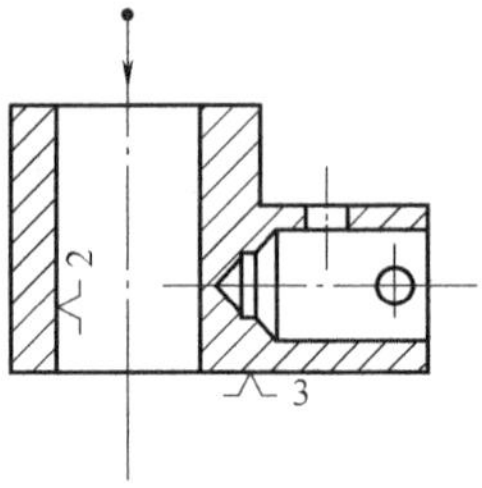
2	装夹在铣齿机底座上的齿轮（齿形加工）	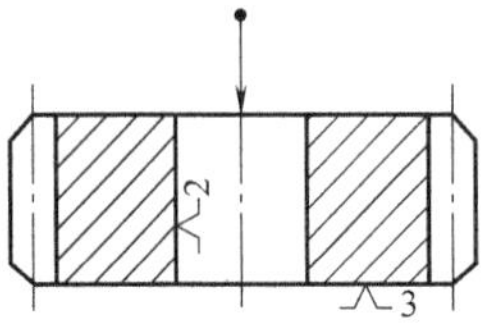	7	装夹在齿轮、齿条压紧钻模上的法兰盘（钻孔）	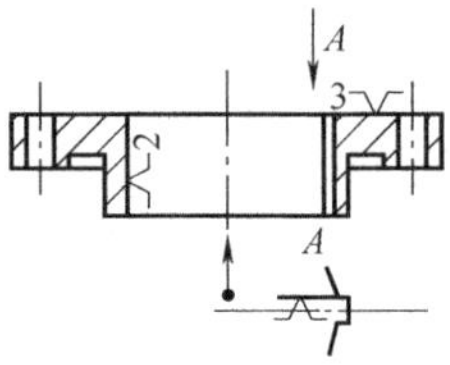
3	用单动卡盘找正夹紧或自定心卡盘夹紧及回转顶尖定位的曲轴（车曲轴）	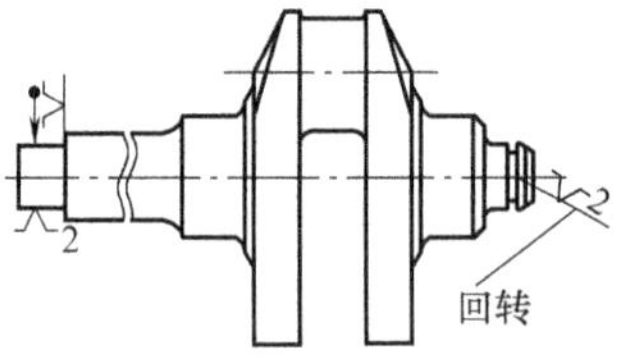 回转	8	装夹在夹具上的拉杆叉头（钻孔）	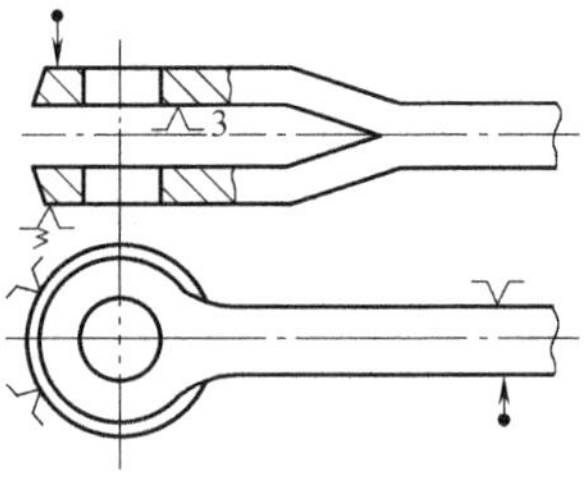
4	装夹在一圆柱销和一菱形销夹具上的箱体（箱体镗孔）	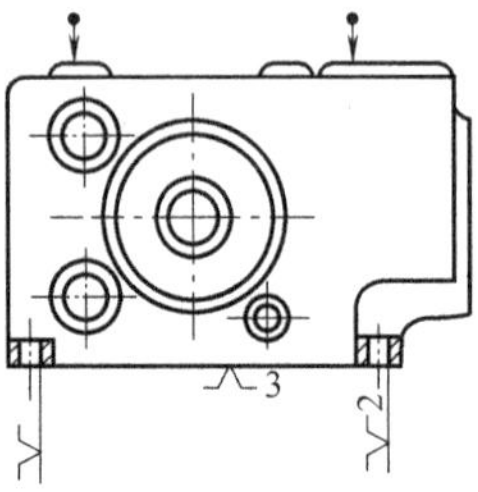	9	装夹在专用曲轴夹具上的曲轴（铣曲轴侧面）	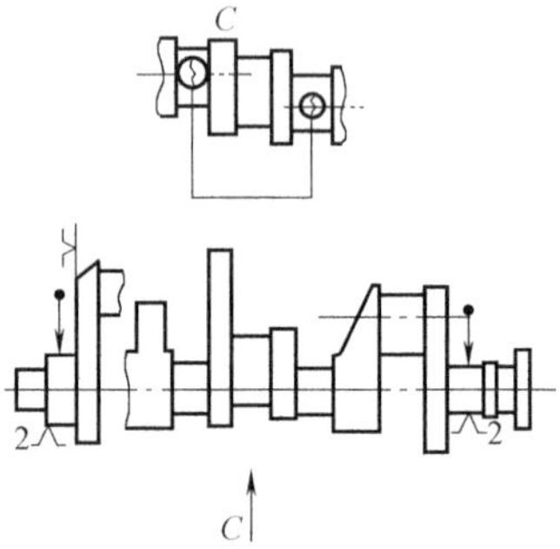
5	装夹在三面定位夹具上的箱体（箱体镗孔）	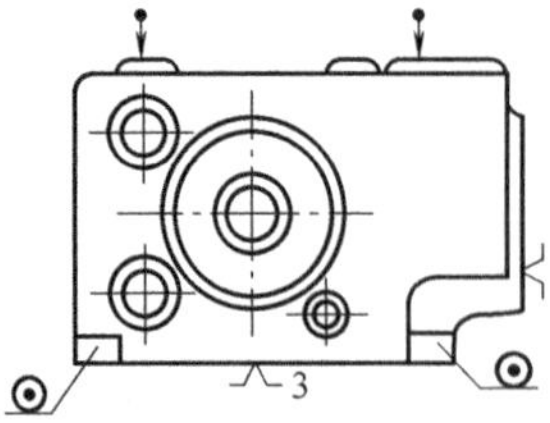	10	装夹在联动定位装置上带双孔的工件（仅表示工件两孔定位）	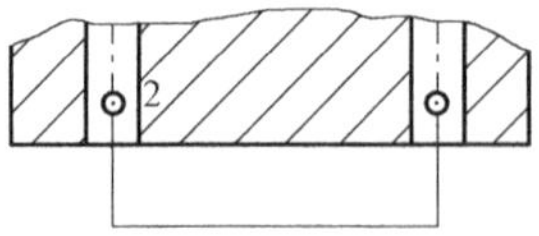

（续）

序号	说　明	定位、夹紧符号标注示意图
11	装夹在联动辅助定位装置上带不同高度平面的工件	
12	装夹在联动夹紧夹具上的垫块（加工端面）	
13	装夹在联动夹紧夹具上的多件短轴（加工端面）	
14	装夹在液压杠杆夹紧夹具上的垫块（加工侧面）	
15	装夹在气动铰链杠杆夹紧夹具上的圆盘（加工上平面）	

1.3.6　编制加工工艺

1. 选择机床及刀具、夹具等工艺装备并确定切削用量

按照每道工序的工种和加工精度要求，合理选择所用的机床及刀具、夹具等工艺装备。然后按工序中细分的工步确定切削用量三要素。

切削用量的数值合理与否对加工质量、生产率、生产成本等有着非常重要的影响。所谓“合理的”切削用量是指充分利用刀具切削性能和机床动力性能（功率、转矩），在保证质量的前提下，获得较高生产率和较低加工成本的切削用量。

1）背吃刀量 a_p。按照本书 1.3.4 节的内容选择本工序本工步的加工余量 z，如果该余量可以一次切除，则 $a_p=z$（单边余量）或 $a_p=z/2$（双边余量）；否则要分两次或更多次切除。

2）进给量 f。查附录 G，可以选择本工序加工方法所对应的进给量，选择合适数值。

3）切削速度 v。首先根据选择的机床及本工序所处的加工阶段，选择机床转速 n，然后根据公式 $v=\pi dn/1000$ 计算本工步的切削速度。

2. 选择计量器具

选择计量器具时，主要根据被加工零件的精度要求，零件的尺寸、形状和生产类型等条件进行选择。通常，尺寸计量器具分为量具、计量仪器两类。

1）量具。它是一种具有固定形态，用来复现或提供给定量的一个或多个已知量值的计量器具，如量块、光滑极限量规、钢直尺、钢卷尺等。在结构上量具一般不带有可动的器件。

2）计量仪器（计量仪表）。它简称为量仪，是将被测量值转换成可直接观察的示值或等效信息的计量器具。它的特点是包含有可运动的测量元件，能指示出被测量的具体数值。习惯上把测微类（千分尺等）、游标类（游标卡尺、游标高度卡尺等）和表类（百分表、内径表等）这些比较简单的计量仪器称为通用量具。

表 1-24 给出了常用量具及规格。

3. 填写工序卡片

将前述各项内容一并添入规定的工序卡片，即可完成零件工序卡片的编制工作，这是指导零件加工的重要工艺文件。

表 1-24 常用量具及规格 （单位：mm）

量具名称	用途	备注		
		公称规格	主参数	
			测量范围	分度值
三用游标卡尺	用于测量工件的内径、外径、长度、高度和深度	125×0.05	0～125	0.05
		125×0.02	0～125	0.02
		150×0.05	0～150	0.05
		150×0.02	0～150	0.02
二用游标卡尺	用于测量工件的内径、外径和长度	200×0.05	0～200	0.05
		200×0.02	0～200	0.02
		300×0.05	0～300	0.05
		300×0.02	0～300	0.02
游标高度卡尺	用于测量工件的高度和进行精密划线	200×0.05	0～200	0.05
		200×0.02	0～200	0.02
		300×0.05	0～300	0.05
		300×0.02	0～300	0.02
		500×0.1	0～500	0.1
		500×0.05	0～500	0.05
		500×0.02	0～500	0.02
游标深度卡尺	用于测量工件的沟槽深度、孔深、台阶高度及其他类似尺寸	200×0.05	0～200	0.02
		200×0.02	0～200	0.02
		300×0.05	0～300	0.05
		300×0.02	0～300	0.02
		500×0.05	0～500	0.05
		500×0.02	0～500	0.02
外径千分尺	用于测量精密工件的外径、厚度和长度	0～25	0～25	0.01
		25～50	25～50	0.01
		50～75	50～75	0.01
		75～100	75～100	0.01
		100～125	100～125	0.01
		125～175	125～175	0.01

（续）

量具名称	用　　途	备　　注		
		公称规格	主　参　数	
			测量范围	分度值
杠杆千分尺	用于测量工件的高精度外径、厚度、长度及校对一般量具	0~25×0.002	0~25	0.002
		0~25×0.001	0~25	0.001
		25~50×0.002	25~50	0.002
		25~50×0.001	25~50	0.001
内径千分尺	用于测量精密工件的内径或沟槽的内侧面尺寸	50~175	50~175	0.01
		50~250	50~250	0.01
		50~575	50~575	0.01
		50~600	50~600	0.01
		75~175	75~175	0.01
		75~575	75~575	0.01
杠杆百分表 杠杆千分表	用于测量工件的几何形状和相互位置的正确性，特别适于测量受空间限制的工件，如内孔圆跳动误差，键槽、导轨的直线度误差、相对位置的正确性等	±0.4×0.01	0~0.8	0.01
三爪内径千分尺	用于测量精度较高的内侧尺寸	规格		分度值
		11~20		0.005
深度千分尺	用于测量工件的沟槽深度、孔的深度和台阶高度或类似尺寸	0~100		0.01
		0~150		0.01
管壁厚千分尺	用于测量高精密度管、套类工件的壁厚尺寸	0~25		0.01
板料厚千分尺	用于测量精密板形工件或板料的厚度尺寸	0~25		0.01
百分表	测量工件的几何形状和相互位置的正确性及位移量，并可用比较法测量工件的尺寸	0~3		0.01
		0~5		
		0~10		
千分表	采用比较测量法或绝对测量法测量高精度工件的几何形状和相互位置的正确性及位移量	0~1		0.001
		0~2		0.005

1.3.7　专用夹具设计

1. 确定定位方案

1）分析零件图和工艺文件，熟悉加工技术要求。

2）分析工件在加工时必须要限制的自由度。

3）确定主要定位基准（或定位基面）和次要定位基准（或定位基面）。

4）选择定位元件，确定夹具在机床上的位置和对刀元件的位置，画定位简图。常用定位元件的结构与几何参数参见附录H。

5）定位误差的分析与计算。为了确定所设计的定位方案能否满足加工要求，还必须对定位误差进行分析和计算。如果不满足（相应的定位误差应介于本工序公差要求的1/5~1/2范围内），需改变定位方案或采取其他相应的措施加以解决。

2. 设计对刀或导向装置

机床夹具中的对刀或导向装置用来保证刀具相对于定位元件的正确位置。

钻床夹具中钻头的导向装置是钻套，钻削时只要将钻头对准钻套中心滑下，加工孔的位置就能满足工序要求。常用的钻套有固定钻套、可换钻套和快换钻套。

铣刀的对刀是通过对刀块和塞尺实现的。常用的对刀块有圆对刀块、方形对刀块、直角对刀块和侧装对刀块，可根据被加工表面的具体形状选用合适的对刀块类型。

对刀块通常制成单独元件，用销和螺钉紧固在夹具上，其位置应便于使用塞尺对刀和不妨碍工件的装卸。对刀块的工作表面与定位元件间应有一定的位置尺寸要求。

应合理确定对刀基准。对刀基准是定位元件上的点、线或面，用以确定对刀块工作表面的位置。对刀基准应尽量不受定位元件制造误差的影响，即应以定位元件的工作表面或其中心作为基准。图 2-23 所示泵轴零件铣键槽工序（工序 60）夹具总装图中圆头定位销 4 的定位圆弧点（与泵轴左端面即泵轴轴线方向的定位基准紧密贴合），以及两个 V 形块 6 和 12 所确定的中心连线，即是对刀基准。

依据对刀基准，标定对刀块工作表面位置的尺寸即是对刀尺寸。对刀尺寸应标注在夹具总装图上。图 2-23 中的一组对刀尺寸（65.009±0.05）mm、（6.972±0.015）mm、（2.556±0.005）mm 就分别确定了对刀块轴向、横向、垂向三个工作表面的位置。对刀尺寸加上或减去塞尺厚度即为加工刀具的实际位置。

对刀时，铣刀不能与对刀块的工作表面直接接触，以免损坏切削刃或造成对刀块过早磨损。常使用塞尺来校准铣刀与对刀块之间的相对位置，即将塞尺放在铣刀与对刀块工作表面之间，凭借抽动塞尺的松紧感觉来判断铣刀的位置合适与否。

3. 设计分度机构

如果有多个沿轴向或径向均布的被加工表面，专用夹具中还要设计分度机构。分度机构由固定部分、转动部分、对定机构和锁紧机构组成，如图 2-8 所示分度把手 1、护盖 3、分度对定销 6、心轴 12、分度盘 13 就组成了一套分度对定锁紧机构。设计分度机构可参考机床夹具设计手册进行具体设计。

4. 夹紧方案设计

夹紧方案的设计与定位方案设计密切相关。夹紧方案的优劣决定夹具设计的成功与否，因此必须充分研究讨论以确定最佳方案。在决定方案时应遵循下列原则：保证加工质量，结构简单，操作省力可靠，效率高，制造成本低。其步骤如下：

1）合理地选择力的作用点、方向、大小，保证零件夹紧时稳定、变形小。

2）计算零件夹紧力的大小。在考虑切削力、离心力、重力等力的作用下，首先按照静力平衡条件求得理论夹紧力。为保证零件装夹的安全可靠，实际的夹紧力比理论夹紧力大，安全系数可从有关手册查出。

3）选择夹紧元件。根据实际零件结构并考虑整个夹具总装图的结构及尺寸限制，选择合适的夹紧元件，如压紧螺钉、垫圈、压块、压板等。

常用夹紧元件的结构与几何参数参见附录 J。

5. 绘制夹具总装图

夹具总装图应反映工件的加工状态，并尽量按 1∶1 的比例绘制草图。通常以加工时操作者正对夹具的方向为主视图方向。工件用双点画线画出，并反映出定位夹紧情况。用双点画线表示的假想形体，都看作透明体，不能遮挡后面的夹具结构。夹具松开位置用双点画线表示，以便掌握其工作空间，避免与刀具、机床干涉。刀具、机床的局部也用双点画线表示。改装夹具的改动部分用粗实线表示，其余轮廓用细实线表示。

夹具总装图上应标注的尺寸包括：

1）最大外形轮廓尺寸。若夹具上有活动部件，则应用双点画线画出最大活动范围，或

标出活动部分的尺寸范围。

2）影响定位精度的尺寸和公差。它包括工件与定位元件及定位元件之间的尺寸和公差。

3）影响对刀精度的尺寸和公差。它主要指刀具与对刀元件或导向元件之间的尺寸和公差。

4）影响夹具在机床上安装精度的尺寸和公差。它主要指夹具安装基面与机床相应配合表面之间的尺寸和公差。

5）影响夹具精度的尺寸和公差。它包括定位元件、对刀或导向元件、分度装置及安装基面相互之间的尺寸和公差。

6）其他重要尺寸和公差。它们一般为机械设计中应标注的尺寸与公差。

1.3.8　编写课程设计说明书

设计说明书应对设计中的各部分内容做重点说明、分析、论证及进行必要的计算。设计说明书一般应包括下列内容：目录；设计任务书；总论或前言；原始资料的分析；毛坯的确定；制订工艺路线；工序尺寸及公差的计算；选择定位基准；切削用量的选择与计算；分析与设计某工序的专用夹具；设计体会；参考文献书目。

在设计过程中应随时记录思考和论述的问题、计算公式数据及查阅的各种技术资料，以供编写说明书时使用。

学生在完成课程设计全部内容后，应将全部工作过程按顺序编写成设计说明书，要求字迹工整，语言简练，文字通顺。

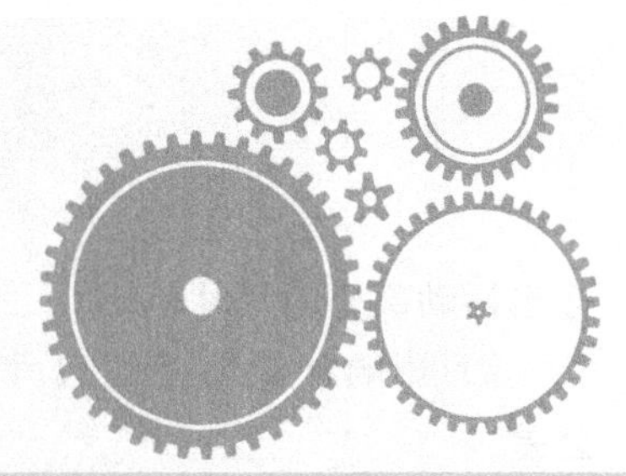

第 2 章

编制零件机械加工工艺规程

2.1 编制杠杆零件机械加工工艺规程

2.1.1 杠杆零件图及其工艺分析

1. 杠杆零件图

杠杆零件图如图 2-1 所示。零件的加工表面包括上下平台面、两个 ϕ8H7 小孔、一个 ϕ10H7 小孔和一个 ϕ25H9 孔。

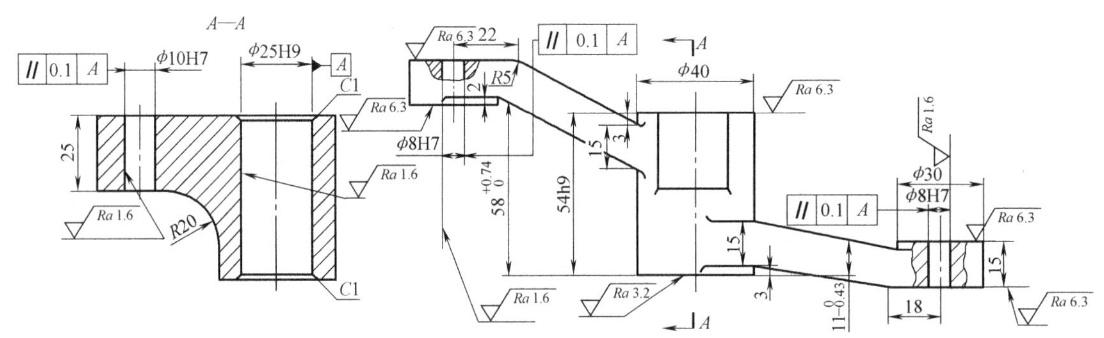

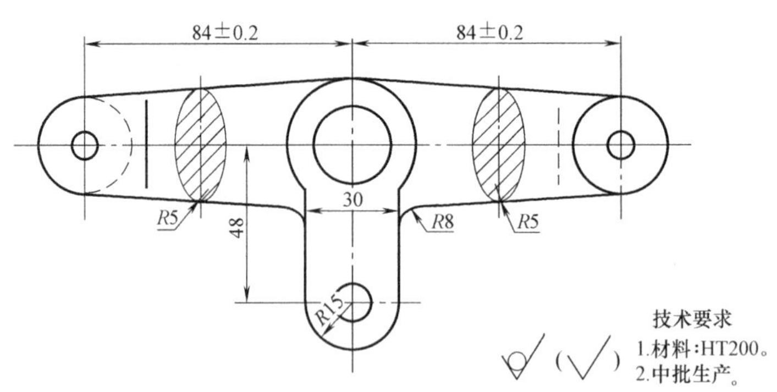

杠杆零件图

2. 零件工艺分析

杠杆零件主要起固定、支承和连接作用。

杠杆零件的上、下平台面主要起固定和支承作用，要求表面粗糙度 *Ra* 分别为 6.3μm 或 3.2μm，可以分别采用粗铣和半精铣满足要求。

两个 ϕ8H7 小孔、一个 ϕ10H7 小孔和一个 ϕ25H9 孔可以采用钻→(扩)→铰的加工方式满足孔的尺寸公差和表面粗糙度要求。

两个 ϕ8H7 小孔、一个 ϕ10H7 小孔都与 ϕ25H9 孔有平行度要求，可以通过合理安排加工顺序（ϕ25H9 孔先加工）和选择合适的定位基准予以满足。

2.1.2　制订杠杆加工工艺路线

1. 加工方法分析及确定

因为杠杆的主要工作面是两个 ϕ8H7 孔和一个 ϕ10H7 孔，要求表面粗糙度 Ra 为 1.6μm，可根据表 1-18 选择内孔的加工方法为：钻→粗铰→精铰（注意：在铸铁上加工直径小于 ϕ15mm 的孔时，不用扩孔和镗孔）。

同理，ϕ25H9 孔要求的表面粗糙度 Ra 为 1.6μm，其加工方法可为：钻→扩→铰。

由于中平台下面要求的表面粗糙度 Ra 为 3.2μm，粗铣达不到要求，故要对其半精铣一次。

2. 毛坯制造

杠杆零件材料为 HT200，中批生产，零件的轮廓尺寸不大，铸造表面要求质量高，故可采用铸造质量稳定且适于中批生产的金属型铸造。

金属型铸造俗称为硬模铸造，是用金属材料制造铸型，并在重力下将熔融金属浇入铸型获得铸件的工艺方法。由于一副金属型可以浇注几百次至几万次，故金属型铸造又称为永久型铸造。

毛坯铸造成形后，要进行去应力退火。去应力退火又称为低温退火，主要消除铸件、锻件、焊接件、冲压件以及机加工中的残余应力。热处理工艺是将工件慢慢加热到去应力温度，保温一段时间，然后随炉冷却。

去应力加热温度一般较低，适用于毛坯件及经过切削加工的零件，可消除毛坯件或零件中的残余应力，稳定尺寸及形状，减少零件在切削加工和使用过程中的变形和裂纹倾向。

3. 加工顺序的安排

根据机械加工工序安排的基本原则（基面先行、先主后次、先粗后精、先面后孔），安排杠杆零件的加工工艺路线如下：

铸造毛坯→粗铣上面（高度不等的四个平台面）→粗铣下面（高度不等的三个平台面）及半精铣中平台下面→钻、扩、铰 ϕ25H9 孔→钻、粗铰、精铰 2×ϕ8H7 孔→钻、粗铰、精铰 ϕ10H7 孔→倒角、去毛刺→检验。

具体加工工序安排如下：

工序 10：铸造毛坯。

工序 20：粗铣高度不等的左、右、中、前四个平台的上面。

工序 30：粗铣高度不等的左、右、中三个平台的下面，半精铣中平台的下面。

工序 40：钻、扩、铰 ϕ25H9 的孔。

工序 50：钻、粗铰、精铰 2×ϕ8H7 孔。

工序 60：钻、粗铰、精铰 ϕ10H7 孔。

工序 70：倒角、去毛刺。

工序 80：倒角、检验。

2.1.3 计算各加工表面的工序尺寸并绘制零件毛坯图

1. 计算各加工表面的工序尺寸

杠杆零件的上、下平台面属于外表面加工，由于各表面在加工过程中不涉及定位基准和工序基准的转换问题，故其中间各工序的工序尺寸及极限偏差的计算采用“由后往前推”的方法。

孔的加工属于内表面加工，但由于各孔加工时选用的都是定尺寸刀具，故可依据相关文献确定各工步的加工尺寸。

（1）上、下平台面　杠杆零件上、下平台面的工序尺寸及极限偏差见表2-1。

表2-1　杠杆零件上、下平台面的工序尺寸及极限偏差

加工表面及加工顺序		工序公称余量/mm	经济加工精度	工序公称尺寸/mm	工序公称尺寸及极限偏差/mm
左平台	粗铣左平台下面	1.0	IT12	15	$15_{-0.18}^{0}$
	粗铣左平台上面	1.0	IT12	16.0(15+1.0)	$16_{-0.18}^{0}$
	毛坯		CT10	17.0(16.0+1.0)	17±2.4
前平台	粗铣前平台上面	1.0	IT12	25	$25_{-0.21}^{0}$
	毛坯		CT10	26.0(25+1.0)	26±2.4
中平台	半精铣中平台下面	1.0	IT9	54	$54_{-0.074}^{0}$
	粗铣中平台下面	1.0	IT12	55.0(54+1.0)	$55_{-0.3}^{0}$
	粗铣中平台上面	1.0	IT12	56.0(55+1.0)	$56_{-0.3}^{0}$
	毛坯		CT10	57.0(56+1.0)	57±2.8
右平台	粗铣右平台下面	1.0	IT12	15	$15_{-0.18}^{0}$
	粗铣右平台上面	1.0	IT12	16.0(15+1.0)	$16_{-0.18}^{0}$
	毛坯		CT10	17.0(16.0+1.0)	17±2.4

（2）孔加工的各工序尺寸及极限偏差　孔加工的各工序尺寸及极限偏差见表2-2～表2-4。

表2-2　ϕ8H7孔的各工序尺寸及极限偏差

加工顺序	工序公称余量/mm	经济加工精度	工序公称尺寸/mm	工序公称尺寸及极限偏差/mm
精铰	0.04	IT7	8	$8_{0}^{+0.015}$
粗铰	0.16	IT10	7.96	$7.96_{0}^{+0.058}$
钻孔	7.8	IT12	7.8	$7.8_{0}^{+0.15}$

表2-3　ϕ10H7孔的各工序尺寸及极限偏差

加工顺序	工序公称余量/mm	经济加工精度	工序公称尺寸/mm	工序公称尺寸及极限偏差/mm
精铰	0.04	IT7	10	$10_{0}^{+0.015}$
粗铰	0.16	IT10	9.96	$9.96_{0}^{+0.058}$
钻孔	9.8	IT12	9.8	$9.8_{0}^{+0.18}$

表2-4　ϕ25H9孔的各工序尺寸及极限偏差

加工顺序	工序公称余量/mm	经济加工精度	工序公称尺寸/mm	工序公称尺寸及极限偏差/mm
铰孔	0.2	IT9	25	$25_{0}^{+0.052}$
扩孔	1.8	IT10	24.8	$24.8_{0}^{+0.084}$
钻孔	23	IT12	23	$23_{0}^{+0.21}$

2. 绘制零件毛坯图

根据计算得出的各加工表面的毛坯尺寸，可以绘制杠杆零件的毛坯图，如图 2-2 所示。

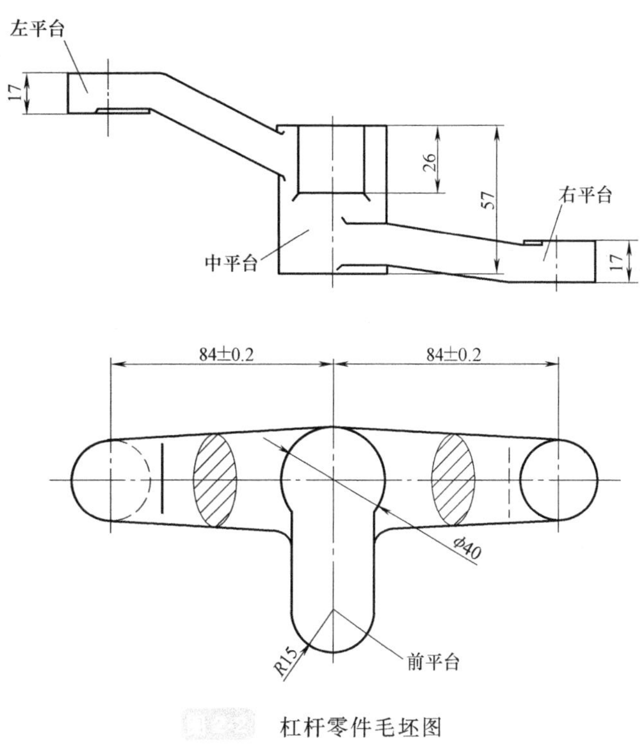

图 2-2 杠杆零件毛坯图

2.1.4 绘制工序简图

1. 工序 20：粗铣高度不等的左、右、中、前四个平台的上面

工序 20 涉及粗基准的选用。根据粗基准的选用原则（重要表面为粗基准），选用中平台下面为定位基准，实现杠杆零件的不完全定位。

因为杠杆零件的结构特点，本工序加工选用两个辅助定位基准，分别是左、右平台的下面，以增加加工过程的稳定性，如图 2-3 所示。

工序 20 加工完成后，杠杆零件的上平台面经历了一次加工过程，工序尺寸分别如图 2-3 所示，其中前平台完成了加工过程，形成了前平台的最终高度尺寸 25mm。

2. 工序 30：粗铣高度不等的左、右、中三个平台的下面，半精铣中平台的下面

工序 30 选用中平台的上面为定位基准，实现杠杆零件的部分定位。本工序中仍选用了两个辅助定位基准，分别是左、右平台的上面，以增加加工过程的稳定性，如图 2-4 所示。

工序 30 加工完成后，杠杆零件的左、右、中平台面全部完成了加工过程，该工序的工序尺寸即是零件图上左、右、中平台的最终高度尺寸，分别为 15mm、15mm 和 54mm，如图 2-4 所示。

3. 工序 40：钻、扩、铰 φ25H9 孔

工序 40 选用中平台的下面、φ40mm 外圆柱面及杠杆侧面为定位基准，实现杠杆零件的完全定位，如图 2-5 所示。

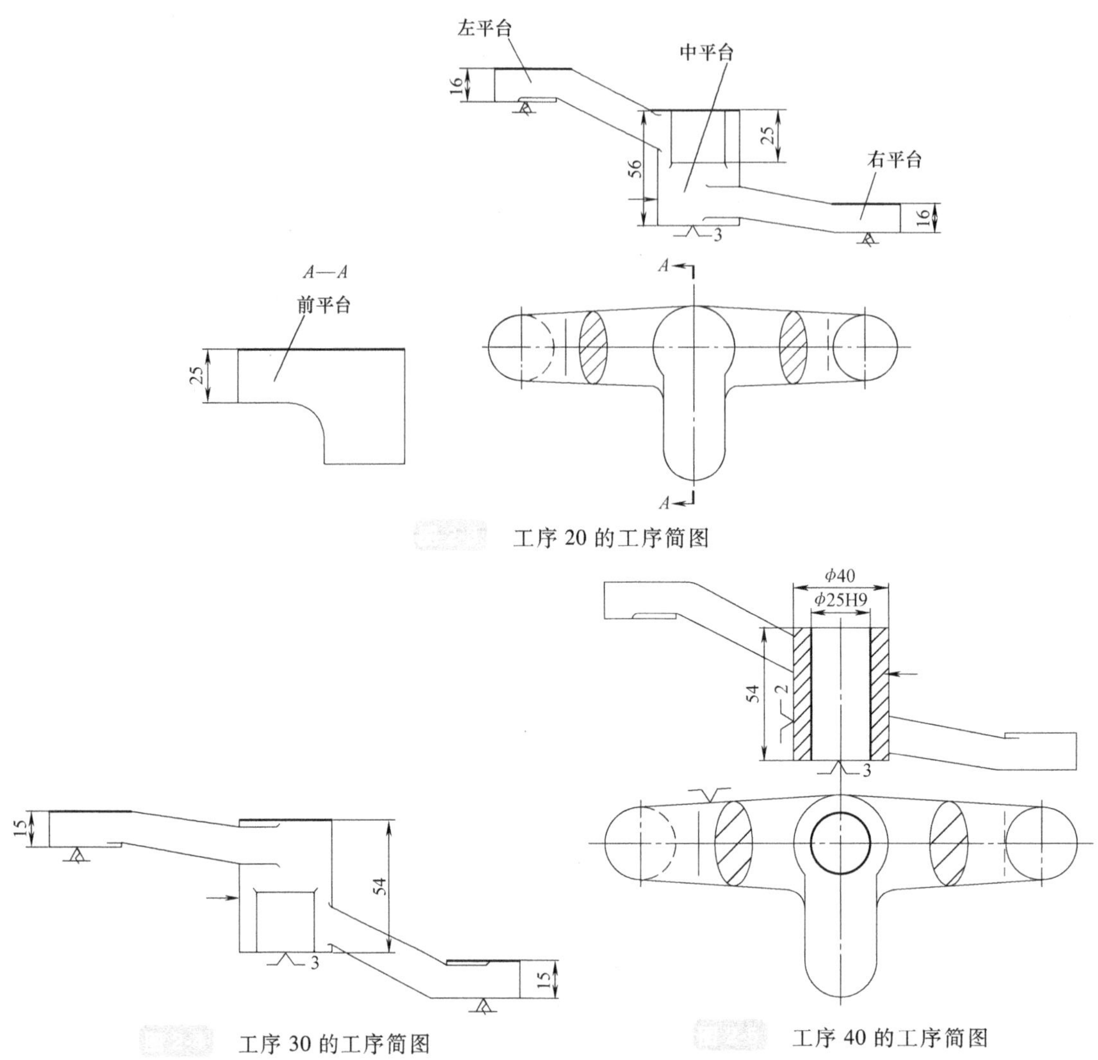

工序 20 的工序简图

工序 30 的工序简图

工序 40 的工序简图

4. 工序 50：钻、粗铰、精铰 2×ϕ8H7 孔

为了保证 2×ϕ8H7 孔与 ϕ25H9 孔的位置公差要求，工序 50 选用 ϕ25H9 孔为主要定位基准（长销定位，限制四个自由度），然后再选用中平台的下面及左后侧壁为第二和第三定位基准，实现杠杆零件的完全定位，如图 2-6 所示。

本工序的加工属于双工位加工，零件经过一次安装，先后完成左、右平台 ϕ8H7 孔的加工。

5. 工序 60：钻、粗铰、精铰 ϕ10H7 孔

为了保证 ϕ10H7 孔与 ϕ25H9 孔的位置公差要求，工序 60 选用 ϕ25H9 孔为主要定位基准（长销定位，限制四个自由度），然后再选用中平台的下面及杠杆右后侧臂分别为第二和第三定位基准，实现杠杆零件的完全定位，如图 2-7 所示。为了保证加工过程的稳定性，选用前平台的下面为辅助定位基准，如图 2-7 所示。

2.1.5　编制杠杆零件加工工艺

1. 工序 20：粗铣高度不等的左、右、中、前四个平台的上面

本工序中选用 ϕ50mm 的高速工具钢圆柱立铣刀（表 G-18），选用 XA6132 铣床进行上

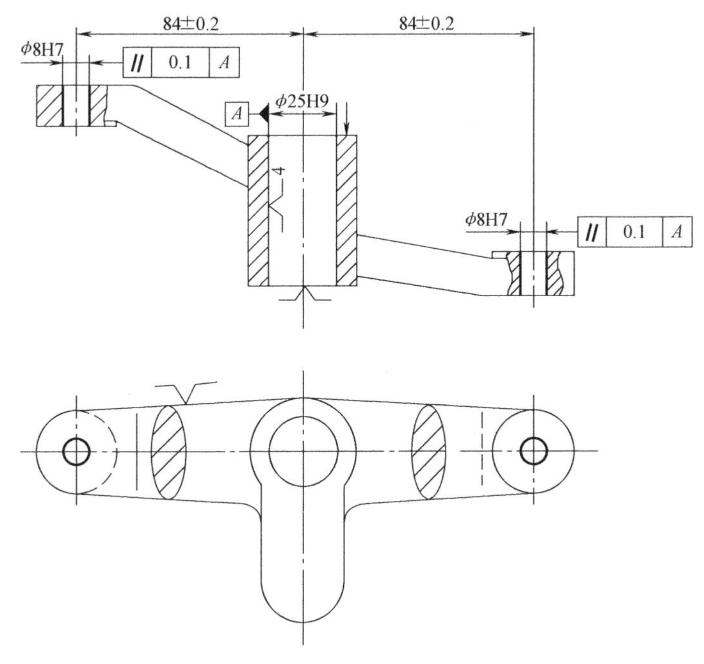

工序 50 的工序简图

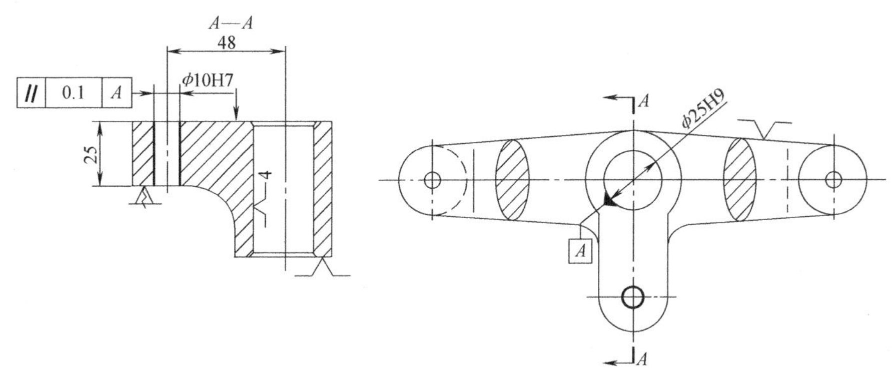

工序 60 的工序简图

平台面的铣削加工。

(1) 工步 1：粗铣左平台的上面

确定背吃刀量 a_p：查表 F-27，取 $a_p=Z=1.0$mm。

确定进给量 f：查表 G-18，取 $f=0.25$mm/z；查 XA6132 机床的转速图，取 $n=95$r/min。

确定切削速度 v：$v=\pi dn/1000=14.915$m/min。

(2) 工步 2：粗铣中、前平台的上面

确定背吃刀量 a_p：查表 F-27，取 $a_p=Z=1.0$mm。

确定进给量 f：查表 G-18，取 $f=0.25$mm/z；查 XA6132 机床的转速图，取 $n=95$r/min。

确定切削速度 v：$v=\pi dn/1000=14.915$m/min。

(3) 工步 3：粗铣右平台的上面

确定背吃刀量 a_p：查表 F-27，取 $a_p=Z=1.0$mm。

确定进给量f：查表 G-18，取f=0.25mm/z；查 XA6132 机床的转速图，取n=95r/min。

确定切削速度v：$v=\pi dn/1000$=14.915m/min。

2. 工序 30：粗铣高度不等的左、右、中三个平台的下面，半精铣中平台的下面

本工序中选用ϕ50mm 的高速工具钢圆柱立铣刀（表 G-18），半精铣时要更换刀片，选用 XA6132 铣床进行下平台面的铣削加工。

（1）工步 1：粗铣左平台的下面

确定背吃刀量a_p：查表 F-27，取$a_p=Z$=1.0mm。

确定进给量f：查表 G-18，取f=0.25mm/z；查 XA6132 机床的转速图，取n=95r/min。

确定切削速度v：$v=\pi dn/1000$=14.915m/min。

（2）工步 2：粗铣中平台的下面

确定背吃刀量a_p：查表 F-27，取$a_p=Z$=1.0mm。

确定进给量f：查表 G-18，取f=0.25mm/z；查 XA6132 机床的转速图，取n=95r/min。

确定切削速度v：$v=\pi dn/1000$=14.915m/min。

（3）工步 3：粗铣右平台的下面

确定背吃刀量a_p：查表 F-27，取$a_p=Z$=1.0mm。

确定进给量f：查表 G-18，取f=0.25mm/z；查 XA6132 机床的转速图，取n=95r/min。

确定切削速度v：$v=\pi dn/1000$=14.915m/min。

（4）工步 4：半精铣中平台的下面

确定背吃刀量a_p：查表 F-27，取$a_p=Z$=1.0mm。

确定进给量f：查表 G-18，取f=0.2mm/z；查 XA6132 机床的转速图，取n=166r/min。

确定切削速度v：$v=\pi dn/1000$=26.06m/min。

3. 工序 40：钻、扩、铰ϕ25H9 孔

本工序选用 Z3040 钻床（表 A-4）进行ϕ25H9 孔加工。

（1）工步 1：钻孔至ϕ23mm

1）确定使用刀具参数。由表 F-9 选用ϕ23mm 莫氏锥柄麻花钻进行钻孔，一次进给可以完成切削。

2）切削用量的选择。

确定背吃刀量a_p：$a_p=Z/2$=23mm/2=11.5mm。

确定进给量f：查表 A-6，取f=0.5mm/min；查表 A-5，取n=250r/min。

确定切削速度v：$v=\pi dn/1000$=18.06m/min。

（2）工步 2：扩孔至ϕ24.8mm

1）确定使用刀具参数。由表 F-9 选用ϕ24.8mm 的锥柄扩孔钻，一次进给可以完成切削。

2）切削用量的选择。

确定背吃刀量a_p：$a_p=Z/2$=(24.8mm−23mm)/2=0.9mm。

确定进给量f：查表 A-6，取f=0.25mm/min；查表 A-5，取n=400r/min。

确定切削速度v：$v=\pi dn/1000$=31.15m/min。

（3）工步 3：铰孔至ϕ25mm

1）确定使用刀具参数。由表 F-9 选用ϕ25mm 的锥柄机用铰刀，一次进给可以完成切削。

2）切削用量的选择。

确定背吃刀量 a_p：$a_p = Z/2 = (25\text{mm} - 24.8\text{mm})/2 = 0.1\text{mm}$。

确定进给量 f：查表 A-6，取 $f = 0.1\text{mm/min}$；查表 A-5，取 $n = 800\text{r/min}$。

确定切削速度 v：$v = \pi dn/1000 = 62.8\text{m/min}$。

4. 工序 50：钻、粗铰、精铰 2×ϕ8H7 孔

本工序选用 Z3040 钻床（表 A-4）进行 2×ϕ8H7 孔加工。

(1) 工步 1：钻孔至 ϕ7.8mm

1）确定使用刀具参数。由表 F-9 选用 ϕ7.8mm 的直柄麻花钻，一次进给可以完成钻孔。

2）切削用量的选择。

确定背吃刀量 a_p：$a_p = Z/2 = 7.8\text{mm}/2 = 3.9\text{mm}$。

确定进给量 f：查表 A-6，取 $f = 0.5\text{mm/min}$；查表 A-5，取 $n = 250\text{r/min}$。

确定切削速度 v：$v = \pi dn/1000 = 6.12\text{m/min}$。

(2) 工步 2：粗铰孔至 ϕ7.96mm

1）确定使用刀具参数。由表 F-9 确定 ϕ7.96mm 的直柄铰刀，一次进给可以完成粗铰。

2）切削用量的选择。

确定背吃刀量 a_p：$a_p = Z/2 = (7.96\text{mm} - 7.8\text{mm})/2 = 0.08\text{mm}$。

确定进给量 f：查表 A-6，取 $f = 0.25\text{mm/min}$；查表 A-5，取 $n = 400\text{r/min}$。

确定切削速度 v：$v = \pi dn/1000 = 10\text{m/min}$。

(3) 工步 3：精铰孔至 ϕ8mm

1）确定使用刀具参数。由表 F-9 确定 ϕ8mm 的直柄铰刀，一次进给可以完成精铰加工。

2）切削用量的选择。

确定背吃刀量 a_p：$a_p = Z/2 = (8\text{mm} - 7.96\text{mm})/2 = 0.02\text{mm}$。

确定进给量 f：查表 A-6，取 $f = 0.1\text{mm/min}$；查表 A-5，取 $n = 800\text{r/min}$。

确定切削速度 v：$v = \pi dn/1000 = 20.1\text{m/min}$。

5. 工序 60：钻、粗铰、精铰 ϕ10H7 孔

本工序选用 Z3040 钻床（表 A-4）进行 ϕ10H7 孔加工。

(1) 工步 1：钻孔至 ϕ9.8mm

1）确定使用刀具参数。由表 F-9 确定 ϕ9.8mm 的直柄麻花钻，一次进给可以完成切削。

2）切削用量的选择。

确定背吃刀量 a_p：$a_p = Z/2 = 9.8\text{mm}/2 = 4.9\text{mm}$。

确定进给量 f：查表 A-6，取 $f = 0.5\text{mm/min}$；查表 A-5，取 $n = 250\text{r/min}$。

确定切削速度 v：$v = \pi dn/1000 = 7.69\text{m/min}$。

(2) 工步 2：粗铰孔至 ϕ9.96mm

1）确定使用刀具参数。由表 F-9 确定 ϕ9.96mm 的直柄机用铰刀，一次进给可以完成切削。

2）切削用量的选择。

确定背吃刀量 a_p：$a_p = Z/2 = (9.96\text{mm} - 9.8\text{mm})/2 = 0.08\text{mm}$。

确定进给量 f：查表 A-6，取 $f = 0.25\text{mm/min}$；查表 A-5 取 $n = 400\text{r/min}$。

确定切削速度 v：$v = \pi dn/1000 = 12.51\text{m/min}$。

(3) 工步 3：精铰孔至 ϕ10mm

1）确定使用刀具参数。由表 F-9 确定 ϕ10mm 的直柄机用铰刀，一次进给可以完成切削。

2）切削用量的选择。

确定背吃刀量 a_p：$a_p=Z/2=(10mm-9.96mm)/2=0.02mm$。

确定进给量 f：查表 A-6 取 $f=0.1mm/min$；查表 A-5 取 $n=800r/min$。

计算切削速度 v：$v=\pi dn/1000=25.12m/min$。

根据上述的分析及计算结果，可汇总完成杠杆零件机械加工工艺。杠杆零件机械加工工艺过程卡片和工序卡片分别见表 2-5 和表 2-6。

2.1.6 专用夹具设计

选择工序 50（钻、粗铰、精铰 2×ϕ8H7 孔）进行专用钻模设计。本次设计的钻模是一个双工位钻模，总装图如图 2-8 所示，工件一次装夹后占据两个不同的工位进行2×ϕ8H7 孔加工。

1. 被加工表面分析

本工序所加工的孔位于杠杆零件的左、右平台面上，IT7 级公差且与 ϕ25H9 孔有平行度公差要求。定义 ϕ25H9 孔的轴线方向为 Z 轴方向，2×ϕ8H7 两孔的轴线连线方向为 X 轴方向。

2. 定位基准选择

选择 ϕ25H9 孔为主要定位基准，限制四个自由度 $\bar{x}$、$\bar{y}$、$\widehat{x}$ 和 $\widehat{y}$；中平台的下面为第二定位基准，限制 $\bar{z}$ 自由度；左后侧壁为第三定位基准，限制 $\widehat{z}$ 自由度，如图 2-6 所示。

3. 选用合适的定位元件

选择带台阶面的心轴（元件 12）分别与 ϕ25H9 孔、中平台的下面紧密接触，限制 $\bar{x}$、$\bar{y}$、$\widehat{x}$ 和 $\widehat{y}$ 及 $\bar{z}$ 五个自由度；选用定位销（元件 8）与左后侧臂紧密贴合，限制 $\widehat{z}$ 自由度，如此杠杆零件实现了完全定位，如图 2-8 所示。

4. 计算定位误差

两个 ϕ8H7mm 孔的加工需要保证的技术要求如下：

1）尺寸公差 ϕ8H7 由定尺寸刀具（铰刀）保证。

2）孔与 ϕ25H9 孔的平行度要求。该要求的工序基准为 ϕ25H9 孔的轴线，受 $\widehat{x}$ 和 $\widehat{y}$ 自由度的影响，而这两个自由度由定位心轴限制（图 2-6），故基准重合，基准不重合误差 Δ 平行度$_B=0$。

平行度要求是基准位移误差 Δ 平行度$_Y=T_{工件}+T_{心轴}+X_{min}=(0.052+0.033+0)\ mm=0.085mm$。式中：$T_{工件}$是工件上 ϕ25H9 孔的尺寸公差，$T_{心轴}$是选用的 ϕ25g8 心轴的尺寸公差，X_{min}是孔与心轴（ϕ25H9/g8）的最小配合间隙。

该平行度要求的定位误差为 Δ 平行度$_D=\Delta$ 平行度$_B+\Delta$ 平行度$_Y=0.085mm>0.1mm/3=0.033mm$。$\Delta$ 平行度$_D$ 超差，故要对原定位夹紧方案或相应的工序加工要求进行调整，调整方案有三种：

①降低平行度要求，如将原平行度要求从 0.1mm 调整为 0.3mm；②提高定位基准孔 ϕ25mm 及其配合心轴的公差要求，调整为 ϕ25H7/g6；③调整定位方案，如将主定位基准由 ϕ25H9 孔的轴线调整为该孔的上底面，ϕ40mm 圆弧为第二定位基准；左后侧臂为第三定位基准，然后再分析该种定位情形下定位误差是否满足要求。

3）孔与 ϕ25H9 孔的位置尺寸 $L=(84\pm0.2)\ mm$。

工序尺寸 L 的工序基准为 ϕ25H9 孔的轴线，属于 x 方向的尺寸，而 $\bar{x}$ 自由度由定位心轴限制（图 2-7），故基准重合，$\Delta L_B=0$。

$$\Delta L_Y=\Delta\ 平行度_Y=0.085mm$$

表 2-5 杠杆零件机械加工工艺过程卡片

<table>
<tr><td rowspan="2" colspan="1"></td><td rowspan="2" colspan="3">机械加工工艺过程卡片</td><td>产品型号</td><td></td><td>零件图号</td><td></td><td>编号</td><td colspan="2"></td></tr>
<tr><td>产品名称</td><td></td><td>零件名称</td><td>杠杆</td><td>共 1 页</td><td colspan="2">第 1 页</td></tr>
<tr><td rowspan="2">材料牌号</td><td rowspan="2" colspan="2">HT200</td><td>毛坯种类</td><td></td><td>单件用料</td><td></td><td colspan="2">单件净重</td><td colspan="2"></td></tr>
<tr><td>材料消耗定额</td><td></td><td>下料尺寸</td><td></td><td colspan="2">每毛坯可制件数</td><td colspan="2"></td></tr>
<tr><td rowspan="2">生产部门</td><td rowspan="2">工序号</td><td rowspan="2">工种</td><td rowspan="2" colspan="3">工序内容</td><td colspan="2">设备</td><td rowspan="2">单件工时定额/min</td><td rowspan="2" colspan="2">备注</td></tr>
<tr><td>型号</td><td>名称</td></tr>
<tr><td></td><td>10</td><td></td><td colspan="3">铸造毛坯</td><td></td><td>金属型铸造机、RT4-220-7 去应力退火炉</td><td></td><td colspan="2"></td></tr>
<tr><td>金工</td><td>20</td><td>铣</td><td colspan="3">粗铣高度不等的左、右、中、前四个平台的上面</td><td>XA6132</td><td>立式铣床</td><td></td><td colspan="2"></td></tr>
<tr><td>金工</td><td>30</td><td>铣</td><td colspan="3">粗铣高度不等的左、右、中三个平台的下面，半精铣中平台的下面</td><td>XA6132</td><td>立式铣床</td><td></td><td colspan="2"></td></tr>
<tr><td>金工</td><td>40</td><td>钻</td><td colspan="3">钻、扩、铰 $\phi 25H9$ 孔</td><td>Z3040</td><td>摇臂钻床</td><td></td><td colspan="2"></td></tr>
<tr><td>金工</td><td>50</td><td>钻</td><td colspan="3">钻、粗铰、精铰 $2\times\phi 8H7$ 孔</td><td>Z3040</td><td>摇臂钻床</td><td></td><td colspan="2"></td></tr>
<tr><td>金工</td><td>60</td><td>钻</td><td colspan="3">钻、粗铰、精铰 $\phi 10H7$ 孔</td><td>Z3040</td><td>摇臂钻床</td><td></td><td colspan="2"></td></tr>
<tr><td>金工</td><td>70</td><td>钻</td><td colspan="3">倒角、去毛刺</td><td>QD-R3</td><td>手持自动倒角机</td><td></td><td colspan="2"></td></tr>
<tr><td>检验</td><td>80</td><td>检</td><td colspan="3">检验</td><td></td><td></td><td></td><td colspan="2"></td></tr>
<tr><td></td><td></td><td></td><td colspan="3"></td><td></td><td></td><td></td><td colspan="2"></td></tr>
<tr><td></td><td></td><td></td><td colspan="3"></td><td></td><td></td><td></td><td colspan="2"></td></tr>
<tr><td></td><td></td><td></td><td colspan="3"></td><td></td><td></td><td></td><td colspan="2"></td></tr>
<tr><td></td><td></td><td></td><td colspan="3"></td><td></td><td></td><td></td><td colspan="2"></td></tr>
<tr><td></td><td></td><td></td><td colspan="3"></td><td></td><td></td><td></td><td colspan="2"></td></tr>
<tr><td></td><td></td><td></td><td colspan="3"></td><td></td><td></td><td></td><td colspan="2"></td></tr>
<tr><td></td><td></td><td></td><td colspan="3"></td><td></td><td></td><td></td><td colspan="2"></td></tr>
<tr><td>标记</td><td>处数</td><td>更改文件号</td><td>签字</td><td>日期</td><td>设计</td><td>校对</td><td>审核</td><td>标准化</td><td>会签</td><td>批准</td></tr>
</table>

表 2-6　杠杆零件机械加工工序卡片

机械加工工序卡片	产品型号		零件图号		编号	
	产品名称		零件名称	杠杆	共 1 页	第 1 页

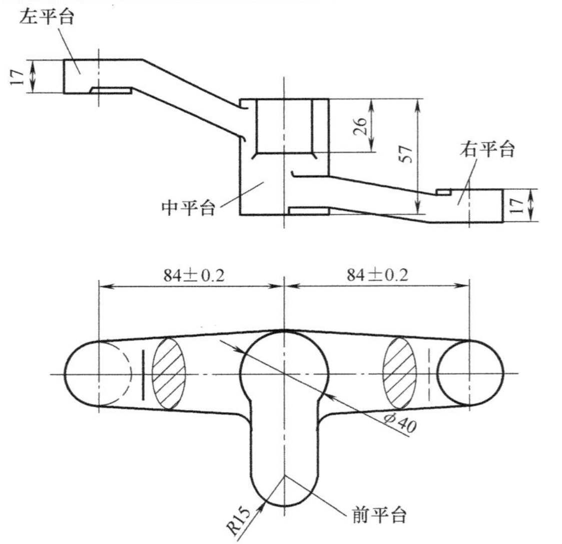

工序项目	内容
工序号	10
工序名称	铸造毛坯
工时定额/min	
设备名称	金属型铸造机，RT4-220-7 去应力退火炉
设备型号	
材料牌号	HT200
工装代号	
刀具	
量具	
夹具	

工步号	工步内容	主轴转速/(r/min)	切削速度/(m/min)	进给量/(mm/min)	背吃刀量/mm	进给次数	辅具	
1	铸造毛坯							
2	去应力退火							

					设计	审核	标准化	会签	批准
标　记	处　数	更改文件号	签　字	日　期					

（续）

机械加工工序卡片	产品型号		零件图号		编号	
	产品名称		零件名称	杠杆	共 1 页	第 1 页

工序简图	项目	内容
左平台 中平台 右平台 16 25 56 3 16 A—A 前平台 25 A A	工序号	20
	工序名称	粗铣高度不等的左、右、中、前四个平台的上面
	工时定额/min	
	设备名称	立式铣床
	设备型号	XA6132
	材料牌号	HT200
	工装代号	
	刀具	高速钢圆柱立铣刀
	量具	三用游标卡尺
	夹具	专用夹具

工步号	工步内容	主轴转速/(r/min)	切削速度/(m/min)	进给量/(mm/z)	背吃刀量/mm	进给次数	辅具	
1	粗铣左平台的上面	95	14.915	0.25	1.0	1		
2	粗铣中、前平台的上面	95	14.915	0.25	1.0	1		
3	粗铣右平台的上面	95	14.915	0.25	1.0	1		

					设计	审核	标准化	会签	批准
标　记	处　数	更改文件号	签　字	日　期					

（续）

机械加工工序卡片	产品型号		零件图号		编号	
	产品名称		零件名称	杠杆	共1页	第1页

工序号	30
工序名称	粗铣高度不等的左、右、中三个平台的下面，半精铰中平台的下面
工时定额/min	
设备名称	立式铣床
设备型号	XA6132
材料牌号	HT200
工装代号	
刀具	高速钢圆柱立铣刀
量具	三用游标卡尺
夹具	专用夹具

15

54

3

15

工步号	工步内容	主轴转速/(r/min)	切削速度/(m/min)	进给量/(mm/z)	背吃刀量/mm	进给次数	辅具	
1	粗铣左平台的下面	95	14.915	0.25	1.0	1		
2	粗铣中平台的下面	95	14.915	0.25	1.0	1		
3	粗铣右平台的下面	95	14.915	0.25	1.0	1		
4	半精铣中平台的下面	166	26.06	0.2	1.0	1		

					设计	审核	标准化	会签	批准
标　记	处　数	更改文件号	签　字	日　期					

（续）

机械加工工序卡片	产品型号		零件图号		编号		
	产品名称		零件名称	杠杆	共 1 页	第 1 页	

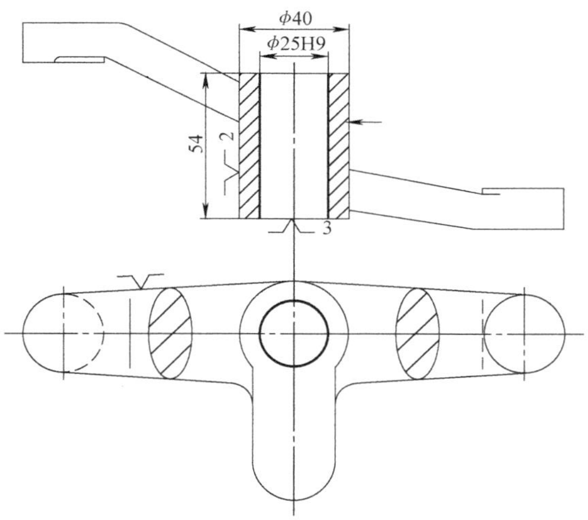

工序号	40
工序名称	钻、扩、铰 ϕ25H9 孔
工时定额/min	
设备名称	摇臂钻床
设备型号	Z3040
材料牌号	HT200
工装代号	
刀具	莫氏锥柄麻花钻、锥柄扩孔钻、锥柄机用铰刀
量具	三用游标卡尺
夹具	专用夹具

工步号	工步内容	主轴转速/(r/min)	切削速度/(m/min)	进给量/(mm/min)	背吃刀量/mm	进给次数	辅具	
1	钻孔至 ϕ23mm	250	18.06	0.5	11.5	1		
2	扩孔至 ϕ24.8mm	400	31.15	0.25	0.9	1		
3	铰孔至 ϕ25mm	800	62.8	0.1	0.1	1		

标记	处数	更改文件号	签字	日期	设计	审核	标准化	会签	批准

（续）

机械加工工序卡片	产品型号		零件图号		编号		
	产品名称		零件名称	杠杆	共 1 页		第 1 页

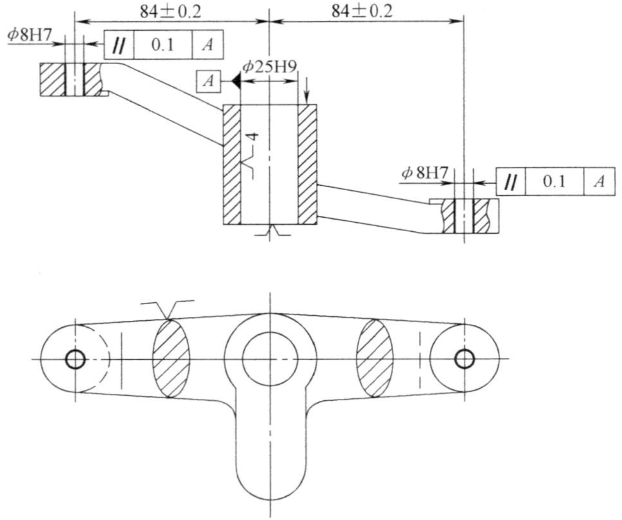

工序号	50
工序名称	钻、粗铰、精铰 2×ϕ8H7 孔
工时定额/min	
设备名称	摇臂钻床
设备型号	Z3040
材料牌号	HT200
工装代号	
刀具	直柄麻花钻、直柄铰刀
量具	三用游标卡尺
夹具	专用夹具

工步号	工步内容	主轴转速/(r/min)	切削速度/(m/min)	进给量/(mm/min)	背吃刀量/mm	进给次数	辅具	
1	钻孔至 ϕ7.8mm	250	6.12	0.5	3.9	1		
2	粗铰孔至 ϕ7.96mm	400	10	0.25	0.08	1		
3	精铰孔至 ϕ8mm	800	20.1	0.1	0.02	1		

					设计	审核	标准化	会签	批准
标　记	处　数	更改文件号	签　字	日　期					

（续）

机械加工工序卡片	产品型号		零件图号		编号	
	产品名称		零件名称	杠杆	共 1 页	第 1 页

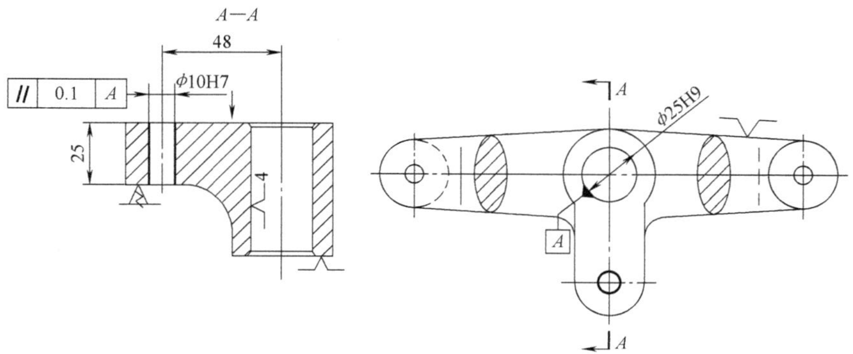

项目	内容
工序号	60
工序名称	钻、粗铰、精铰 ϕ10H7 孔
工时定额/min	
设备名称	摇臂钻床
设备型号	Z3040
材料牌号	HT200
工装代号	
刀具	直柄麻花钻、直柄机用铰刀
量具	三用游标卡尺
夹具	专用夹具
辅具	

工步号	工步内容	主轴转速/(r/min)	切削速度/(m/min)	进给量/(mm/min)	背吃刀量/mm	进给次数
1	钻孔至 ϕ9.8mm	250	7.69	0.5	4.9	1
2	粗铰孔至 ϕ9.96mm	400	12.51	0.25	0.08	1
3	精铰孔至 ϕ10mm	800	25.12	0.1	0.02	1

					设计	审核	标准化	会签	批准
标记	处数	更改文件号	签字	日期					

(续)

	机械加工工序卡片	产品型号		零件图号		编号	
		产品名称		零件名称	杠杆	共 1 页	第 1 页

项目	内容
工序号	70
工序名称	倒角、去毛刺
工时定额/min	
设备名称	手持自动倒角机
设备型号	QD-R3
材料牌号	HT200
工装代号	
刀具	修边刀
量具	
夹具	

工步号	工步内容	主轴转速/(r/min)	切削速度/(m/min)	进给量/(mm/min)	背吃刀量/mm	进给次数	辅具	
1	孔倒角							
2	平面锐边去毛刺							

					设计	审核	标准化	会签	批准
标 记	处 数	更改文件号	签 字	日 期					

（续）

	机械加工工序卡片	产品型号		零件图号		编号	
		产品名称		零件名称	杠杆	共 1 页	第 1 页

项目	内容
工序号	80
工序名称	检验
工时定额/min	
设备名称	
设备型号	
材料牌号	HT200
工装代号	
刀具	
量具	三用游标卡尺/ OU1200 粗糙度仪
夹具	
辅具	

工步号	工步内容	主轴转速/(r/min)	切削速度/(m/min)	进给量/(mm/min)	背吃刀量/mm	进给次数
1	尺寸公差检验					
2	位置公差检验					
3	表面质量检验					

					设计	审核	标准化	会签	批准
标　记	处　数	更改文件号	签　字	日　期					

5. 设计对刀装置

钻床夹具的对刀是通过钻套（元件 14）实现的，钻削时只要将钻头对准钻套中心，加工孔的位置就能满足设计要求。

常用的钻套种类有固定钻套、可换钻套、快换钻套等。本钻模采用快换钻套，以提高工件的装卸效率。

6. 分度机构设计

本次设计的钻模是一个双工位的钻床夹具。图 2-8 所示的工位Ⅰ加工工件左边的 ϕ8H7 小孔（图 2-1）。加工结束后，通过分度把手 1 转动分度对定销 6，使分度对定销 6 退出分度盘 13 中的分度孔，然后转动分度盘 13，使其带动工件 9 转动 180°到达工位Ⅱ，然后再次转动分度把手 1，使分度对定销 6 进入分度盘 13 的另一个分度孔，固定分度盘，即可进行右边 ϕ8H7 小孔（图 2-1）的加工。

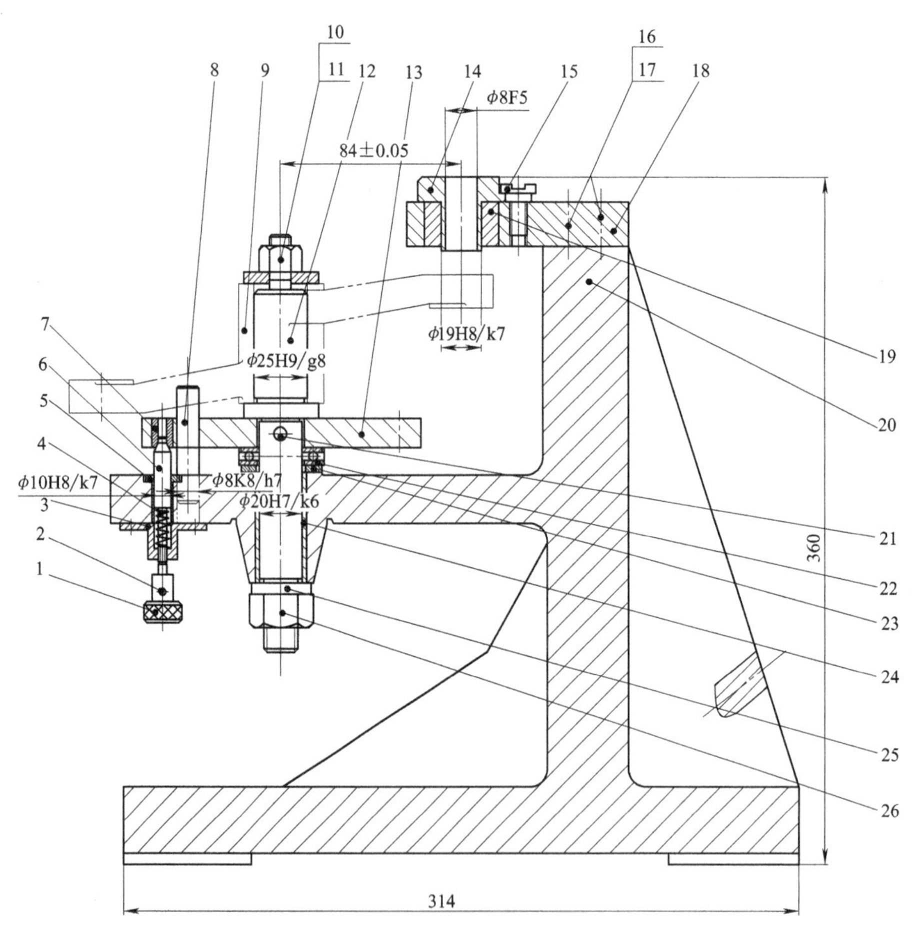

双工位钻模总装图

1—分度把手　2—锁紧销　3—护盖　4—弹簧　5—分度衬套　6—分度对定销　7—对定衬套　8、16—定位销　9—工件　10、26—锁紧螺母　11—开口垫圈　12—心轴　13—分度盘　14—快换钻套　15—钻套螺钉　17—锁紧螺钉　18—钻模板　19—钻套衬套　20—夹具体　21—固定销　22—推力球轴承　23—垫圈　24—心轴衬套　25—垫圈

由于分度对定销 6 与护盖 3 采用螺纹联接，故此分度机构兼具分度锁紧功能。

7. 夹紧方案设计

夹紧力的方向选择杠杆零件刚性最好的方向，即 ϕ25H9 孔的轴向方向；夹紧力作用在 ϕ25H9 孔的上端面，接触面积大，夹紧稳定性好，如图 2-6 所示。

采用心轴（元件 12)-锁紧螺母（元件 10)-开口垫圈（元件 11）的夹紧机构，夹紧力大，自锁性好且夹紧结构简单，如图 2-8 所示。

8. 夹具体设计

夹具体材料选用铸铁 HT150，铸造加工。夹具体是装配基准零件，需要在其上固定定位元件、夹紧元件等，所以要求其结构简单、操作方便。双工位钻模夹具体零件图如图 2-9 所示。

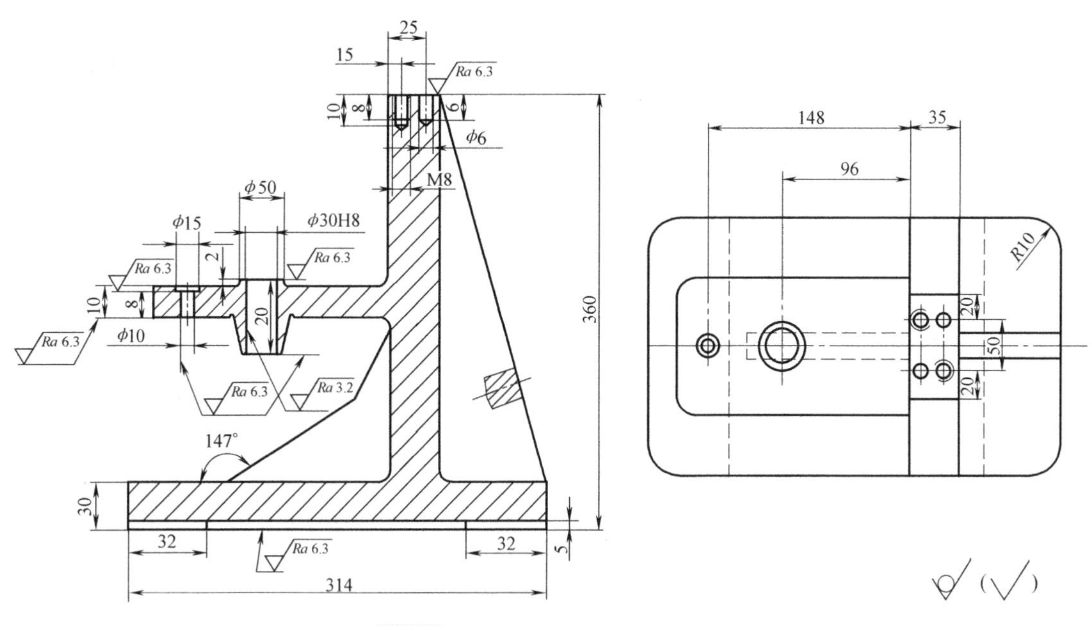

图 2-9　双工位钻模夹具体零件图

2.2　编制泵轴零件机械加工工艺规程

2.2.1　泵轴零件图及其工艺分析

1. 泵轴零件图

泵轴零件图如图 2-10 所示。零件材料为 45 钢，是最常用的中碳调质钢，其综合力学性能良好，但淬透性低，淬火时易产生裂纹。零件为批量生产。零件的主要加工表面包括 $\phi14_{-0.011}^{\ 0}$mm 外圆表面（*Ra* 为 1.6μm，IT6 级公差，表面淬火）和 $\phi11_{-0.011}^{\ 0}$mm 外圆表面（*Ra* 为 1.6μm，IT6 级公差）。

2. 零件工艺分析

泵轴在各种机械传动系统中广泛使用，主要用来传递动力或转矩。在工作过程中它主要承受交变扭转负荷和冲击。因此该零件应具有足够的强度、刚度和韧性。

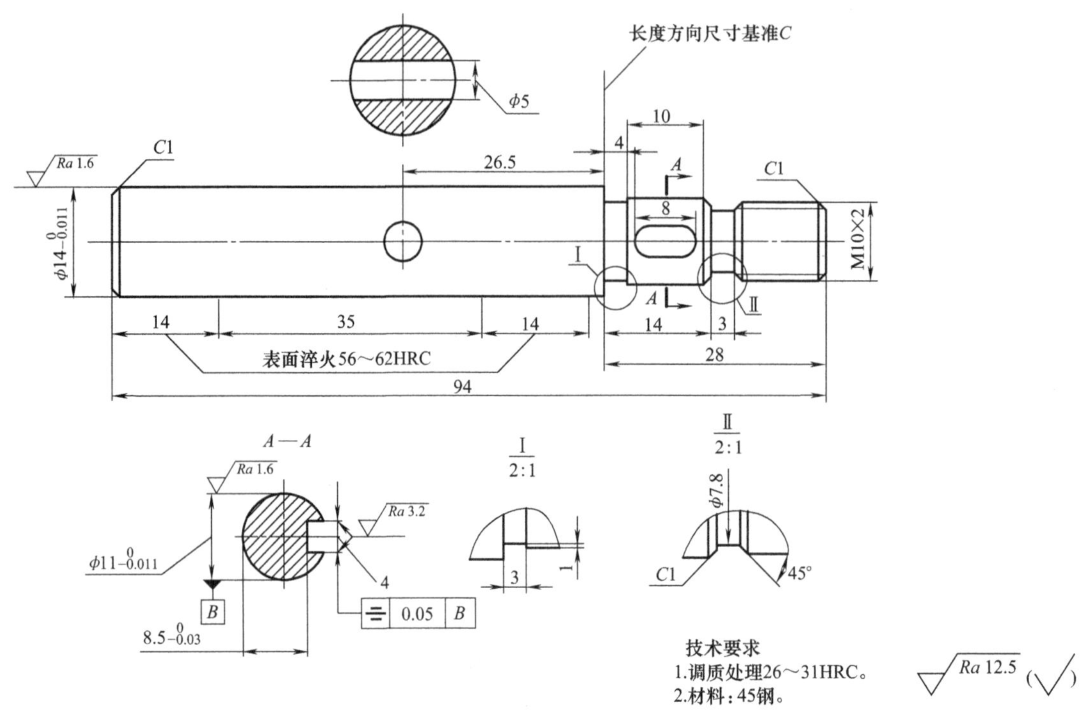

泵轴零件图

左端 $\phi14_{-0.011}^{\ 0}$mm 外圆表面公差等级为 IT6，表面粗糙度 *Ra* 为 1.6μm 且有表面淬火要求，因此最终需要进行磨削加工；$\phi11_{-0.011}^{\ 0}$mm 外圆表面公差等级为 IT6，没有表面热处理要求，可以通过精车或磨削保证尺寸公差要求。

$\phi11_{-0.011}^{\ 0}$mm 外圆上的键槽相对 $\phi11_{-0.011}^{\ 0}$mm 外圆轴线的对称度公差要求为 0.05mm，可以通过定位基准的合理选择予以保证。

其他次要表面的加工可以穿插在上述主要表面的加工中间进行。

2.2.2　制订泵轴加工工艺路线

1. 加工方法分析及确定

泵轴的主要工作表面是 $\phi14_{-0.011}^{\ 0}$mm 和 $\phi11_{-0.011}^{\ 0}$mm 两个外圆表面，尺寸公差等级均为 IT6，表面粗糙度 *Ra* 为 1.6μm 且 $\phi14_{-0.011}^{\ 0}$mm 外圆表面要进行表面淬火处理，因此可根据表 1-17选择 $\phi14_{-0.011}^{\ 0}$mm 外圆表面的加工方法为粗车→半精车→淬火处理→磨削；$\phi11_{-0.011}^{\ 0}$mm 外圆表面的加工方法为粗车→半精车→精车（或磨削）。

其他外圆表面采用粗车→半精车的加工方法就可满足加工要求。

$\phi11_{-0.011}^{\ 0}$mm 外圆上的键槽可在外圆半精车后进行铣削加工。

2. 毛坯制造

因为泵轴在工作过程中承受交变扭转负荷和冲击，因此要求泵轴有良好的力学性能，故零件毛坯采用锻件。

锻后热处理又称为第一热处理或预备热处理，通常在锻造之后马上进行。常用的热处理方式有正火、回火、退火、球化或固溶等几种形式。本例中采用的热处理方式为

正火。

3. 加工顺序的安排

根据机械加工工序安排的基本原则：基面先行、先主后次、先粗后精、先面后孔，安排泵轴零件的加工工艺路线如下：

锻造毛坯→车端面钻中心孔→粗车各段外圆，零件成形→调质处理26~31HRC→半精车各段外圆→铣键槽→钻ϕ5mm孔→车削加工M10×2螺纹→表面淬火→$\phi 11_{-0.011}^{0}$mm、$\phi 14_{-0.011}^{0}$mm外圆磨削→倒角$C1$，锐边去毛刺→检验。

具体加工工序安排如下：

工序10：锻造毛坯。

工序20：车端面钻中心孔；掉头车另一端面钻中心孔。

工序30：粗车各段外圆，粗车轴肩面C，切退刀槽。

工序40：调质处理，硬度26~31HRC。

工序50：半精车$\phi 14_{-0.011}^{0}$mm、$\phi 11_{-0.011}^{0}$mm、ϕ10mm外圆。

工序60：铣$\phi 11_{-0.011}^{0}$mm外圆上的键槽。

工序70：钻ϕ5mm通孔。

工序80：车M10×2螺纹。

工序90：$\phi 14_{-0.011}^{0}$mm外圆表面淬火到56~62HRC。

工序100：磨削$\phi 11_{-0.011}^{0}$mm、$\phi 14_{-0.011}^{0}$mm外圆到图样规定尺寸。

工序110：倒角$C1$，锐边去毛刺。

工序120：检验。

2.2.3　计算各加工表面的工序尺寸并绘制零件毛坯图

泵轴零件各段外圆表面的加工属于外表面加工，其中间各工序的工序尺寸及极限偏差采用“由后往前推”的方法进行计算；与外圆加工工序相比，铣键槽工序的定位基准发生了变化，故需要建立工艺尺寸链计算铣键槽工序的工序尺寸。

1. 计算泵轴的径向尺寸

（1）$\phi 14_{-0.011}^{0}$mm外圆表面　$\phi 14_{-0.011}^{0}$mm外圆表面的工序尺寸及极限偏差见表2-7。

表2-7　$\phi 14_{-0.011}^{0}$mm外圆表面的工序尺寸及极限偏差

加工顺序	工序公称余量/mm	经济加工精度	工序公称尺寸/mm	工序公称尺寸及极限偏差/mm
磨削	0.12	IT6	14	$14_{-0.011}^{0}$
半精车	1.0	IT9	14.12(14+0.12)	$14.12_{-0.043}^{0}$
粗车	1.88	IT12	15.12(14.12+1.0)	$15.12_{-0.18}^{0}$
毛坯			16.62(15.12+1.5)	17±2

（2）$\phi 11_{-0.011}^{0}$mm外圆表面　$\phi 11_{-0.011}^{0}$mm外圆表面的工序尺寸及极限偏差见表2-8。

表2-8　$\phi 11_{-0.011}^{0}$mm外圆表面的工序尺寸及极限偏差

加工顺序	工序公称余量/mm	经济加工精度	工序公称尺寸/mm	工序公称尺寸及极限偏差/mm
磨削	0.12	IT6	11	$11_{-0.011}^{0}$
半精车	1.0	IT9	11.12(11+0.12)	$11.12_{-0.043}^{0}$
粗车	1.88	IT12	12.12(11.12+1.0)	$12.12_{-0.18}^{0}$
毛坯			13.92(12.12+1.8)	14±2

（3）M10×2 螺纹　M10×2 螺纹的工序尺寸及极限偏差见表 2-9。

表 2-9　M10×2 螺纹的工序尺寸及极限偏差

加工顺序	工序公称余量/mm	经济加工精度	工序公称尺寸/mm	工序公称尺寸及极限偏差/mm
车削螺纹				M10
半精车	1.0	IT9	10	$10_{-0.043}^{0}$
粗车	3.0	IT12	11.0(10+1.0)	$11.0_{-0.18}^{0}$
毛坯			14.0(11.0+3)	14±2

（4）铣键槽　设铣键槽工序的工序尺寸为 X，其加工简图如图 2-11 所示，工艺尺寸链如图 2-12 所示。

其中，尺寸 $8.5_{-0.03}^{0}$mm 是泵轴零件图上最终要保证的设计尺寸，尺寸 $\phi11_{-0.011}^{0}$mm 是磨削加工后的最终尺寸，$\phi11.12_{-0.043}^{0}$mm 是半精车后的尺寸。根据工艺尺寸链的建立原则，建立求解铣键槽工序尺寸的工艺尺寸链，如图 2-12 所示。其中，尺寸 $8.5_{-0.03}^{0}$mm 是封闭环，尺寸 $\phi11.12_{-0.043}^{0}$mm/2（半精车后的外圆半径）为减环，铣键槽工序尺寸 X 和半径尺寸 $\phi11_{-0.011}^{0}$mm/2 是增环。

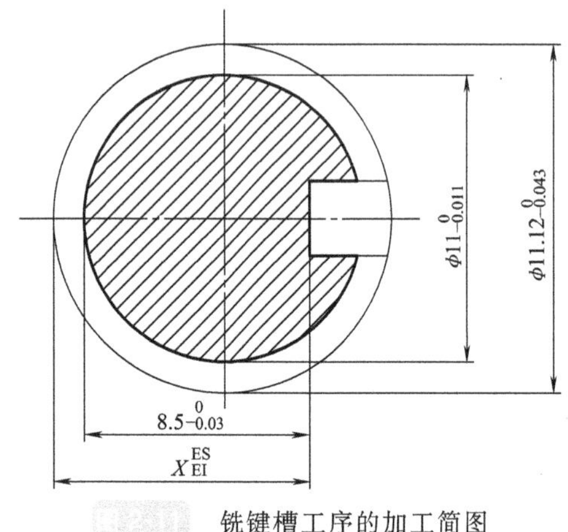

图 2-11　铣键槽工序的加工简图

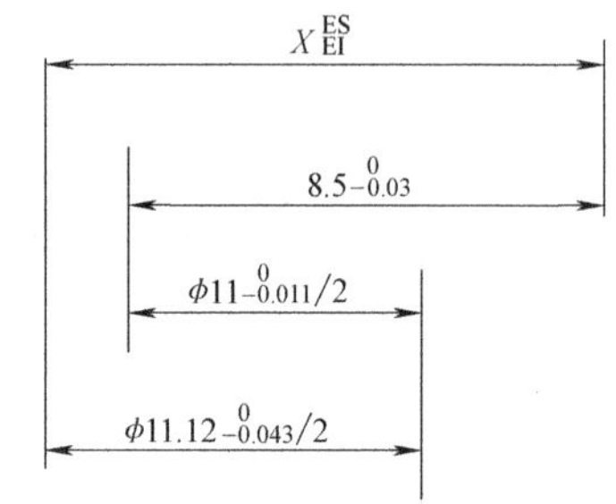

图 2-12　铣键槽工序的工艺尺寸链

根据工艺尺寸链计算的基本公式，计算工序尺寸 X 及其上下极限偏差 ES、EI。

$$8.5\text{mm}=X+5.5\text{mm}-5.56\text{mm}$$

$$0=\text{ES}+0+0.0215\text{mm}-0.03\text{mm}=\text{EI}-0.0055\text{mm}-0$$

由上述公式求得 $X=8.56_{-0.0245}^{-0.0215}$ mm，将工序尺寸 X 转换为“入体形式”：$8.5385_{-0.003}^{0}$mm。

2. 计算泵轴的轴向尺寸

（1）计算泵轴轴向总长　泵轴毛坯经过左、右端面各一次粗车，完成总长加工。泵轴轴向总长的工序尺寸及极限偏差见表 2-10。

表 2-10　泵轴轴向总长的工序尺寸及极限偏差

加工表面及加工顺序	工序公称余量/mm	经济加工精度	工序公称尺寸/mm	工序公称尺寸及极限偏差/mm
粗车泵轴左端面	1	IT12	94	$94_{-0.35}^{0}$
粗车泵轴右端面	1	IT12	95(94+1)	$95_{-0.35}^{0}$
毛坯			96(95+1)	96±2

（2）泵轴右端面至 C 面长度　泵轴右端面至 C 面长度的工序尺寸及极限偏差见表 2-11。

表 2-11　泵轴右端面至 C 面长度的工序尺寸及极限偏差

加工表面及加工顺序	工序公称余量/mm	经济加工精度	工序公称尺寸/mm	工序公称尺寸及极限偏差/mm
粗车轴肩面 C	1	IT12	28	$28_{-0.21}^{0}$
粗车泵轴右端面	1	IT12	27(28-1)	$27_{-0.21}^{0}$
毛坯			28(27+1)	28±2

3. 绘制泵轴毛坯图

该泵轴的毛坯形状比较简单，是一阶梯轴，根据表 2-10 和表 2-11 的计算结果，绘制泵轴毛坯图，如图 2-13 所示。

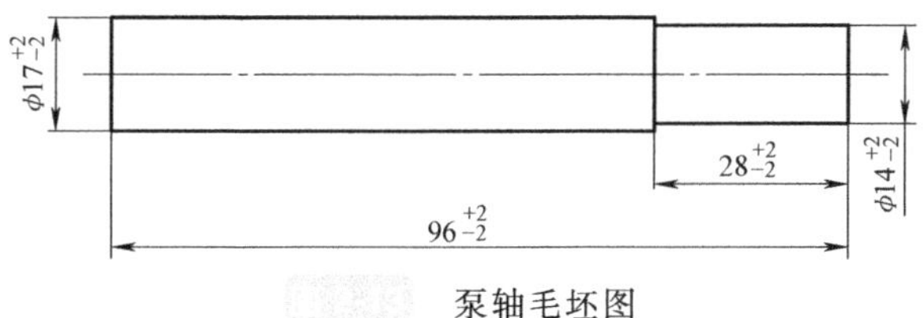

泵轴毛坯图

2.2.4　绘制工序简图

1. 工序 20：车端面钻中心孔；掉头车另一端面钻中心孔

以泵轴左端外圆为定位基准，自定心卡盘装夹，车右端面钻中心孔；工件掉头，以泵轴右端外圆为定位基准，自定心卡盘装夹，车左端面钻中心孔，保证泵轴总长尺寸 $94_{-0.35}^{0}$mm。如图 2-14 所示。

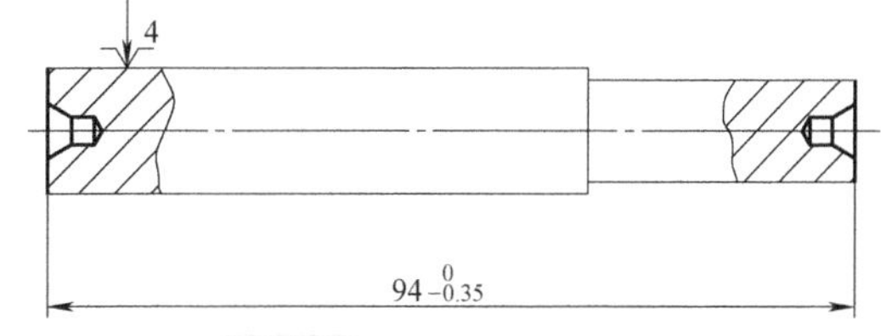

工序 20 工序简图

2. 工序 30：粗车各段外圆，粗车轴肩面 C，切退刀槽

固定顶尖及床尾浮动顶尖定位，限制泵轴的五个自由度，拨杆夹紧。

首先泵轴左端部固定顶尖、右端部浮动顶尖定位，拨杆夹紧后切削泵轴右部螺纹处外圆至尺寸 $\phi11_{-0.18}^{0}$mm，保证长度尺寸 14mm；车削加工键槽处外圆至尺寸 $\phi12.12_{-0.18}^{0}$mm，保证长度尺寸 27mm；粗车轴肩面 C，保证长度尺寸 28mm；切右端第一槽 3mm×1.6mm；切右端第二槽 3mm×1.56mm。

然后泵轴右端部固定顶尖、左端部浮动顶尖定位，拨杆夹紧后切削泵轴左端外圆至尺寸 $\phi15.12_{-0.18}^{0}$mm，如图 2-15 所示。

3. 工序 50：半精车 $\phi14_{-0.011}^{0}$mm、$\phi11_{-0.011}^{0}$mm、$\phi10$mm 外圆

固定顶尖及床尾浮动顶尖定位，限制泵轴的五个自由度，拨杆夹紧。

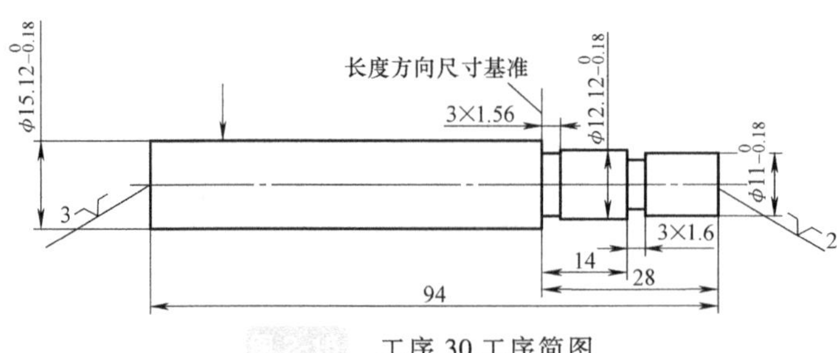

工序 30 工序简图

首先泵轴左端部固定顶尖、右端部浮动顶尖定位，拨杆夹紧后切削泵轴右部螺纹处外圆至尺寸 $\phi10_{-0.043}^{\ \ 0}$mm，键槽处外圆至尺寸 $\phi11.12_{-0.043}^{\ \ 0}$mm。

然后泵轴右端部固定顶尖、左端部浮动顶尖定位，拨杆夹紧后切削泵轴左端外圆至尺寸 $\phi14.12_{-0.043}^{\ \ 0}$mm，如图 2-16 所示。

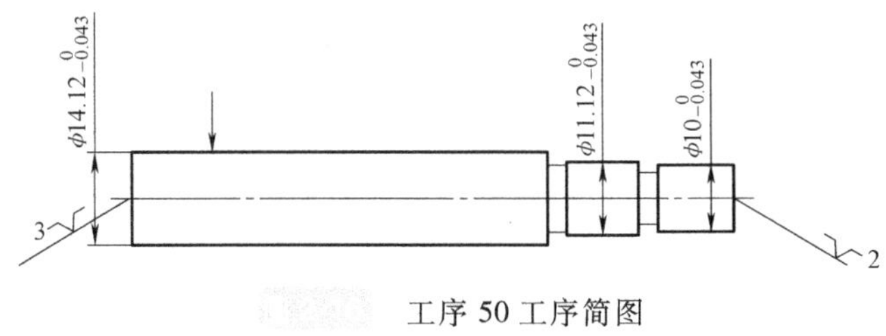

工序 50 工序简图

4. 工序 60：铣 $\phi11_{-0.011}^{\ \ 0}$mm 外圆上的键槽

工件以半精车后的外圆表面 $\phi14.12_{-0.043}^{\ \ 0}$mm、$\phi10_{-0.043}^{\ \ 0}$mm 以及左端面为定位基准，限制泵轴的五个自由度，实现泵轴的不完全定位，如图 2-17 所示。

通过铣床夹具上的对刀块保证铣刀的轴向位置、中心位置和垂向位置；由铣床自动进给机构保证槽深；铣槽的宽度尺寸和键槽形状由铣刀保证。

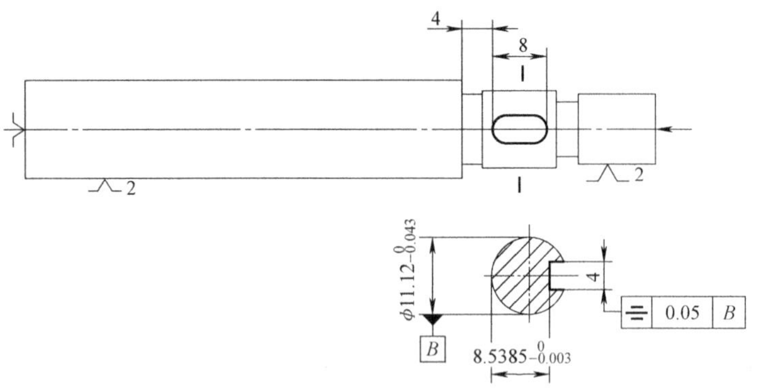

工序 60 工序简图

5. 工序 70：钻 $\phi5$mm 通孔

工件以外圆表面 $\phi11.12_{-0.043}^{\ \ 0}$mm、$\phi14.12_{-0.043}^{\ \ 0}$mm、左端面以及键槽侧面为定位基准，限制泵轴的五个自由度，如图 2-18 所示。

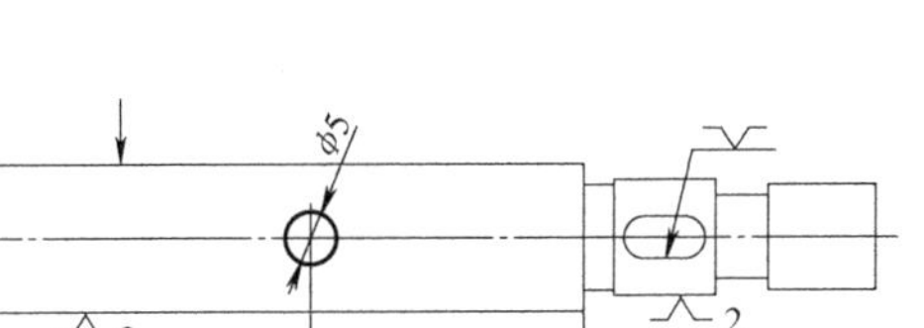

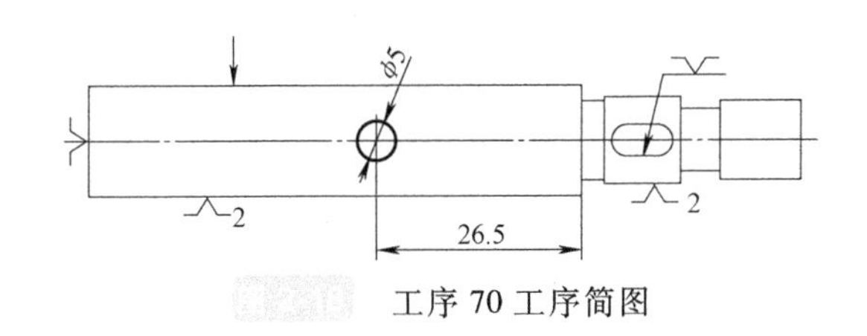

图 2-18　工序 70 工序简图

6. 工序 80：车 M10×2 螺纹

工件的定位夹紧方式如图 2-19 所示，通过多次进给完成螺纹 M10×2 的加工。

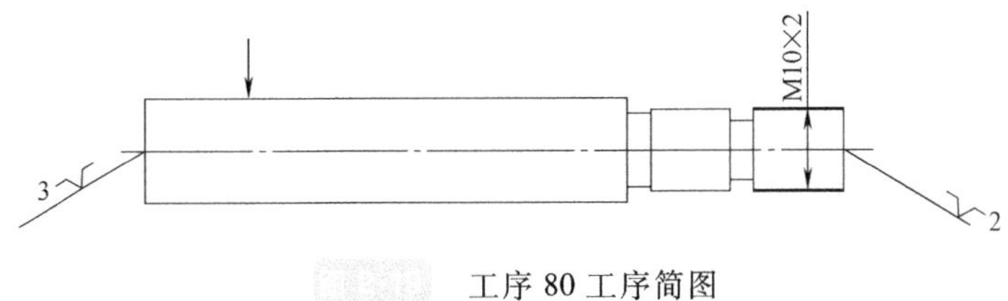

图 2-19　工序 80 工序简图

7. 工序 90：$\phi 14_{-0.011}^{\ 0}$ mm 外圆表面淬火到 56～62HRC

工序 90 工序简图，如图 2-20 所示。

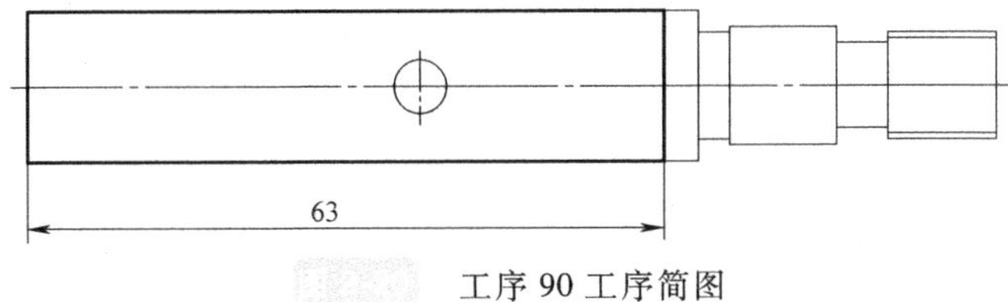

图 2-20　工序 90 工序简图

8. 工序 100：磨削 $\phi 11_{-0.011}^{\ 0}$ mm、$\phi 14_{-0.011}^{\ 0}$ mm 外圆到图样规定尺寸

左右顶尖定位，M10×2 处拨盘夹紧并带动泵轴转动，磨削加工 $\phi 11_{-0.011}^{\ 0}$ mm、$\phi 14_{-0.011}^{\ 0}$ mm 外圆到图样规定尺寸，如图 2-21 所示。

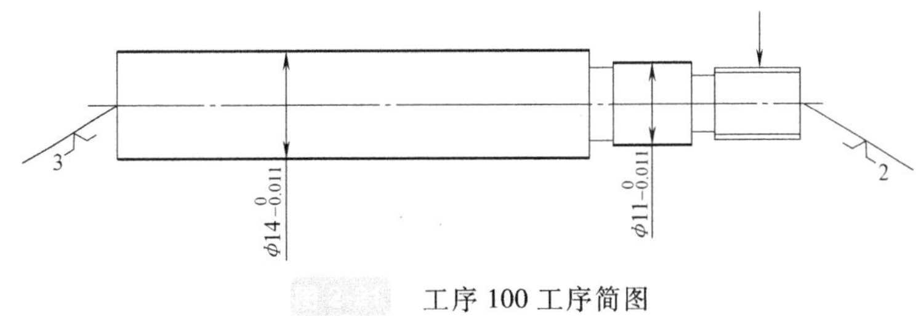

图 2-21　工序 100 工序简图

9. 工序 110：倒角 $C1$，锐边去毛刺

工序 110 工序简图，如图 2-22 所示。

2.2.5　编制泵轴零件加工工艺

1. 工序 10：锻造毛坯

与铸造毛坯相比，锻件消除了缩孔、缩松、气孔等缺陷，使毛坯具有更好的力学性能。采用模锻方法加工泵轴毛坯。模锻工艺生产率高，劳动强度低，尺寸精确，加工余量

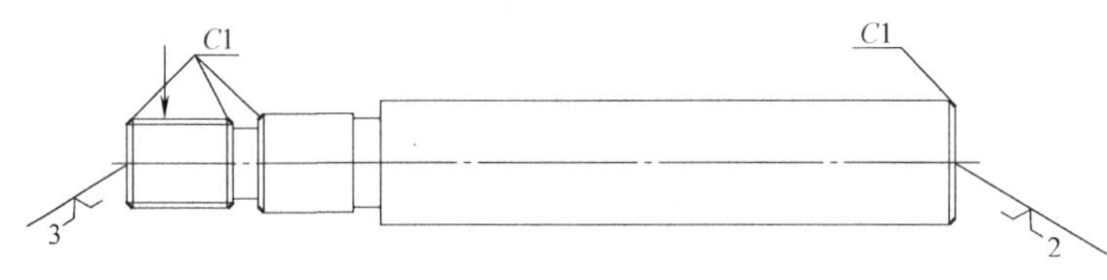

工序 110 工序简图

小，适用于批量生产。

锻件为阶梯轴，由泵轴毛坯图可知毛坯长度尺寸为 96mm，直径尺寸分别为 ϕ17mm、ϕ14mm，如图 2-13 所示。

2. 工序 20：车端面钻中心孔；掉头车另一端面钻中心孔

选用 CA6140A 车床、端面车刀、中心钻 A4/10 GB/T 6078—2016。

(1) 工步 1：车右端面

确定背吃刀量 a_p：查表 F-25，取 $a_p = Z = 1.0$mm。

确定进给量 f：$f = 0.3$mm/r；查 CA6140A 机床转速图，取 $n = 90$r/min。

确定切削速度 v：$v = \pi dn/1000 = 3.95$m/min。

(2) 工步 2：钻中心孔

确定背吃刀量 a_p：取 $a_p = Z/2 = d/2 = 2.0$mm，d 为钻头直径。

确定进给量 f：取 $f = 0.10$mm/r；查 CA6140A 机床转速图，取 $n = 90$r/min。

确定切削速度 v：$v = \pi dn/1000 = 1.13$m/min。

(3) 工步 3：车左端面

确定背吃刀量 a_p：查表 F-25，取 $a_p = Z = 1.0$mm。

确定进给量 f：取 $f = 0.3$mm/r；查 CA6140A 机床转速图，取 $n = 90$r/min。

确定切削速度 v：$v = \pi dn/1000 = 4.8$m/min。

(4) 工步 4：钻中心孔

确定背吃刀量 a_p：取 $a_p = Z/2 = d/2 = 2.0$mm，d 为钻头直径。

确定进给量 f：取 $f = 0.10$mm/r；查 CA6140A 机床转速图，取 $n = 90$r/min。

确定切削速度 v：$v = \pi dn/1000 = 1.13$m/min。

3. 工序 30：粗车各段外圆，粗车轴肩面 C，切退刀槽

选用 CA6140A 车床、外圆车刀、端面车刀、切槽车刀。

(1) 粗车螺纹处外圆，保证长度尺寸 14mm

确定背吃刀量 a_p：参考表 2-9，$a_p = Z/2 = (14\text{mm} - 11\text{mm})/2 = 1.5$mm。

确定进给量 f：取 $f = 0.10$mm/r；查 CA6140A 机床转速图，取 $n = 90$r/min。

确定切削速度 v：$v = \pi dn/1000 = 3.95$m/min。

(2) 粗车键槽处外圆，保证长度尺寸 27mm

确定背吃刀量 a_p：参考表 2-8，$a_p = Z/2 = (14\text{mm} - 12.12\text{mm})/2 = 0.94$mm。

确定进给量 f：取 $f = 0.10$mm/r；查 CA6140A 机床转速图，取 $n = 90$r/min。

确定切削速度 v：$v = \pi dn/1000 = 3.95$m/min。

(3) 粗车轴肩面 C，保证长度尺寸 28mm

确定背吃刀量 a_p：参考表 2-11，取 $a_p=Z=1.0$mm。

确定进给量 f：取 $f=0.10$mm/r；查 CA6140A 机床转速图，取 $n=90$r/min。

确定切削速度 v：$v=\pi dn/1000=4.27$m/min。

（4）切右端第一个退刀槽 3mm×1.6mm

确定背吃刀量 a_p：参考泵轴毛坯图和零件图，计算右端第一个退刀槽 $a_p=Z/2=$(11mm−7.8mm)/2=1.6mm。

确定进给量 f：取 $f=0.10$mm/r；查 CA6140A 机床转速图，取 $n=90$r/min。

确定切削速度 v：$v=\pi dn/1000=3.11$m/min。

（5）切右端第二个退刀槽 3mm×1.56mm

确定背吃刀量 a_p：参考泵轴毛坯图和零件图，计算右端第二个退刀槽 $a_p=Z/2=$(12.12mm−9mm)/2=1.56mm。

确定进给量 f：取 $f=0.10$mm/r；查 CA6140A 机床转速图，取 $n=90$r/min。

确定切削速度 v：$v=\pi dn/1000=3.43$m/min。

（6）粗车左端外圆

确定背吃刀量 a_p：参考表 2-7，取 $a_p=Z/2=$(17mm−15.12mm)/2=0.94mm。

确定进给量 f：取 $f=0.10$mm/r；查 CA6140A 机床转速图，取 $n=90$r/min。

确定切削速度 v：$v=\pi dn/1000=4.8$m/min。

4. 工序 40：调质处理，硬度 26~31HRC

调质处理是淬火加高温回火的双重热处理，其目的是使工件具有良好的综合力学性能。

调质可以使钢的性能、材质得到很大程度的调整，其强度、塑性和韧性都较好，具有良好的综合力学性能。

45 钢是中碳结构钢，冷热加工性能良好，力学性能较好，而且价格低、来源广，所以应用广泛。它的最大弱点是淬透性低，截面尺寸大和要求比较高的工件不宜采用。

泵轴零件的调质处理要将硬度控制在 26~31HRC。

5. 工序 50：半精车 $\phi14_{-0.011}^{0}$mm、$\phi11_{-0.011}^{0}$mm、$\phi10$mm 外圆

选用 CA6140A 车床、90°外圆车刀。

复合工步：半精车各段外圆。

确定背吃刀量 a_p：各段外圆的背吃刀量表 2-7~表 2-9，取 $a_p=Z/2=0.5$mm。

确定进给量 f：取 $f=0.30$mm/r；查 CA6140A 机床转速图，取 $n=450$r/min。

确定切削速度 v：$v_1=\pi dn/1000=15.54$m/min（$\phi10$mm 外圆），$v_2=\pi dn/1000=17.13$m/min（$\phi11_{-0.011}^{0}$mm 外圆），$v_3=\pi dn/1000=21.36$m/min（$\phi14_{-0.011}^{0}$mm 外圆）。

6. 工序 60：铣 $\phi11_{-0.011}^{0}$mm 外圆上的键槽

选用 XA6132 立式铣床、直柄键槽铣刀 4d8 GB/T 1112—2012。铣键槽也可选用键槽铣床。

确定铣削的背吃刀量 a_p和铣削切削层公称宽度 a_w：$a_p=2.36$mm，$a_w=4$mm。

确定进给量 f：取 $f=0.05$mm/z；查 XA6132 机床转速图，取 $n=235$r/min。

确定切削速度 v：$v=\pi dn/1000=2.95$m/min。

7. 工序 70：钻 $\phi5$mm 通孔

选用摇臂钻床 Z3040，直柄短麻花钻 5 GB/T 6135.2—2008。

确定背吃刀量 a_p：$a_p = d/2 = 2.5\text{mm}$。

确定进给量 f：取 $f = 0.1\text{mm/min}$；取 $n = 200\text{r/min}$。

确定切削速度 v：$v = \pi dn/1000 = 3.14\text{m/min}$。

8. 工序 80：车 M10×2 螺纹

选用 CA6140A 车床，平底硬质合金螺纹车刀。

切削用量选择：第一次进给横向进给量 $f_{横1} = 0.5\text{mm/r}$，最终进给横向进给量 $f_{横终} = 0.013\text{mm/r}$，取 $n = 280\text{r/min}$，则对应的 $v = \pi dn/1000 = 8.792\text{m/min}$；

进给次数粗车 4 次，精车 2 次；纵向进给量要满足工件转一圈，刀具移动一个螺距的距离，取 $f_{纵} = 2\text{mm/r}$。

9. 工序 90：$\phi 14_{-0.011}^{\ 0}$mm 外圆表面淬火到 56～62HRC

表面淬火的目的在于获得高硬度、高耐磨性的表面，而心部仍然保持原有的良好韧性。

10. 工序 100：磨削 $\phi 11_{-0.011}^{\ 0}$mm、$\phi 14_{-0.011}^{\ 0}$mm 外圆至图样规定尺寸

选用 M1432B 万能外圆磨床，砂轮 1—200×50×75-A60L5V-35 GB/T 2484—2006。

砂轮转速 $n = 1000\text{r/min}$。

磨削的两次径向进给量 $f_{r1} + f_{r2} = 0.1\text{mm/r} + 0.02\text{mm/r}$。

磨削的轴向进给量 $f_a = 0.13\text{mm/r}$。

磨削速度 $v = \pi dn/1000 = 628\text{m/min}$。

11. 工序 110：倒角 C1，锐边去毛刺

$C1$ 倒角角度为 45°，宽度为 1mm。

确定背吃刀量 a_p：$a_{p1} = 1\text{mm}$。

确定进给量 f：取 $f = 0.10\text{mm/r}$；查 CA6140A 机床转速图，取 $n = 90\text{r/min}$。

确定切削速度 v：$v_1 = \pi dn/1000 = 2.83\text{m/min}$（右端第一、第二处 $C1$ 倒角）。

$v_2 = \pi dn/1000 = 3.11\text{m/min}$（右端第三处 $C1$ 倒角）。

$v_3 = \pi dn/1000 = 3.96\text{m/min}$（左端面处 $C1$ 倒角）。

12. 工序 120：检验

检测泵轴主要的尺寸公差、位置公差及表面粗糙度等技术要求。

根据上述的分析及计算结果，可汇总完成泵轴零件的机械加工工艺。泵轴零件机械加工工艺过程卡片和工序卡片分别见表 2-12 和表 2-13。

2.2.6　专用夹具设计

选择工序 60（铣 $\phi 11_{-0.011}^{\ 0}$mm 外圆上的键槽）进行铣床夹具设计。夹具总装图如图2-23所示。

1. 被加工表面分析

本工序所加工的键槽位于 $\phi 11_{-0.011}^{\ 0}$mm 外圆上。定义外圆的轴线方向为 X 轴方向，竖直方向为 Z 轴方向。

2. 定位基准选择

选择半精车后的 $\phi 14.12_{-0.043}^{\ 0}$mm、$\phi 10_{-0.043}^{\ 0}$mm 外圆为主定位基准，限制四个自由度 $\overline{y}$、$\overline{z}$、$\widehat{y}$、$\widehat{z}$；泵轴的左端面为第二定位基准，限制 $\overline{x}$ 自由度，如图 2-17 所示。

3. 选用合适的定位元件

选择两个 V 形块（元件 6 和 12）分别与半精车后的 $\phi14.12_{-0.043}^{\ 0}$mm、$\phi10_{-0.043}^{\ 0}$mm 外圆紧密贴合，限制 $\vec{y}$、$\vec{z}$、$\widehat{y}$、$\widehat{z}$ 四个自由度；选用一圆头定位销（元件 4）与泵轴的左端面紧密贴合，限制 $\vec{x}$ 自由度，如此实现泵轴的不完全定位。如图 2-23 所示。

4. 计算定位误差

由图 2-17 可知，铣键槽工序有两个工序尺寸需要保证，其一是键槽的轴向位置尺寸 l_1 = 4mm，其二是键槽与 $\phi11_{-0.011}^{\ 0}$mm 外圆轴线的对称度公差要求 l_2 = 0.05mm。

由于工序尺寸 l_1 是自由公差，故可以不考虑定位误差的影响。

键槽对称度公差要求的工序基准是 $\phi11_{-0.011}^{\ 0}$mm 外圆轴线，其定位基准也是 $\phi10$mm 外圆轴线，在不考虑两个外圆存在同轴度误差的条件下，$\Delta l_{2B}=0$。

又因为 $\phi14_{-0.011}^{\ 0}$mm 外圆与 $\phi11_{-0.011}^{\ 0}$mm 外圆的基准位置误差沿垂向方向，在键槽对称度方向（水平方向）的分量为零，故 $\Delta l_{2Y}=0$。

所以 $\Delta l_{2D}=\Delta l_{2B}+\Delta l_{2Y}=0$，键槽对称度公差要求的定位误差为 0。

故本专用夹具的定位方案设计合理。

5. 设计对刀装置

（1）铣键槽时需要保证的技术要求　铣床夹具在机床上定位后，为了保证定位元件与铣刀有正确的相对位置，需要设计对刀装置。对刀装置包括对刀块（元件 10 和 17）和对刀平塞尺（元件 11 和 15）。

泵轴上的键槽有五个技术要求需要保证（图 2-17），即

1）键槽的轴向位置。

2）键槽的中心位置，即键槽与 $\phi11_{-0.011}^{\ 0}$mm 外圆的对称度公差要求（对中）。

3）键槽深度。

4）键槽槽宽。

5）键槽形状。

其中第四和第五个技术要求由铣刀保证（键槽铣刀）；键槽深度由机床径向进给机构保证；只有键槽的轴向位置、键槽相对于 $\phi11_{-0.011}^{\ 0}$mm 外圆的对称度公差要求需要通过对刀块和塞尺保证。

选用直角对刀块（元件 17，JB/T 8031.3—1999）确定键槽的轴向位置和中心位置，选用圆形对刀块（元件 10，JB/T 8031.1—1999）确定键槽的垂向位置，如图 2-24 所示。

（2）计算对刀尺寸

计算对刀尺寸时，所用相关尺寸均应换算成尺寸平均值和对称极限偏差。

1）对刀块垂向对刀尺寸（由圆形对刀块元件 10 保证，如图 2-24 所示）。

工件加工基面直径：$d=\phi11.12\text{h9}=\phi11.12_{-0.043}^{\ 0}\text{mm}=\phi(11.0985\pm0.0215)\text{mm}$

塞尺厚度：$H_1=3\text{h8}=(2.993\pm0.007)\text{mm}$

对刀块垂向对刀尺寸 $X_C=d/2-H_1$

$=11.0985\text{mm}/2-2.993\text{mm}$

$=2.556\text{mm}\pm0.005\text{mm}$（公差约为 d 的公差的 1/3～1/5）

2）对刀块轴向对刀尺寸。

轴向对刀塞尺厚度：$H_2=5h8=4.991mm\pm0.009mm$

对刀块轴向对刀尺寸 $X_Z=[(94-28+4)-4.991]mm=65.009mm\pm0.05mm$（公差约为65h12 的 1/3，参考泵轴零件图和铣键槽工序的工序简图）。

3）对刀块键槽宽度方向对刀尺寸。

键槽宽度：$B=4H11=4.0375mm\pm0.0375mm$

键槽宽度方向对刀塞尺厚度：$H_3=5h8=4.991mm\pm0.009mm$

对刀块键槽宽度方向对刀尺寸 $X_K=B/2+H_3=2.019mm+4.991mm=7.010mm\pm0.015mm$（公差约为键槽宽度公差的 1/3）。

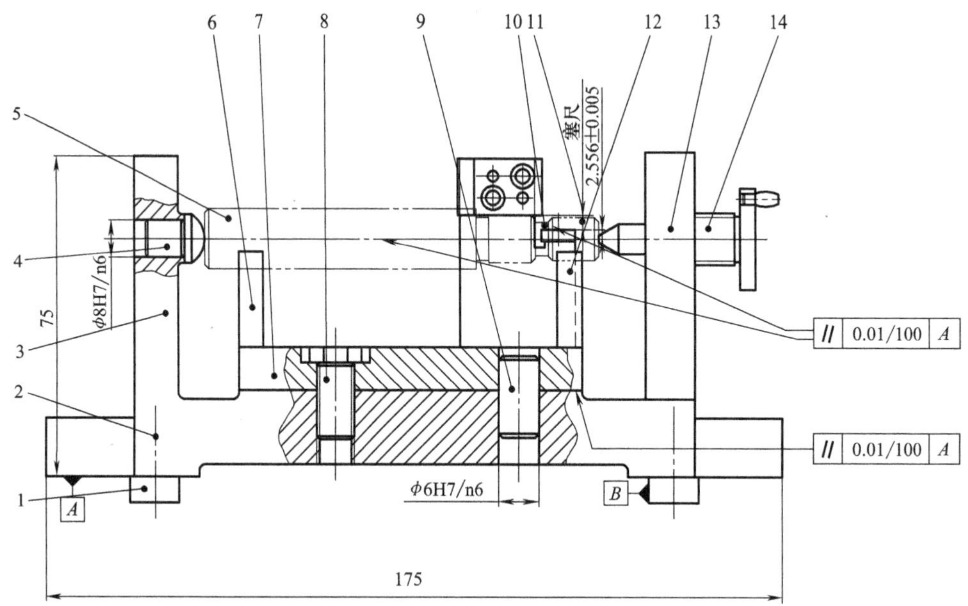

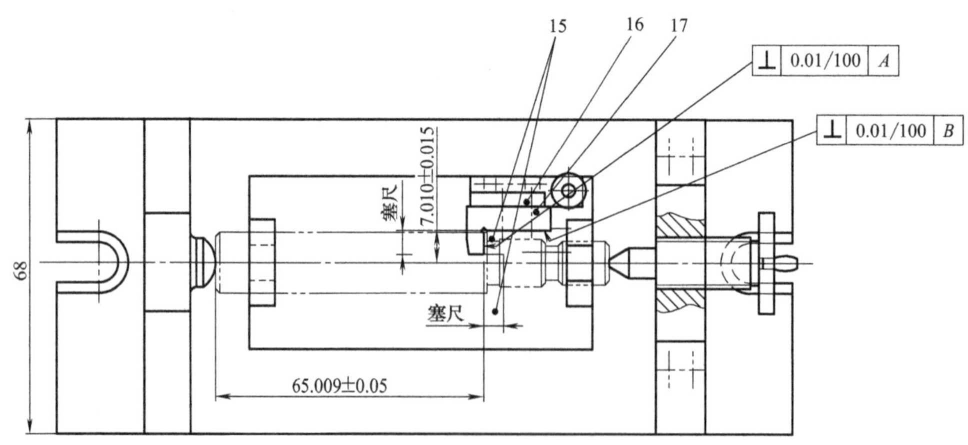

夹具总装图

1—铣床定位键　2—锁紧螺钉　3—夹具体　4—圆头定位销　5—工件　6—左 V 形块　7—支承板　8—内六角螺钉　9—定位销　10—圆形对刀块　11—对刀平塞尺（3h8）　12—右 V 形块　13—立柱　14—夹紧机构　15—对刀平塞尺（5h8）　16—后立柱　17—直角对刀块

6. 夹紧方案设计

夹紧力方向沿工件的轴向，是工件刚度最好的方向；夹紧力的作用点位于工件的右端面。

采用螺栓夹紧机构，夹紧力大，自锁性好且夹紧结构简单。转动夹紧机构（元件 14）上的手柄，即可向左移动夹紧机构直至其与工件 5 的右端面紧密贴合，然后松开手柄，完成夹紧过程。螺栓夹紧机构自锁性好，受到外力（切削力等外力）的作用夹紧机构仍然保持夹紧状态，加工稳定性好。

7. 夹具体设计

夹具体材料选用铸铁 HT150，铸造加工。夹具体是一个装配基准零件，需要在其上固定定位元件、夹紧元件等，所以要求其结构简单、操作方便。夹具体零件图如图 2-24 所示。夹具总装图如图 2-24 所示。

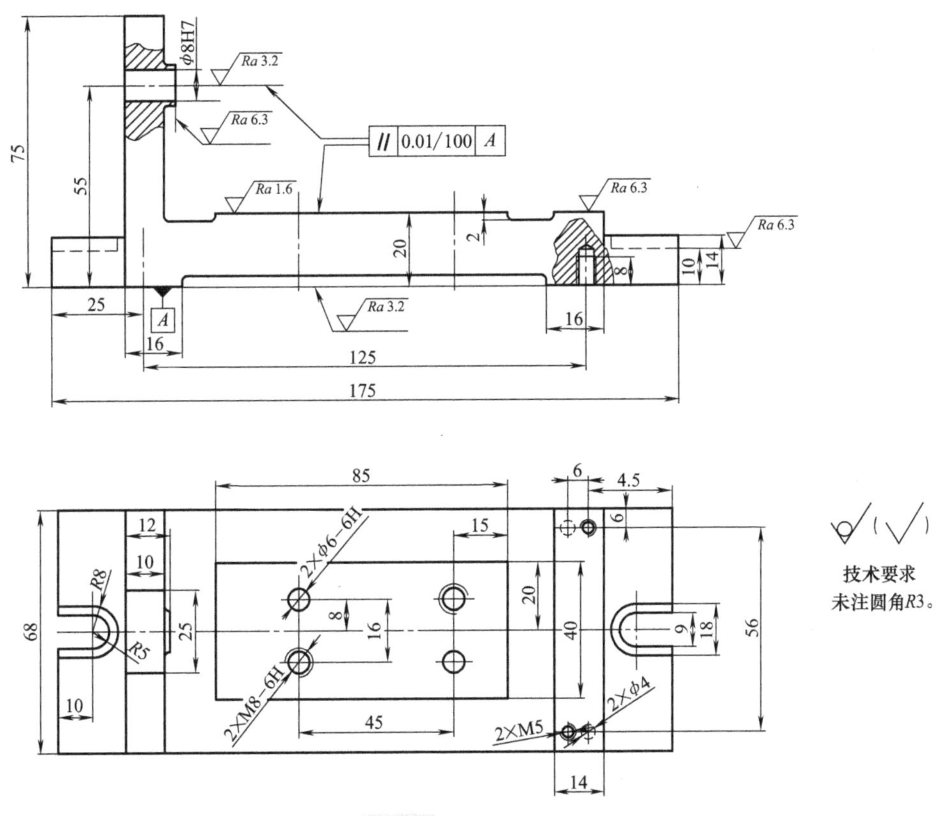

夹具体零件图

表 2-12 泵轴零件机械加工工艺过程卡片

	机械加工工艺过程卡片	产品型号		零件图号		编号	
		产品名称		零件名称	泵轴	共 1 页	第 1 页

材料牌号	45	毛坯种类		单件用料		单件净重	
		材料消耗定额		下料尺寸		每毛坯可制件数	

生产部门	工序号	工种	工序内容	设备 型号	设备 名称	单件工时定额/min	备注
热加工	10		锻造毛坯	蒸汽-空气锤			
金工	20	车	车端面钻中心孔；掉头车另一端面钻中心孔	CA6140A	卧式车床		
金工	30	车	粗车各段外圆，粗车轴肩面 C，切退刀槽	CA6140A	卧式车床		
热处理	40		调质处理，26~31HRC				
金工	50	车	半精车 $\phi14_{-0.011}^{0}$mm、$\phi11_{-0.011}^{0}$mm、$\phi10$mm 外圆	CA6140A	卧式车床		
金工	60	铣	铣 $\phi11_{-0.011}^{0}$mm 外圆上的键槽	XA6132	立式铣床		
金工	70	钻	钻 $\phi5$mm 通孔	Z3040	摇臂钻床		
金工	80	车	车 M10×2 螺纹	CA6140A	卧式车床		
热处理	90		$\phi14_{-0.011}^{0}$mm 外圆表面淬火到 56~62HRC				
金工	100	磨	磨削 $\phi11_{-0.011}^{0}$mm、$\phi14_{-0.011}^{0}$mm 外圆至图样规定尺寸	M1432B	万能外圆磨床		
金工	110	钳	倒角 $C1$，锐边去毛刺	CA6140A	卧式车床		
质检部	120	检	检验				

					设计	校对	审核	标准化	会签	批准
标记	处数	更改文件号	签字	日期						

表 2-13 泵轴零件机械加工工艺卡片

	机械加工工序卡片	产品型号		零件图号		编号	
		产品名称		零件名称	泵轴	共 1 页	第 1 页

$\phi17^{+2}_{-2}$ $\phi14^{+2}_{-2}$ 28^{+2}_{-2} 96^{+2}_{-2}

工序号	10
工序名称	锻造毛坯
工时定额/min	
设备名称	蒸汽-空气锤
设备型号	
材料牌号	45
工装代号	
刀具	
量具	三用游标卡尺
夹具	

工步号	工步内容	主轴转速/(r/min)	切削速度/(m/min)	进给量/(mm/r)	背吃刀量/mm	进给次数	辅具	
1	锻造毛坯							
2	正火热处理							

					设计	审核	标准化	会签	批准
标记	处数	更改文件号	签字	日期					

（续）

机械加工工序卡片		产品型号		零件图号		编号	
		产品名称		零件名称	泵轴	共 1 页	第 1 页

项目	内容
工序号	20
工序名称	车端面钻中心孔；掉头车另一端面钻中心孔
工时定额/min	
设备名称	卧式车床
设备型号	CA6140A
材料牌号	45
工装代号	
刀具	端面车刀、中心钻
量具	三用游标卡尺
夹具	自定心卡盘

$94_{-0.35}^{0}$

工步号	工步内容	主轴转速/(r/min)	切削速度/(m/min)	进给量/(mm/r)	背吃刀量/mm	进给次数	辅具	拨杆
1	车右端面	90	3. 95	0. 3	1. 0	1		
2	钻中心孔	90	1. 13	0. 1	2. 0	1		
3	车左端面	90	4. 8	0. 3	1. 0	1		
4	钻中心孔	90	1. 13	0. 1	2. 0	1		

标记	处数	更改文件号	签字	日期	设计	审核	标准化	会签	批准

（续）

机械加工工序卡片	产品型号		零件图号		编号	
	产品名称		零件名称	泵轴	共 1 页	第 1 页

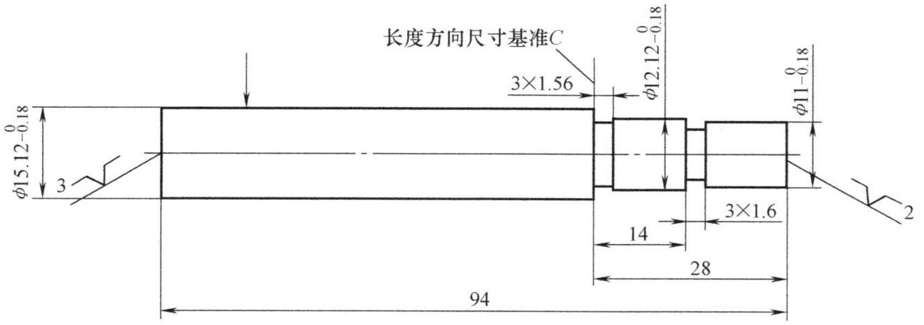

长度方向尺寸基准C

3×1.56

$\phi 12.12_{-0.18}^{\ 0}$

$\phi 11_{-0.18}^{\ 0}$

$\phi 15.12_{-0.18}^{\ 0}$

3

2

3×1.6

14

28

94

工序号	30
工序名称	粗车各段外圆，粗车轴肩面C,切退刀槽
工时定额/min	
设备名称	卧式车床
设备型号	CA6140A
材料牌号	45
工装代号	
刀具	外圆车刀、端面车刀切槽刀
量具	三用游标卡尺
夹具	顶尖
辅具	拨杆

工步号	工步内容	主轴转速/(r/min)	切削速度/(m/min)	进给量/(mm/r)	背吃刀量/mm	进给次数
1	粗车螺纹处外圆,保证长度尺寸 14mm	90	3.95	0.1	1.5	1
2	粗车键槽处外圆,保证长度尺寸 27mm	90	3.95	0.1	0.94	1
3	粗车轴肩面C,保证长度尺寸 28mm	90	4.27	0.1	1.0	1
4/5	切退刀槽(右端第一个、第二个)	90/90	3.10/3.43	0.1/0.1	1.6/1.56	1/1
6	粗车左端外圆	90	4.8	0.1	0.94	1

					设计	审核	标准化	会签	批准
标记	处数	更改文件号	签字	日期					

（续）

	机械加工工序卡片	产品型号		零件图号		编号	
		产品名称		零件名称	泵轴	共 1 页	第 1 页

项目	内容
工序号	40
工序名称	调质处理，硬度 26～31HRC
工时定额/min	
设备名称	
设备型号	
材料牌号	45
工装代号	
刀具	
量具	硬度仪
夹具	

工步号	工步内容	主轴转速/（r/min）	切削速度/（m/min）	进给量/（mm/r）	背吃刀量/mm	进给次数	辅具	
1								
2								
3								
4								

					设计	审核	标准化	会签	批准
标记	处数	更改文件号	签字	日期					

（续）

机械加工工序卡片	产品型号		零件图号		编号	
	产品名称		零件名称	泵轴	共 1 页	第 1 页

$\phi14.12_{-0.043}^{0}$　$\phi11.12_{-0.043}^{0}$　$\phi10_{-0.043}^{0}$　3　2

项目	内容
工序号	50
工序名称	半精车 $\phi14_{-0.011}^{0}$mm、$\phi11_{-0.011}^{0}$mm、$\phi10$mm 外圆
工时定额/min	
设备名称	卧式车床
设备型号	CA6140A
材料牌号	45
工装代号	
刀具	外圆车刀
量具	三用游标卡尺
夹具	顶尖

工步号	工步内容	主轴转速/(r/min)	切削速度/(m/min)	进给量/(mm/r)	背吃刀量/mm	进给次数	辅具	拨杆
1	半精车 $\phi10$mm 外圆	450	15.54	0.3	0.5	1		
2	半精车 $\phi11_{-0.011}^{0}$mm 外圆	450	17.13	0.3	0.5	1		
3	半精车 $\phi14_{-0.011}^{0}$mm 外圆	450	21.36	0.3	0.5	1		

标记	处数	更改文件号	签字	日期	设计	审核	标准化	会签	批准

（续）

机械加工工序卡片	产品型号		零件图号		编号	
	产品名称		零件名称	泵轴	共 1 页	第 1 页

工序简图	项目	内容
4　8　2　2　I　I　$\phi 11.12_{-0.043}^{0}$　B　4　0.05 B　$8.5385_{-0.003}^{0}$	工序号	60
	工序名称	铣 $\phi 11_{-0.011}^{0}$ mm 外圆上的键槽
	工时定额/min	
	设备名称	立式铣床
	设备型号	XA6132
	材料牌号	45
	工装代号	
	刀具	直柄键槽铣刀 4d8 GB/T 1112—2012
	量具	内径千分尺
	夹具	专用夹具
	辅具	

工步号	工步内容	主轴转速/(r/min)	切削速度/(m/min)	进给量/(mm/z)	背吃刀量/mm	进给次数		
1	铣 $\phi 11_{-0.011}^{0}$ mm 外圆上的键槽	235	2.95	0.05	$a_p=2.36$ $a_w=4$	1		

					设计	审核	标准化	会签	批准
标记	处数	更改文件号	签字	日期					

（续）

机械加工工序卡片		产品型号		零件图号		编号	
		产品名称		零件名称	泵轴	共 1 页	第 1 页

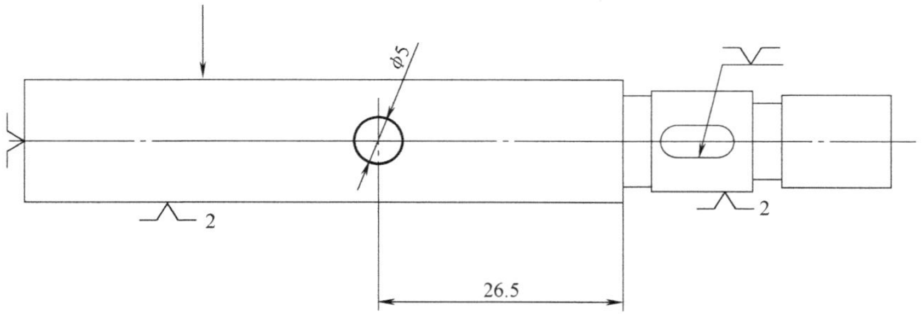

φ5　26.5　2　2

工序号	70
工序名称	钻 ϕ5mm 通孔
工时定额/min	
设备名称	摇臂钻床
设备型号	Z3040
材料牌号	45
工装代号	
刀具	直柄短麻花钻
量具	三用游标卡尺
夹具	专用夹具

工步号	工步内容	主轴转速/（r/min）	切削速度/（m/min）	进给量/（mm/min）	背吃刀量/mm	进给次数	辅具
1	钻 ϕ5mm 通孔	200	3.14	0.1	2.5	1	

					设计	审核	标准化	会签	批准
标记	处数	更改文件号	签字	日期					

（续）

机械加工工序卡片	产品型号		零件图号		编号	
	产品名称		零件名称	泵轴	共 1 页	第 1 页

项目	内容
工序号	80
工序名称	车 M10×2 螺纹
工时定额/min	
设备名称	卧式车床
设备型号	CA6140A
材料牌号	45
工装代号	
刀具	平底硬质合金螺纹车刀
量具	三用游标卡尺
夹具	顶尖

工步号	工步内容	主轴转速/(r/min)	切削速度/(m/min)	进给量/(mm/r)	背吃刀量/mm	进给次数	辅具	拨杆
1	车 M10×2 螺纹	280	8.792	$f_{横1}=0.5$ $f_{横终}=0.013$ $f_{纵}=2$		粗车 4 次 精车 2 次		

标记	处数	更改文件号	签字	日期	设计	审核	标准化	会签	批准

（续）

机械加工工序卡片	产品型号		零件图号		编号	
	产品名称		零件名称	泵轴	共 1 页	第 1 页

项目	内容
工序号	90
工序名称	$\phi14_{-0.011}^{0}$ mm 外圆表面淬火到 56~62HRC
工时定额/min	
设备名称	
设备型号	
材料牌号	45
工装代号	
刀具	
量具	硬度仪
夹具	

工步号	工步内容	主轴转速/(r/min)	切削速度/(m/min)	进给量/(mm/r)	背吃刀量/mm	进给次数	辅具	
1	$\phi14_{-0.011}^{0}$ mm 外圆表面淬火到 56~62HRC							

					设计	审核	标准化	会签	批准
标记	处数	更改文件号	签字	日期					

（续）

机械加工工序卡片	产品型号		零件图号		编号	
	产品名称		零件名称	泵轴	共 1 页	第 1 页

项目	内容
工序号	100
工序名称	磨削 $\phi 11_{-0.011}^{0}$ mm、$\phi 14_{-0.011}^{0}$ mm 外圆至图样规定尺寸
工时定额/min	
设备名称	万能外圆磨床
设备型号	M1432B
材料牌号	45
工装代号	
刀具	砂轮
量具	三用游标卡尺
夹具	顶尖
辅具	拨杆

工步号	工步内容	主轴转速/（r/min）	切削速度/（m/min）	进给量/（mm/r）	背吃刀量/mm	进给次数
1	磨 $\phi 11_{-0.011}^{0}$ mm 外圆	1000	628	$f_{r1}=0.1$ $f_{r2}=0.02$ $f_a=0.13$	0.06	1
2	磨 $\phi 14_{-0.011}^{0}$ mm 外圆	1000	628		0.06	1

标记	处数	更改文件号	签字	日期	设计	审核	标准化	会签	批准

（续）

机械加工工序卡片	产品型号		零件图号		编号	
	产品名称		零件名称	泵轴	共 1 页	第 1 页

工序号	110
工序名称	倒角 $C1$，锐边去毛刺
工时定额/min	
设备名称	卧式车床
设备型号	CA6140A
材料牌号	45
工装代号	
刀具	45°倒角车刀、修边刀
量具	
夹具	顶尖

工步号	工步内容	主轴转速/(r/min)	切削速度/(m/min)	进给量/(mm/r)	背吃刀量/mm	进给次数	辅具	拨杆
1	倒角 $C1$	90	2.83/3.11/3.96	0.1	1	1		
2	锐边去毛刺							

					设计	审核	标准化	会签	批准
标记	处数	更改文件号	签字	日期					

（续）

机械加工工序卡片	产品型号		零件图号		编号	
	产品名称		零件名称	泵轴	共 1 页	第 1 页

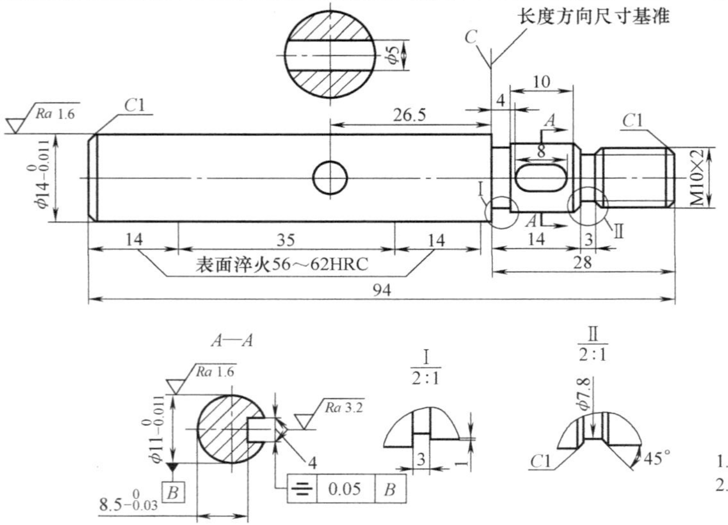

项目	内容
工序号	120
工序名称	检验
工时定额/min	
设备名称	
设备型号	
材料牌号	45
工装代号	
刀具	
量具	三用游标卡尺、OU1200 粗糙度仪
夹具	

长度方向尺寸基准

表面淬火56～62HRC

技术要求
1.调质处理26～31HRC。
2.材料：45钢。

工步号	工步内容	主轴转速/（r/min）	切削速度/（m/min）	进给量/（mm/r）	背吃刀量/mm	进给次数	辅具	
1	尺寸公差检验							
2	位置公差检验							
3	表面粗糙度检验							

					设计	审核	标准化	会签	批准
标记	处数	更改文件号	签字	日期					

附　录

附录 A　各种常用机床主要技术参数

1. 车床主要技术参数（见表 A-1 ~ 表 A-3）

表 A-1　卧式车床型号与主要技术参数

技术参数	型号					
	CM6125	C6132	C620-1	C620-3	CA6140	C630
加工范围：						
加工最大直径/mm						
在床身上	250	320	400	400	400	615
在刀架上	140	160	210	220	210	345
棒料	23	34	37	37	48	68
加工最大长度/mm	350	750	650 900 1300 1900	610 900 1300	650 900 1400 1900	1210 2610
中心距/mm	350	750	750 1000 1400 2000	710 1000 1400	750 1000 1500 2000	1400 2800
加工螺纹：						
米制/mm	0.2 ~ 6	0.25 ~ 6	1 ~ 192	1 ~ 192	1 ~ 192	1 ~ 224
英制/(牙/in)	21 ~ 4	112 ~ 4	24 ~ 2	14 ~ 1	24 ~ 2	28 ~ 2
主轴：						
主轴孔径/mm	26	30	38	38	48	70
主轴锥孔	莫氏 4 号	莫氏 5 号	莫氏 5 号	莫氏 5 号	莫氏 5 号	米制 80 号
主轴转速范围/(r/min)						
正转	25 ~ 3150	22.4 ~ 1000	12 ~ 1200	12.5 ~ 2000	10 ~ 1400	14 ~ 750
反转	—	—	18 ~ 1520	19 ~ 2420	14 ~ 1580	22 ~ 945
刀架：						
最大纵向行程/mm	350	750	650 900 1300 1900	640 930 1330	650 900 1400 1900	1310 2810
最大横向行程/mm	350	280	260	250	260	390
最大回转角度/(°)	±60	±60	±45	±90	±60	±60
进给量/(mm/r)						
纵向	0.02 ~ 0.4	0.06 ~ 1.71	0.08 ~ 1.59	0.07 ~ 4.16	0.028 ~ 3.16	0.15 ~ 2.65
横向	0.01 ~ 0.20	0.03 ~ 0.85	0.027 ~ 0.52	0.035 ~ 2.08	0.014 ~ 3.16	0.05 ~ 0.9
尾座：						
顶尖套最大移动量/mm	80	100	150	200	150	205
横向最大移动量/mm	±10	±6	±15	±15	±15	±15
顶尖套内孔锥度	莫氏 3 号	莫氏 3 号	莫氏 4 号	莫氏 4 号	莫氏 4 号	莫氏 3 号
主电动机功率/kW	1.5	3	7	7.5	7.5	10

表 A-2 卧式车床刀架进给量

型 号	进给量/(mm/r)
CM6125	纵向：0.02、0.04、0.08、0.10、0.20、0.40
	横向：0.01、0.02、0.04、0.05、0.10、0.20
C6132	纵向：0.06、0.07、0.08、0.09、0.10、0.11、0.12、0.13、0.14、0.15、0.16、0.17、0.18、0.20、0.23、0.25、0.27、0.29、0.32、0.36、0.40、0.46、0.49、0.53、0.58、0.64、0.67、0.71、0.80、0.91、0.98、1.06、1.07、1.28、1.35、1.42、1.60、1.71
	横向：0.03、0.04、0.05、0.06、0.07、0.08、0.09、0.10、0.11、0.12、0.13、0.15、0.16、0.17、0.18、0.20、0.23、0.25、0.27、0.29、0.32、0.34、0.36、0.40、0.46、0.49、0.53、0.58、0.64、0.67、0.71、0.80、0.85
C620-1	纵向：0.08、0.09、0.10、0.11、0.12、0.13、0.14、0.15、0.16、0.18、0.20、0.22、0.24、0.26、0.28、0.30、0.33、0.35、0.40、0.45、0.48、0.50、0.55、0.60、0.65、0.71、0.81、0.91、0.96、1.01、1.11、1.21、1.28、1.46、1.59
	横向：0.027、0.029、0.033、0.038、0.04、0.042、0.046、0.05、0.054、0.058、0.067、0.075、0.078、0.084、0.092、0.10、0.11、0.12、0.13、0.15、0.16、0.17、0.18、0.20、0.22、0.23、0.27、0.30、0.32、0.33、0.37、0.40、0.41、0.48、0.52
C620-3	纵向：0.07、0.074、0.084、0.097、0.11、0.12、0.13、0.14、0.15、0.17、0.195、0.21、0.23、0.26、0.28、0.30、0.34、0.39、0.43、0.47、0.52、0.57、0.61、0.70、0.78、0.87、0.95、1.04、1.14、1.21、1.40、1.56、1.74、1.90、2.08、2.28、2.42、2.80、3.12、3.48、3.80、4.16
	横向：为纵向进给量的 1/2
CA6140	纵向：0.028、0.032、0.036、0.039、0.043、0.046、0.05、0.08、0.09、0.10、0.11、0.12、0.13、0.14、0.15、0.16、0.18、0.20、0.23、0.24、0.26、0.28、0.30、0.33、0.36、0.41、0.46、0.48、0.51、0.56、0.61、0.66、0.71、0.81、0.91、0.94、0.96、1.02、1.03、1.09、1.12、1.15、1.22、1.29、1.47、1.59、1.71、1.87、2.05、2.16、2.28、2.56、2.92、3.16
	横向：0.014、0.016、0.018、0.019、0.021、0.023、0.025、0.027、0.040、0.045、0.050、0.055、0.060、0.065、0.070、0.08、0.09、0.10、0.11、0.12、0.13、0.14、0.15、0.16、0.17、0.20、0.22、0.24、0.25、0.28、0.30、0.33、0.35、0.40、0.43、0.45、0.47、0.48、0.50、0.51、0.54、0.56、0.57、0.61、0.64、0.73、0.79、0.86、0.94、1.02、1.08、1.14、1.28、1.46、1.58、1.72、1.88、2.04、2.16、2.28、2.56、2.92、3.16
C630	纵向：0.15、0.17、0.19、0.21、0.24、0.27、0.30、0.33、0.38、0.42、0.48、0.54、0.60、0.65、0.75、0.84、0.96、1.07、1.20、1.33、1.50、1.70、1.90、2.15、2.40、2.65
	横向：0.05、0.06、0.065、0.07、0.08、0.09、0.10、0.11、0.12、0.14、0.16、0.18、0.20、0.22、0.25、0.28、0.32、0.36、0.40、0.45、0.50、0.56、0.64、0.72、0.81、0.9

表 A-3 数控车床主要技术参数

技术参数	型 号			
	CK6108A	CK6125	CK6140	CK3263
盘类工件最大车削直径/mm	80	250	400	630
轴类工件最大切削直径/mm	80	250	240	400
最大工件长度/mm	—	—	1000	250/900
主轴孔径/mm	26	38	75	125
主轴锥孔	30°	莫氏 5 号	—	—
主轴转速级数	无级	无级	无级	无级
主轴转速范围/(r/min)	50~5000	50~3000	20~2000	19~1500
溜板最大行程/mm				
横向(*X* 向，在直径上)	100	200	370	—
纵向(*Z* 向)	200	250	1000	—
刀架快速移动速度/(m/min)				
横向(*X* 向)	5	8	—	—

（续）

技术参数	型　　号			
	CK6108A	CK6125	CK6140	CK3263
纵向（Z 向）	5	8	—	—
机床外形尺寸/mm				
长	—	—	4000	5338
宽	—	—	1920	1885
高	—	—	2371	2750
主电动机功率/kW	1.1	5.5	11	37
机床质量/t	—	—	6.4	12
控制轴数	3	2	—	—
联动轴数	2	2	—	—
最小设定值/mm	X0.0005 Z0.001	—	—	—

2. 钻床主要技术参数（见表 A-4～表 A-12）

表 A-4　摇臂钻床型号与主要技术参数

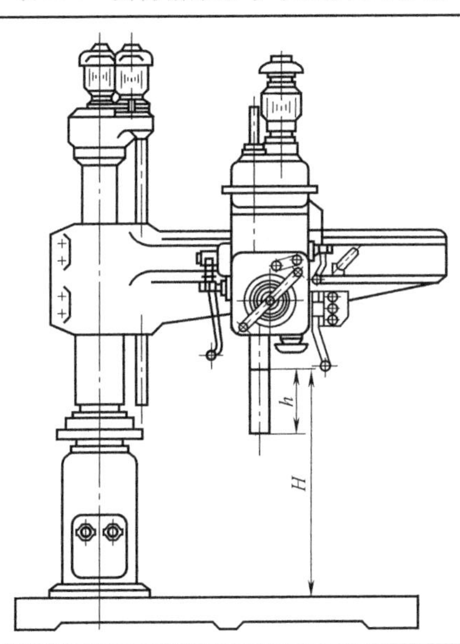

技术参数	型　　号					
	Z3025	Z3040	Z35	Z37	Z32K	Z35K
最大钻孔直径/mm	25	40	50	75	25	50
主轴端面至底座工作面距离 H/mm	250～1000	350～1250	470～1500	600～1750	25～870	—
主轴最大行程 h/mm	250	315	350	450	130	350
主轴孔莫氏圆锥	3 号	4 号	5 号	6 号	3 号	5 号
主轴转速范围/(r/min)	50～2500	25～2000	34～1700	11.2～1400	175～980	20～900
主轴进给量范围/(mm/min)	0.05～1.6	0.04～3.2	0.03～1.2	0.037～2	—	0.1～0.8
最大进给力/N	7848	16000	19620	33354	—	12262.5（垂直位置） 19620（水平位置）
主轴最大转矩/(N·m)	196.2	400	735.75	1177.2	95.157	—
主轴箱水平移动距离/mm	630	1250	1150	1500	500	—
横臂升降距离/mm	525	600	680	700	845	1500
横臂回转角度/(°)	360	360	360	360	360	360
主电动机功率/kW	2.2	3	4.5	7	1.7	4.5

注：Z32K、Z35K 为移动式万向摇臂钻床，主要在三个方向上都能回转 360°，可加工任何倾斜度的平面。

表 A-5　摇臂钻床主轴转速

型　　号	转速/(r/min)
Z3025	50、80、125、200、250、315、400、500、630、1000、1600、2500
Z3040	25、40、63、80、100、125、160、200、250、320、400、500、630、800、1250、2000
Z35	34、42、53、67、85、105、132、170、265、335、420、530、670、850、1051、1320、1700
Z37	11.2、14、18、22.4、28、35.5、45、56、71、90、112、140、180、224、280、355、450、560、710、900、1120、1400
Z32K	175、432、693、980
Z35K	20、28、40、56、80、112、160、224、315、450、630、900

表 A-6　摇臂钻床主轴进给量

型号	进给量/(mm/min)
Z3025	0.05、0.08、0.12、0.16、0.2、0.25、0.3、0.4、0.5、0.63、1.00、1.60
Z3040	0.04、0.06、0.10、0.13、0.16、0.20、0.25、0.32、0.40、0.50、0.63、0.80、1.00、1.25、2.00、3.20
Z35	0.03、0.04、0.05、0.07、0.09、0.12、0.14、0.15、0.19、0.20、0.25、0.26、0.32、0.40、0.56、0.67、0.90、1.2
Z37	0.037、0.045、0.060、0.071、0.090、0.118、0.150、0.180、0.236、0.315、0.375、0.50、0.60、0.75、1.00、1.25、1.50、2.00
Z35K	0.1、0.2、0.3、0.4、0.6、0.8

表 A-7　立式钻床型号与主要技术参数

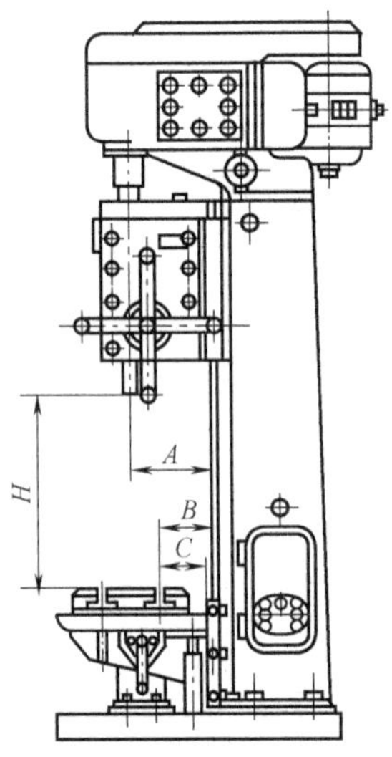

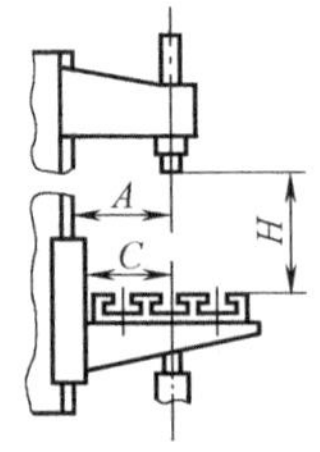

技 术 参 数	型　　号		
	Z525	Z535	Z550
最大钻孔直径/mm	25	35	50
主轴端面至工作台面距离 *H*/mm	0~700	0~750	0~800
从工作台 T 形槽中心到导轨面距离 *B*/mm	155	175	350
主轴轴线到导轨面距离 *A*/mm	250	300	350
主轴行程/mm	175	225	300
主轴莫氏圆锥	3	4	5
主轴转速范围/(r/min)	97~1360	68~1100	32~1400
进给量范围/(mm/r)	0.10~0.81	0.11~1.6	0.12~2.64
主轴最大转矩/(N · m)	245.25	392.4	784.8
主轴最大进给力/N	8829	15696	24525
工作台行程/mm	325	325	325
工作台尺寸/mm×mm	500×375	500×450	600×500

（续）

技术参数	型号		
	Z525	Z535	Z550
从工作台T形槽中心到凸肩距离 C/mm	125	160	320
主电动机功率/kW	2.8	4.5	7.5

表 A-8 立式钻床主轴转速

型号	转速/(r/min)
Z525	97、140、195、272、393、545、680、960、1360
Z535	68、100、140、195、275、400、530、750、1100
Z550	32、47、63、89、125、185、250、351、500、735、996、1400

表 A-9 立式钻床进给量

型号	进给量/(mm/r)
Z525	0.10、0.13、0.17、0.22、0.28、0.36、0.48、0.62、0.81
Z535	0.11、0.15、0.20、0.25、0.32、0.43、0.57、0.72、0.96、1.22、1.60
Z550	0.12、0.19、0.28、0.40、0.62、0.90、1.17、1.80、2.64

表 A-10 立式钻床工作台尺寸 （单位：mm）

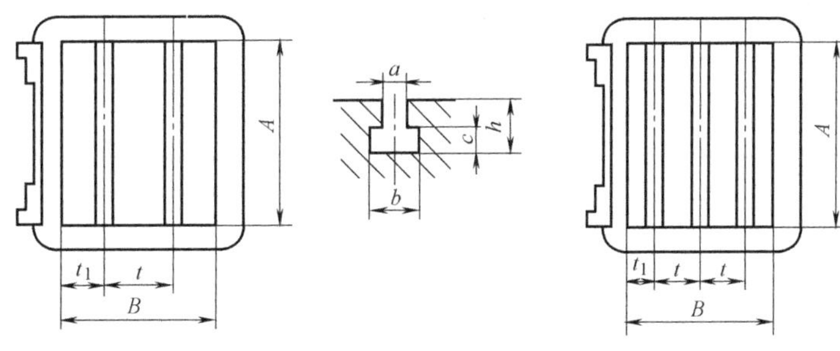

型号	A	B	t	t_1	a	b	c	h	T形槽数
Z525	500	375	200	87.5	14H11	24	11	26	2
Z535	500	450	240	105	18H11	30	14	32	2
Z550	600	500	150	100	22H11	36	16	35	3

注：Z525、Z535 按图 a 选取，Z550 按图 b 选取。

表 A-11 台式钻床型号与主要技术参数

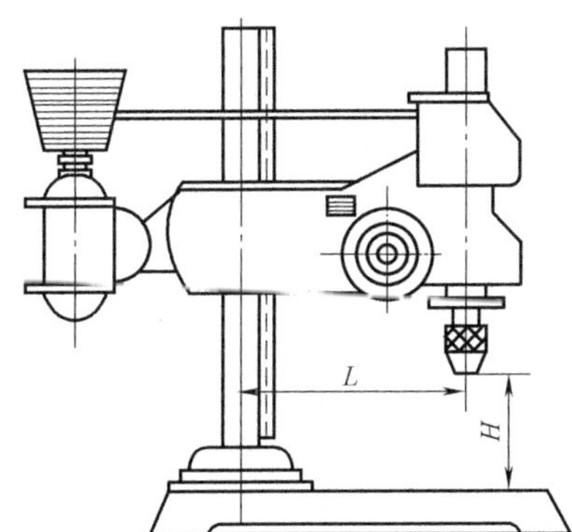

（续）

技术参数	型号			
	Z4002	Z4006A	Z32K52(Z515)	Z512-1(Z512-2)
最大钻孔直径/mm	2	6	12(15)	13
主轴行程/mm	20	75	100	100
主轴轴线至立柱表面距离 *L*/mm	80	152	230	190(193)
主轴端面至工作台面距离 *H*/mm	5~120	180	430	0~335
主轴莫氏圆锥	—	1	1	2
主轴转速范围/(r/min)	3000~8700	1450~5800	460~4250(320~2900)	480~4100
主轴进给方式	手动进给			
工作台面尺寸/mm×mm	110×110	250×250	350×350	265×265
工作台绕立柱回转角度	—	—	—	360°
主电动机功率/kW	0.1	0.25	0.6	0.6

注：括号内为 Z515 与 Z512-2 数据。

表 A-12 台式钻床主轴转速

型号	转速/(r/min)
Z4002	3000、4950、8700
Z4006A	1450、2900、5800
Z32K52	460、620、850、1220、1610、2280、3150、4250
Z515	320、430、600、835、1100、1540、2150、2900
Z512-1 Z512-2	480、800、1400、2440、4100

3. 铣床主要技术参数（见表 A-13～表 A-22）

表 A-13 铣削背吃刀量的选取 （单位：mm）

工件材料	高速钢铣刀		硬质合金铣刀	
	粗铣	精铣	粗铣	精铣
铸铁	5~7	0.5~1	10~18	1~2
软钢	<5	0.5~1	<12	1~2
中硬钢	<4	0.5~1	<7	1~2
硬钢	<3	0.5~1	<4	1~2

表 A-14 每齿进给量 f_z 的推荐值 （单位：mm）

工件材料	工件硬度 HBW	硬质合金铣刀		高速钢铣刀			
		面铣刀	三面刃铣刀	圆柱铣刀	立铣刀	面铣刀	三面刃铣刀
低碳钢	<150	0.20~0.40	0.15~0.30	0.12~0.20	0.04~0.20	0.15~0.30	0.12~0.20
	150~200	0.20~0.35	0.12~0.25	0.12~0.20	0.03~0.18	0.15~0.30	0.10~0.15
中、高碳钢	120~180	0.15~0.50	0.15~0.30	0.12~0.20	0.05~0.20	0.15~0.30	0.12~0.20
	180~220	0.15~0.40	0.12~0.25	0.12~0.20	0.04~0.20	0.15~0.25	0.07~0.15
	220~300	0.12~0.25	0.07~0.20	0.07~0.15	0.03~0.15	0.10~0.20	0.05~0.12
灰铸铁	150~180	0.20~0.50	0.12~0.30	0.20~0.30	0.07~0.18	0.20~0.35	0.15~0.25
	180~220	0.20~0.40	0.12~0.25	0.15~0.25	0.05~0.15	0.15~0.30	0.12~0.20
	220~300	0.15~0.30	0.10~0.20	0.10~0.20	0.03~0.10	0.10~0.15	0.07~0.12
可锻铸铁	110~160	0.20~0.50	0.10~0.30	0.20~0.35	0.08~0.20	0.20~0.40	0.15~0.25
	160~200	0.20~0.40	0.10~0.25	0.20~0.30	0.07~0.20	0.20~0.35	0.15~0.20
	200~240	0.15~0.30	0.10~0.20	0.12~0.25	0.05~0.15	0.15~0.30	0.10~0.20
	240~280	0.10~0.30	0.10~0.15	0.10~0.20	0.02~0.08	0.10~0.20	0.07~0.12

（续）

工件材料	工件硬度 HBW	硬质合金铣刀		高速钢铣刀			
		面铣刀	三面刃铣刀	圆柱铣刀	立铣刀	面铣刀	三面刃铣刀
碳的质量分数<0.3%的合金钢	125~170	0.15~0.50	0.12~0.30	0.12~0.20	0.05~0.20	0.15~0.30	0.12~0.20
	170~220	0.15~0.40	0.12~0.25	0.10~0.20	0.05~0.10	0.15~0.25	0.07~0.15
	220~280	0.10~0.30	0.08~0.20	0.07~0.12	0.03~0.08	0.12~0.20	0.07~0.12
	280~300	0.08~0.20	0.05~0.15	0.05~0.10	0.025~0.05	0.07~0.12	0.05~0.10
碳的质量分数>0.3%的合金钢	170~220	0.125~0.40	0.12~0.30	0.12~0.20	0.12~0.20	0.15~0.25	0.07~0.15
	220~280	0.10~0.30	0.08~0.20	0.07~0.15	0.07~0.15	0.12~0.20	0.07~0.20
	280~320	0.08~0.20	0.05~0.15	0.05~0.12	0.05~0.12	0.07~0.12	0.05~0.10
	320~380	0.06~0.15	0.05~0.12	0.05~0.10	0.05~0.10	0.05~0.10	0.05~0.10
工具钢	退火状态	0.15~0.50	0.12~0.30	0.07~0.15	0.05~0.10	0.12~0.20	0.07~0.15
	36HRC	0.12~0.25	0.08~0.15	0.05~0.10	0.03~0.08	0.07~0.12	0.05~0.10
	46HRC	0.10~0.20	0.06~0.12	—	—	—	—
	56HRC	0.07~0.10	0.05~0.10	—	—	—	—
铝镁合金	95~100	0.15~0.38	0.125~0.30	0.15~0.20	0.05~0.15	0.20~0.30	0.07~0.20

表 A-15　立式铣床型号与主要技术参数

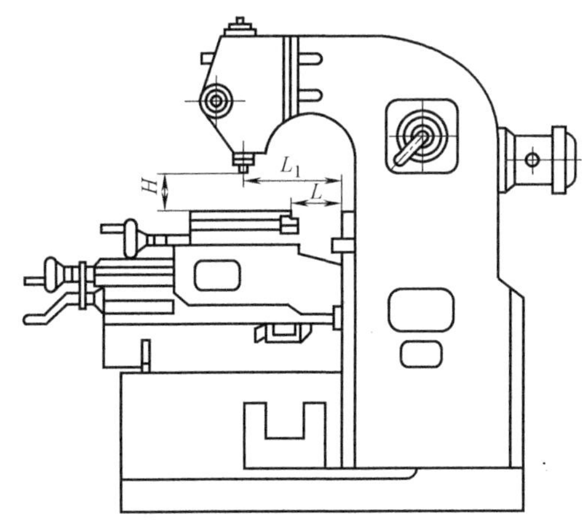

技术参数	型号				
	X5012	X51	X52K	X53K	X53T
主轴端面至工作台距离 H/mm	0~250	30~380	30~400	30~500	0~500
主轴轴线至床身垂直导轨面距离 L_1/mm	150	270	350	450	450
工作台至床身垂直导轨面距离 L/mm	—	40~240	55~300	50~370	—
主轴孔锥度	莫氏 3 号	7∶24	7∶24	7∶24	7∶24
主轴孔径/mm	14	25	29	29	69.85
刀杆直径/mm	—	—	32~50	32~50	40
立铣头最大回转角度/(°)	—	—	±45	±45	±45
主轴转速范围/(r/min)	130~2720	65~1800	30~1500	30~1500	18~1400
主轴轴向移动量/mm	—	—	70	85	90
工作台面积(长×宽)/mm×mm	500×125	1000×250	1250×320	1600×400	2000×425
工作台的最大移动量/mm					
纵向手动/机动	250	620/620	700/680	900/880	1260/1260
横向手动/机动	100	190/170	255/240	315/300	410/400

（续）

技术参数	型号				
	X5012	X51	X52K	X53K	X53T
升降手动/机动	250	370/350	370/350	385/365	410/400
工作台进给量/(mm/min)					
纵向	手动	35~980	23.5~1180	23.5~1180	10~1250
横向	手动	25~765	15~786	15~786	10~1250
升降	手动	12~380	8~394	8~394	2.5~315
工作台快速移动速度/(mm/min)					
纵向	手动	2900	2300	2300	3200
横向	手动	2300	1540	1540	3200
升降	手动	1150	770	770	800
工作台T形槽:槽数	3	3	3	3	3
宽度	12	14	18	18	18
槽距	35	50	70	90	90
主电动机功率/kW	1.5	4.5	7.5	10	10

注：1. 安装各种立铣刀、面铣刀可铣削沟槽、平面；也可安装钻头、镗刀进行钻孔、镗孔。
2. 立铣头能在垂直平面内旋转，对有倾角的平面进行铣削。

表 A-16 立式铣床主轴转速

型号	转速/(r/min)
X5012	130、188、263、355、510、575、855、1180、1585、2720
X51	65、80、100、125、160、210、255、300、380、490、590、725、1225、1500、1800
X52K X53K	30、37.5、47.5、60、75、95、118、150、190、235、375、475、600、750、950、1180、1500
X53T	18、22、28、35、45、56、71、90、112、140、180、224、280、355、450、560、710、900、1120、1400

表 A-17 立式铣床工作台进给量

型号	进给量/(mm/min)
X51	纵向：35、40、50、65、85、105、125、165、205、250、300、390、510、620、755、980
	横向：25、30、40、50、65、80、100、130、150、190、230、320、400、480、585、765
	升降：12、15、20、25、33、40、50、65、80、95、115、160、200、290、380
X52K X53K	纵向：23.5、30、37.5、47.5、60、75、95、118、150、190、235、300、375、475、600、750、950、1180
	横向：15、20、25、31、40、50、63、78、100、126、156、200、250、316、400、500、634、786
	升降：8、10、12.5、15.5、20、25、31.5、39、50、63、78、100、125、158、200、250、317、394
X53T	纵向及横向：10、14、20、28、40、56、80、110、160、220、315、450、630、900、1250
	升降：2.5、3.5、5.5、7、10、14、20、28.5、40、55、78.5、112.5、157.5、225、315

表 A-18 卧式（万能）铣床型号与主要技术参数

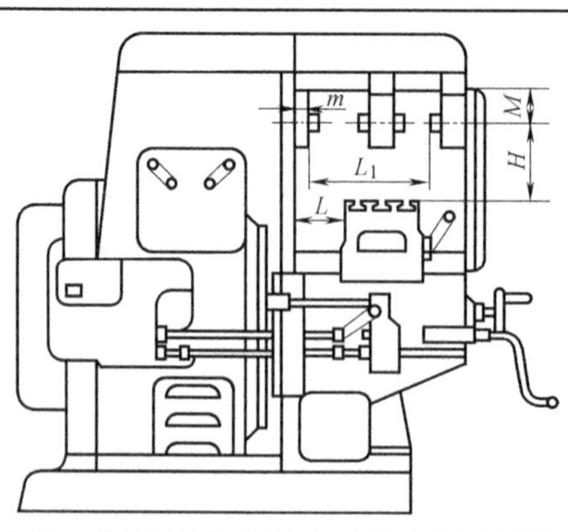

（续）

技术参数	型号		
	X60(X60W)	X61(X61W)	X62(X62W)
主轴轴线至工作台面距离 H/mm	0～300	30～360(30～330)	30～390(30～350)
床身垂直导轨面至工作台后面距离 L/mm	80～240	40～230	55～310
主轴轴线至悬梁下平面的距离 M/mm	140	150	155
主轴端面至支臂轴承端面的最大距离 L_1/mm	447	470	700
主轴孔锥度	7∶24	7∶24	7∶24
主轴孔径/mm	—	—	29
刀杆直径/mm	16、22、27、32	22、27、32、40	22、27、32、40
主轴转速范围/(r/min)	50～2240	65～1800	30～1500
工作台面积(长×宽)/mm×mm	800×200	1000×250	1250×320
工作台最大行程/mm：			
纵向手动/机动	500	620/620	700/680
横向手动/机动	160	190(185)/170	255/240
升降手动/机动	320	330/320(300)	360(320)/340(300)
工作台进给量/(mm/min)：			
纵向	22.4～1000	35～980	23.5～1180
横向	16～710	25～766	23.5～1180
升降	8～355	12～380	为纵向进给量的一半
工作台快速移动速度/(mm/min)：			
纵向	2800	2900	2300
横向	2000	2300	2300
升降	1000	1150	770
工作台T形槽：槽数	—	3	3
槽宽	—	14	18
槽距	—	50	70
工作台最大回转角度/(°)	无(±45)	无(±45)	无(±45)
主电动机最大功率/kW	2.8	4	7.5

注：(　　)内为卧式万能铣床的数据，表A-21同。

表 A-19　卧式（万能）铣床主轴转速

型号	转速/(r/min)
X60 X60W	50、71、100、140、200、400、560、800、1120、1600、2240
X61 X61W	65、80、100、125、160、210、255、300、380、490、590、725、945、1225、1500、1800
X62 X62W	30、37.5、47.5、60、75、95、118、150、190、235、300、375、475、600、750、950、1180、1500

表 A-20　卧式（万能）铣床工作台进给量

型号	进给量/(mm/min)
X60 X60W	纵向：22.4、31.5、45、63、90、125、180、250、355、500、710、1000
	横向：16、22.4、31.5、45、63、90、125、180、250、355、500、710
	升降：8、11.2、16、22.4、31.5、45、63、90、125、180、250、355
X61 X61W	纵向：35、40、50、65、85、105、125、165、205、250、300、390、510、620、755、980
	横向：25、30、40、50、65、80、100、130、150、190、230、320、400、480、585、766
	升降：12、15、20、25、33、40、50、65、80、98、115、160、200、240、290、380
X62 X62W	纵向及横向：23.5、30、37.5、47.5、60、75、95、118、150、190、235、300、375、475、600、750、950、1180

表 A-21　卧式（万能）铣床工作台尺寸　（单位：mm）

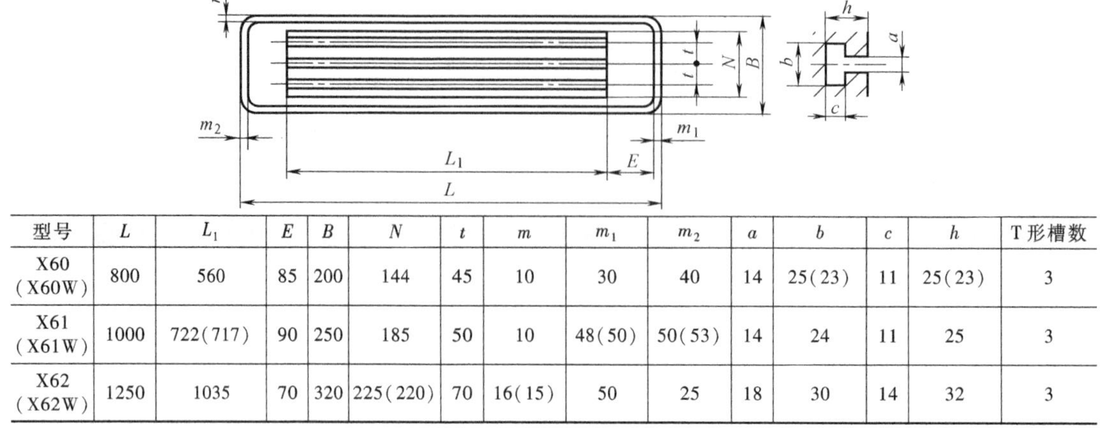

型号	L	L_1	E	B	N	t	m	m_1	m_2	a	b	c	h	T形槽数
X60（X60W）	800	560	85	200	144	45	10	30	40	14	25(23)	11	25(23)	3
X61（X61W）	1000	722(717)	90	250	185	50	10	48(50)	50(53)	14	24	11	25	3
X62（X62W）	1250	1035	70	320	225(220)	70	16(15)	50	25	18	30	14	32	3

注：基准槽 a 公差为 H8，固定槽 a 公差为 H12（摘自 GB/T 158—1996）。

表 A-22　数控铣床型号与主要技术参数

技术参数	型号					
	XK5025	XK5032	XK6040	XK8132	XK8140A	XK8170
工作台面积(长×宽)/mm×mm	1120×250	1250×320	1600×400	750×320	800×400	900×700
三向行程/mm X	680	625	900	400	500	800
Y	350	240	410	300	400	700
Z	400	330	375	400	400	500
主轴转速范围/(r/min)	60～4200	30～1500	30～1500	40～2000	0～3000	0～3000
主电动机功率/kW	1.5	7.5	7.5	2.2	7.5	7.5
进给速度/(mm/min)	0～2500	5～3000	30～2000	—	5～4000	—
快速进给/(m/min)	5	4	4	—	6	—
主轴锥孔孔径/mm	30	50	50	40	40	40
台面负重/kg	400	200	600	—	—	—
控制系统	MTC-3M	FANUC 01-MC	FANUC-3M	—	SIEMENS-810D	MITSUBISH150M
定位精度/mm	±0.015	0.04	±0.035	0.02/300	0.02	—
重复定位精度/mm	±0.005	0.025	0.025	0.01	0.01	—
机床质量/t	1.85	2.78	3.4	1.3	2.5	5

4. 其他机床主要技术参数（见表 A-23～表 A-27）

表 A-23　牛头刨床主要技术参数

机床	最大刨削长度/mm	工作台工作面积/mm²	每分钟滑枕往复次数/次	每往复行程工作台水平进给量/mm	主电动机功率/kW
牛头刨 B650	500	顶面：455×405 侧面：435×355	8 级 11～120	6 级 0.35～2.13	4
B665	600	侧面：650×450	6 级 12.5～72.7	10 级 0.33～3.33	3

表 A-24　镗床主要技术参数

机　　床	最大镗孔直径/mm	主轴转速/(r/min)	加工质量		
			圆柱度允差/mm	端面平面度允差/mm	表面粗糙度 $Ra/\mu m$
卧式镗床 T617	240	13～1160	0.02	0.02	1.6
T68	240	20～1000	0.02/300	0.02/300	1.6
精密卧镗铣 T646	240	8～1036	0.01	0.01	0.8
立式金刚镗 T716	165	19～600	0.01	0.01	0.8

表 A-25　拉床主要技术参数

机　　床	额定拉力/kN	最大行程/mm	滑枕行程速度/(m/min)		主电动机功率/kW
			工　　作	返　　回	
立式内拉床 L5120	200	1250	1.5~13	7~20	14
卧式内拉床 L6110	100	1250	2~11	14~25	17
卧式内拉床 L6120	100	1600	1.5~11	7~20	22

表 A-26　磨床主要技术参数

机　　床	磨削直径或磨削面积/mm 或 mm×mm	磨削长度、深度或宽度/mm	加工质量		
			圆柱度允差/mm	端面平面度允差/mm	表面粗糙度 $Ra/\mu m$
外圆磨床 M131	8~515	磨削长度 1000	0.003	0.006	0.2
内圆磨床 M2120	50~200	磨削深度 120~160	0.006	0.005/200	0.4
平面磨床 M7730K	1000×300		不平度 0.015/1000	0.01	0.8
无心磨床 M1040	2~40	磨削宽度 140	椭圆度 0.002	不圆柱度 0.004	0.2

表 A-27　内圆磨床主要技术参数

技术参数	表面粗糙度 $Ra/\mu m$	备　　注
	0.1~0.05	
砂轮转速/(r/s)	167~333	磨具精度高时，可选取偏大的数值
修正时工作台速度/(m/s)	$(0.5\sim0.833)\times10^{-3}$	
修正时横向进给量/mm	≤0.005	
修正时横向进给次数(单行程)	2~3	指砂轮经粗修后的精修次数
光修次数(单行程)	1	
工件转速/(m/s)	0.117~0.15	
磨削时工作台速度/(m/s)	2~3.333	
磨削时横向进给量/mm	0.005~0.01	
磨削时横向进给次数(单行程)	1~4	
光磨次数(单行程)	4~8	横向进给量大、磨削余量多时，光磨次数取大值

注：1. 采用 GB60ZR 或 $GG60ZR_1$ 砂轮磨削。
　　2. 修磨砂轮工具采用锋利单颗金刚石。

附录 B　钻头结构形式与几何参数

表 B-1　直柄短麻花钻（摘自 GB/T 6135.2—2008）　　（单位：mm）

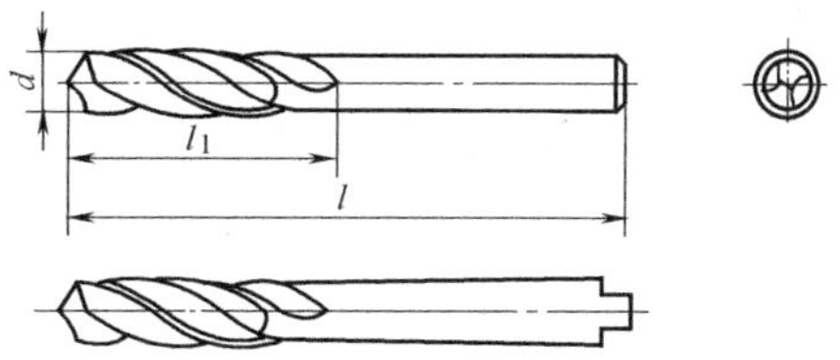

标记示例：

a. 钻头直径 d=15.00mm 的右旋直柄短麻花钻：

直柄短麻花钻 15 GB/T 6135.2—2008

b. 钻头直径 d=15.00mm 的左旋直柄短麻花钻：

直柄短麻花钻 15-L GB/T 6135.2—2008

c. 精密级的直柄短麻花钻应在直径前加“H-”，如 H-15，其余标记方法与 a 条和 b 条相同

（续）

dh8	l	l_1	dh8	l	l_1	dh8	l	l_1
1.00	26	6	5.50	66	28	12.00	102	51
2.00	38	12	6.00	66	28	13.50	107	54
2.50	43	14	6.50	70	31	14.50	111	56
3.00	46	16	7.00	74	34	16.00	115	58
3.50	52	20	8.00	79	37	17.00	119	60
4.00	55	22	9.00	84	40	18.00	123	62
4.50	58	24	10.00	89	43	19.00	127	64
5.00	62	26	11.00	95	47	20.00	131	66

表 B-2 直柄麻花钻（摘自 GB/T 6135.2—2008） （单位：mm）

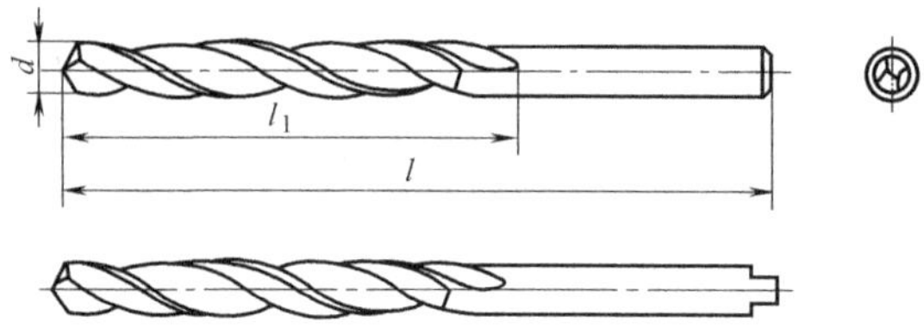

标记示例：

a. 钻头直径 d = 10.00mm 的右旋直柄麻花钻：

直柄麻花钻 10 GB/T 6135.2—2008

b. 钻头直径 d = 10.00mm 的左旋直柄麻花钻：

直柄麻花钻 10-L GB/T 6135.2—2008

c. 精密级的直柄麻花钻应在直径前加“H-”，如 H-10，其余标记方法与 a 条和 b 条相同

dh8	l	l_1	dh8	l	l_1	dh8	l	l_1
0.20	19	2.5	3.00	61	33	12.00	151	101
0.50	22	6	4.00	75	43	13.00	151	101
0.60	24	7	5.00	86	52	14.00	160	108
0.70	28	9	6.00	93	57	15.00	169	114
0.80	30	10	7.00	109	69	16.00	178	120
0.90	32	11	8.00	117	75	17.00	184	125
1.00	34	12	9.00	125	81	18.00	191	130
1.50	40	18	10.00	133	87	19.00	198	135
2.00	49	24	11.00	142	94	20.00	205	140

表 B-3 莫氏锥柄麻花钻（摘自 GB/T 1438.1—2008） （单位：mm）

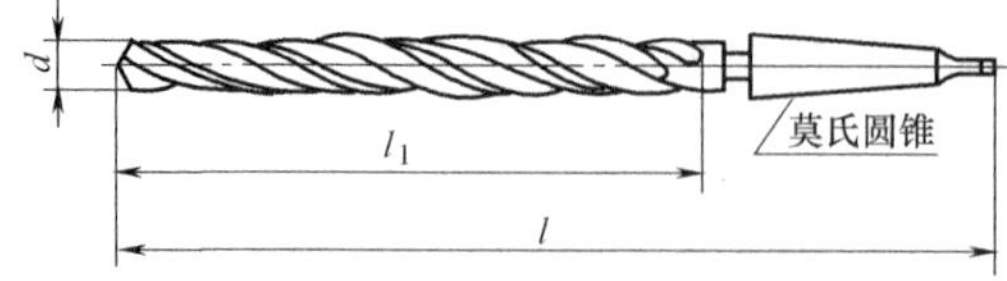

标记示例：

a. 钻头直径 d = 10mm，标准柄的右旋莫氏锥柄麻花钻：

莫氏锥柄麻花钻 10 GB/T 1438.1—2008

b. 钻头直径 d = 10mm，标准柄的左旋莫氏锥柄麻花钻：

莫氏锥柄麻花钻 10-L GB/T 1438.1—2008

c. 精密级莫氏锥柄麻花钻应在直径前加“H-”，如 H-10，其余标记方法与 a 条和 b 条相同

（续）

d h8	l_1	标准柄		d h8	l_1	标准柄		d h8	l_1	标准柄	
		l	莫氏圆锥号			l	莫氏圆锥号			l	莫氏圆锥号
4.00	43	124	1	26.00	165	286	3	48.00	220	369	4
5.00	52	133		27.00	170	291		49.00			
6.00	57	138		28.00				50.00			
7.00	69	150		29.00	175	296		51.00	225	412	5
8.00	75	156		30.00				52.00			
9.00	81	162		31.00	180	301	4	53.00			
10.00	87	168		32.00	185	334		54.00	230	417	
11.00	94	175		33.00				55.00			
12.00	101	182		34.00	190	339		56.00			
13.00	101	182		35.00				57.00	235	422	
14.00	108	189		36.00	195	344		58.00			
15.00	114	212	2	37.00				59.00			
16.00	120	218		38.00	200	349		60.00			
17.00	125	223		39.00				61.00	240	427	
18.00	130	228		40.00				62.00			
19.00	135	233		41.00	205	354		63.00			
20.00	140	238		42.00				64.00	245	432	
21.00	145	243		43.00	210	359		65.00			
22.00	150	248		44.00				66.00			
23.00	155	253		45.00				67.00			
24.00	160	281	3	46.00	215	364		68.00	250	437	
25.00				47.00				69.00			

表 B-4 硬质合金锥柄麻花钻（摘自 GB/T 10947—2006） （单位：mm）

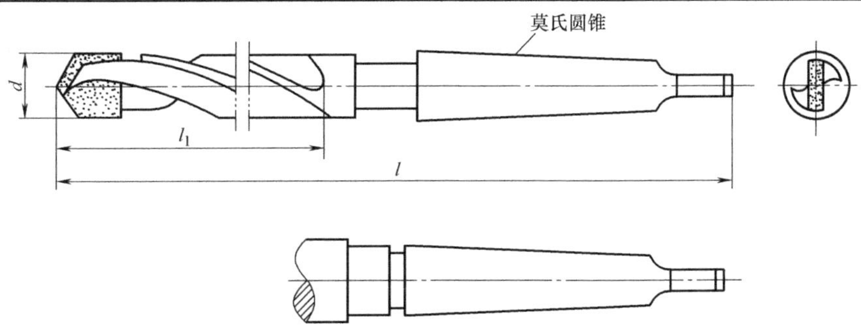

标记示例：

a. 直径 d=18mm，刀片分类代号为 K30 的莫氏锥柄短型麻花钻：

硬质合金锥柄麻花钻短 18K30 GB/T 10947—2006

b. 直径 d=25mm，刀片分类代号为 K30 的莫氏锥柄标准型麻花钻：

硬质合金锥柄麻花钻 25 K30 GB/T 10947—2006

d(h8)	l_1		l		莫氏圆锥号	硬质合金刀片型号
	短型	标准型	短型	标准型		参考
10.00,10.20,10.50	60	87	140	168	1	E211
10.80	65	94	145	175		
11.00,11.20,11.50,11.80						E213
12.00,12.20,12.50,12.80	70	101	170	199	2	E214
13.00,13.20						E215
13.50,13.80		108		206		

（续）

<table>
<tr><th rowspan="2">d(h8)</th><th colspan="2">l_1</th><th colspan="2">l</th><th rowspan="2">莫氏圆锥号</th><th>硬质合金刀片型号</th></tr>
<tr><th>短型</th><th>标准型</th><th>短型</th><th>标准型</th><th>参考</th></tr>
<tr><td>14.00</td><td>70</td><td>108</td><td>170</td><td>206</td><td rowspan="9">2</td><td rowspan="2">E216</td></tr>
<tr><td>14.25,14.50,14.75</td><td rowspan="2">75</td><td rowspan="2">114</td><td rowspan="2">175</td><td rowspan="2">212</td></tr>
<tr><td>15.00</td><td rowspan="2">E217</td></tr>
<tr><td>15.25,15.50,15.75</td><td rowspan="2">80</td><td rowspan="2">120</td><td rowspan="2">180</td><td rowspan="2">218</td></tr>
<tr><td>16.00</td><td rowspan="2">E218</td></tr>
<tr><td>16.25,16.50,16.75</td><td rowspan="2">85</td><td rowspan="2">125</td><td rowspan="2">185</td><td rowspan="2">223</td></tr>
<tr><td>17.00</td><td rowspan="2">E219</td></tr>
<tr><td>17.25,17.50,17.75</td><td rowspan="2">90</td><td rowspan="2">130</td><td rowspan="2">190</td><td rowspan="2">228</td></tr>
<tr><td>18.00</td><td rowspan="2">E220</td></tr>
<tr><td>18.25,18.50,18.75</td><td rowspan="2">95</td><td rowspan="2">135</td><td rowspan="2">195</td><td rowspan="2">256</td><td rowspan="17">3</td></tr>
<tr><td>19.00</td><td rowspan="2">E221</td></tr>
<tr><td>19.25,19.50,19.75</td><td rowspan="2">100</td><td rowspan="2">140</td><td rowspan="2">220</td><td rowspan="2">261</td></tr>
<tr><td>20.00</td><td rowspan="2">E222</td></tr>
<tr><td>20.25,20.50,20.75</td><td rowspan="2">105</td><td rowspan="2">145</td><td rowspan="2">225</td><td rowspan="2">266</td></tr>
<tr><td>21.00</td><td rowspan="2">E223</td></tr>
<tr><td>21.25,21.50,21.75</td><td rowspan="4">110</td><td rowspan="2">150</td><td rowspan="4">230</td><td rowspan="2">271</td></tr>
<tr><td>22.00,22.25</td><td rowspan="2">E224</td></tr>
<tr><td>22.50,22.75</td><td rowspan="2">155</td><td rowspan="2">276</td></tr>
<tr><td>23.00,23.25,23.50</td><td>E225</td></tr>
<tr><td>23.75</td><td rowspan="5">115</td><td rowspan="3">160</td><td rowspan="5">235</td><td rowspan="3">281</td><td>E225</td></tr>
<tr><td>24.00,24.25,24.50,24.75</td><td>E226</td></tr>
<tr><td>25.00</td><td rowspan="2">E227</td></tr>
<tr><td>25.25,25.50,25.75</td><td rowspan="2">165</td><td rowspan="2">286</td></tr>
<tr><td>26.00,26.25,26.50</td><td rowspan="2">E228</td></tr>
<tr><td>26.75</td><td rowspan="4">120</td><td rowspan="4">170</td><td rowspan="2">240</td><td rowspan="2">291</td></tr>
<tr><td>27.00</td><td rowspan="2">E229</td></tr>
<tr><td>27.25,27.50,27.75</td><td rowspan="2">270</td><td rowspan="2">319</td><td rowspan="4">4</td></tr>
<tr><td>28.00</td><td rowspan="2">E230</td></tr>
<tr><td>28.25,28.50,28.75</td><td rowspan="2">125</td><td rowspan="2">175</td><td rowspan="2">275</td><td rowspan="2">324</td></tr>
<tr><td>29.00,29.25,29.50,29.75,30.00</td><td>E231</td></tr>
</table>

材料和硬度

1）麻花钻刀片材料可按 GB/T 2075 选用

2）刀体用 40Cr 或其他同等性能的钢材制造

3）刀体导向部分硬度不低于 55HRC，但在焊接刀片处和距两个刀片长度范围内允许稍低，其减低量不超过 15HRC

4）柄部和扁尾硬度不低于 30HRC

外观和表面粗糙度

1）刀片焊接应牢固，不得有裂纹、钝口和崩刃，麻花钻磨削表面不得有磕碰、锈迹等影响使用性能的缺陷

2）非磨削表面焊接和热处理后需经喷砂或其他表面处理

3）麻花钻表面不得有堆积的残余焊料

4）麻花钻表面粗糙度的上限值：前面、后面和刃带表面 Rz 为 3.2μm；刀体导向刃带表面 Rz 为 6.3μm；刀体沟槽表面 Rz 为 12.5μm；柄部表面 Ra 为 0.8μm

技术要求

1）麻花钻总长（l）极限偏差按 2 倍的 js16，螺旋沟槽（l_1）极限偏差按 3 倍的 js16

2）锥柄麻花钻的锥柄为带扁尾的英氏锥柄，莫氏圆锥尺寸及其极限偏差按 GB/T 1443 的规定

3）麻花钻工作部分直径应有倒锥度

4）麻花钻刀体导向部分向柄部方向允许有钻芯增量

5）在刀片末端向柄部方向不大于 5mm 长度上，应满足

——刀体导向刃带上砂轮空刀槽的深度不应大于 0.20mm

——刀片前面高过刀体刃沟表面不应大于 0.30mm

6）麻花钻角度按下列规定

ⓐ螺旋角由制造厂自定，也可按供需双方的协议制造

ⓑ顶角由制造厂自定，极限偏差为±3°，适合于不同顶角的麻花钻

7）麻花钻的位置公差由下表给出

位置公差

项　目	公　差
工作部分对柄部轴线的径向圆跳动	0.12
切削刃对柄部轴线的斜向圆跳动	0.16

表 B-5 莫氏锥柄阶梯麻花钻（摘自 GB/T 6138.2—2007）（单位：mm）

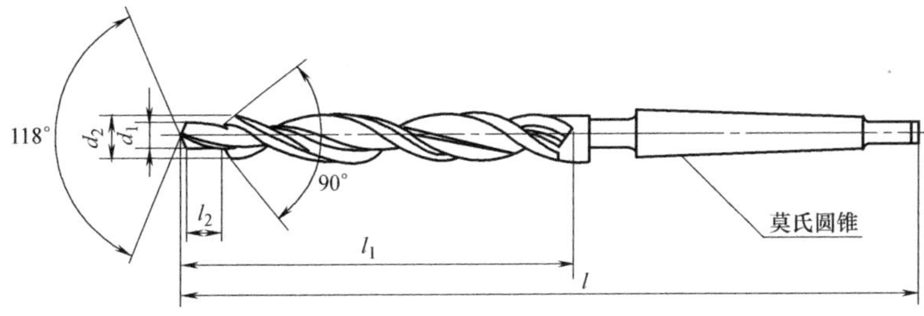

标记示例：

a. 钻孔部分直径 d_1 = 14.5mm，钻孔部分长度 l_2 = 38.5mm，右旋攻螺纹前钻孔用莫氏锥柄阶梯麻花钻：
 锥柄阶梯麻花钻 14.5×38.5 GB/T 6138.2—2007

b. 钻孔部分直径 d_1 = 14.5mm，钻孔部分长度 l_2 = 38.5mm，左旋攻螺纹前钻孔用莫氏锥柄阶梯麻花钻：
 锥柄阶梯麻花钻 14.5×38.5-L GB/T 6138.2—2007

d_1	d_2	l	l_1	l_2	莫氏圆锥号	适用的螺纹孔
7.0	9.0	162	81	21.0	1	M8×1
8.8	11.0	175	94	25.5		M10×1.25
10.5	14.0	189	108	30.0		M12×1.5
12.5	16.0	218	120	34.5	2	M14×1.5
14.5	18.0	228	130	38.5		M16×1.5
16.0	20.0	238	140	43.5		M18×2
18.0	22.0	248	150	47.5		M20×2
20.0	24.0	281	160	51.5	3	M22×2
22.0	26.0	286	165	56.5		M24×2
25.0	30.0	296	175	62.5		M27×2
28.0	33.0	334	185	70.0	4	M30×2

表 B-6 锥柄扩孔钻（摘自 GB/T 4256—2004）（单位：mm）

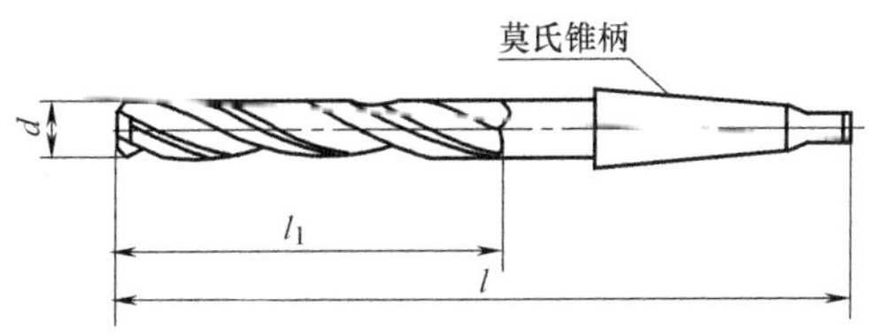

（续）

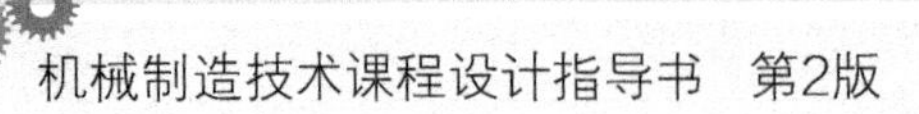

d 推荐值	d 分级范围 大于	d 分级范围 至	l	l_1	莫氏锥柄号
7.8	7.5	8.5	156	75	1
8.0					
8.8	8.5	9.5	162	81	
9.0					
9.8	9.5	10.6	168	87	
10.0					
10.75	10.6	11.8	175	94	
11.0					
11.75					
12.0	11.8	13.2	182	101	
12.75					
13.0					
13.75	13.2	14.0	189	108	
14.0					
14.75	14	15	212	114	2
15.0					
15.75	15	16	218	120	
16.0					
16.75	16	17	223	125	
17.0					
17.75	17	18	228	130	
18.0					
18.7	18	19	233	135	
19.0					
19.7	19	20	238	140	
20.0					
20.7	20	21.2	243	145	
21.0					
21.7	21.2	22.4	248	150	
22.0					
22.7	22.4	23.02	253	155	
23.0					
—	23.02	23.6	276	155	3
23. 7	23.6	25	281	160	
24.0					

d 推荐值	d 分级范围 大于	d 分级范围 至	l	l_1	莫氏锥柄号
24.7	23.6	25.0	281	160	3
25.0					
25.7	25.0	26.5	286	165	
26.0					
27.7	26.5	28.0	291	170	
28.0					
29.7	28.0	30.0	296	175	
30.0					
—	30.0	31.5	301	180	
31.6	31.5	31.75	306	185	
32.0	31.75	33.5	334		4
33.6	33.5	35.5	339	190	
34.0					
34.6					
35.0					
35.6	35.5	37.5	344	195	
36.0					
37.6	37.5	40.0	349	200	
38.0					
39.6					
40.0					
41.6	40.0	42.5	354	205	
42.0					
43.6	42.5	45.0	359	210	
44.0					
44.6					
45.0					
45.6	45.0	47.5	364	215	
46.0					
47.6	47.5	50.0	369	220	
48.0					
49.6					
50.0					

表 B-7　直柄扩孔钻（摘自 GB/T 4256—2004）　（单位：mm）

d 推荐值	d 分段范围 大于	d 分段范围 至	l	l_1
3.00	—	3.00	61	33
3.30	3.00	3.35	65	36
3.50	3.35	3.75	70	39
3.80	3.75	4.25	75	43
4.00				
4.30	4.25	4.75	80	47
4.50				
4.80	4.75	5.30	86	52
5.00				
5.80	5.30	6.00	93	57
6.00				
—	6.00	6.70	101	63
6.80	6.70	7.50	109	69
7.00				
7.80	7.50	8.50	117	75
8.00				
8.80	8.50	9.50	125	81
9.00				
9.80	9.50	10.00	133	87
10.00				
—	10.00	10.60	133	87
10.75	10.60	11.80	142	94
11.00				
11.75				
12.00	11.80	13.20	151	101
12.75				
13.00				
13.75	13.20	14.00	160	108
14.00				
14.75	14.00	15.00	169	114
15.00				
15.75	15.00	16.00	178	120
16.00				
16.75	16.00	17.00	184	125
17.00				
17.75	17.00	18.00	191	130
18.00				
18.70	18.00	19.00	198	135
19.00				
19.70	19.00	20.00	205	140

表 B-8　60°、90°、120°莫氏锥柄锥面锪钻（摘自 GB/T 1143—2004）（单位：mm）

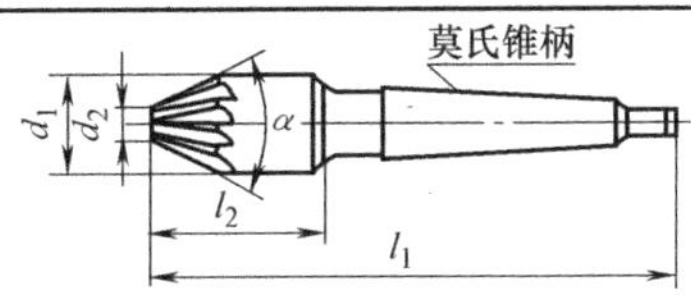

d_1	d_2	l_1 α=60°	l_1 α=90°或 120°	l_2 α=60°	l_2 α=90°或 120°	莫氏锥柄号
16	3.2	97	93	24	20	1
20	4	120	116	28	24	2
25	7	125	121	33	29	
31.5	9	132	124	40	32	
40	12.5	160	150	45	35	3
50	16	165	153	50	38	
63	20	200	185	58	43	4
80	25	215	196	73	54	

表 B-9　60°、90°、120°直柄锥面锪钻（摘自 GB/T 4258—2004）　（单位：mm）

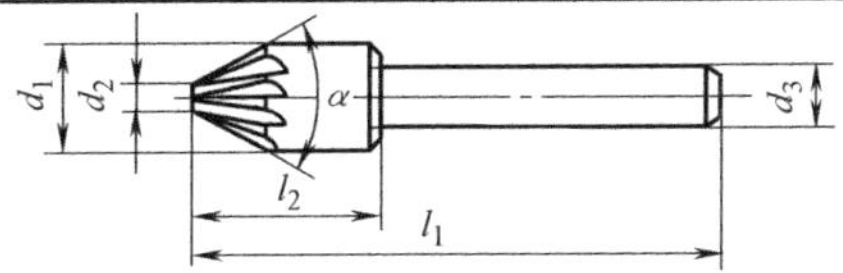

（续）

d_1	d_2	d_3	l_1		l_2	
			$\alpha=60°$	$\alpha=90°$或 120°	$\alpha=60°$	$\alpha=90°$或 120°
8	1.6	8	48	44	16	12
10	2		50	46	18	14
12.5	2.5		52	48	20	16
16	3.2	10	60	56	24	20
20	4		64	60	28	24
25	7		69	65	33	29

表 B-10 带整体导柱直柄平底锪钻（摘自 GB/T 4260—2004） （单位：mm）

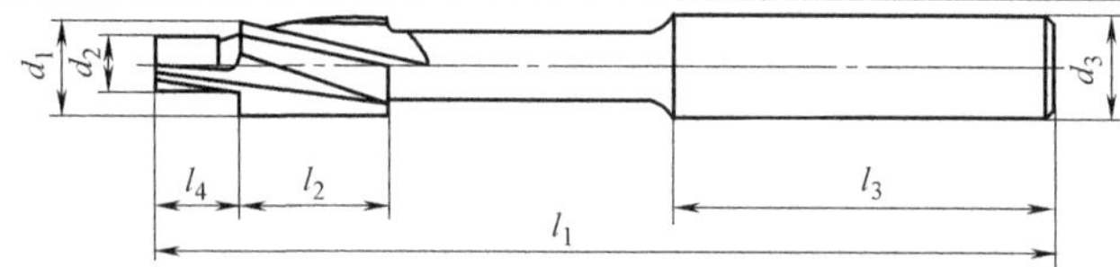

图为切削直径 $d_1>5$mm 的锪钻示图

切削直径 d_1 z9	导柱直径 d_2 e8	柄部直径 d_3 h9	总长 l_1	刃长 l_2	柄长 l_3 ≈	导柱长 l_4
$2 \leqslant d_1 \leqslant 3.15$	按引导孔直径配套要求规定（最小直径为：$d_2=d_1/3$）	$=d_1$	45	7	—	$\approx d_2$
$3.15<d_1 \leqslant 5$			56	10		
$5<d_1 \leqslant 8$			71	14	31.5	
$8<d_1 \leqslant 10$			80	18	35.5	
$10<d_1 \leqslant 12.5$		10				
$12.5<d_1 \leqslant 20$		12.5	100	22	40	

表 B-11 中心钻（摘自 GB/T 6078—2016） （单位：mm）

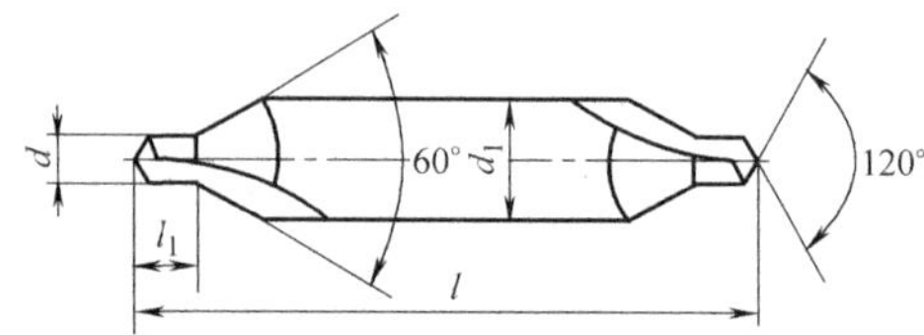

标记示例：

示例 1：公称直径 4mm、柄部直径 10mm 直槽右切 A 型中心钻标记为中心钻 A4/10GB/T 6078—2016

示例 2：公称直径 6.3mm、柄部直径 16mm 螺旋槽右切 A 型中心钻标记为：螺旋槽中心钻 A6.3/16 GB/T 6078—2016

示例 3：公称直径 6.3mm、柄部直径 16mm 斜槽左切 A 型中心钻标记为：斜槽中心钻 A6.3/16L GB/T 6078—2016

d k12	d_1 h9	l		l_1	
		公称尺寸	极限偏差	公称尺寸	极限偏差
(0.50)	31.5	31.5	±2	0.8	$^{+0.2}_{0}$
(0.63)				0.9	$^{+0.3}_{0}$
(0.80)				1.1	$^{+0.4}_{0}$
1.00				1.3	$^{+0.6}_{0}$
(1.25)				1.6	
1.60	4.0	35.5		2.0	$^{+0.8}_{0}$
2.00	5.0	40.0		2.5	
2.50	6.3	45.0		3.1	$^{+1.0}_{0}$
3.15	8.0	50.0		3.9	

（续）

d k12	d_1 h9	l 公称尺寸	l 极限偏差	l_1 公称尺寸	l_1 极限偏差
4.00	10.0	56.0	±3	5.0	$^{+1.2}_{0}$
(5.00)	12.5	63.0		6.3	
6.30	16.0	71.0		8.0	
(8.00)	20.0	80.0		10.1	$^{+1.4}_{0}$
10.00	25.0	100.0		12.8	

1. 形状与尺寸
1）括号内的尺寸尽量不采用
2）中心钻直径 d 和 60°锥角与 GB/T 145 中 A 型对应尺寸一致
3）中心钻容屑槽可为直槽、斜槽或螺旋槽，由制造厂家自行决定，除另有说明外均制成右切削槽形
4）中心钻钻孔部分直径 d 倒锥度：每 10mm 长度上为 0.01mm～0.07mm
2. 材料和硬度
1）中心钻用 W6Mo5Cr4V2 或其他同等性能的普通高速钢（代号 HSS）制造，也可以采用高性能高速钢（代号 HSS-E）制造
2）中心钻工作部分硬度：普通高速钢不低于 63HRC，高性能高速钢不低于 64HRC
3. 外观和表面粗糙度
1）中心钻切削刃应锋利，表面不应有裂纹、刻痕、锈迹以及磨削烧伤等影响使用性能的缺陷
2）中心钻表面粗糙度的最大允许值前面 Ra 为 3.2μm、后面 Ra 为 1.6μm、柄部外圆 Ra 为 0.8μm

附录 C　各种铣刀结构形式与几何参数

表 C-1　直柄立铣刀（摘自 GB/T 6117.1—2010）　（单位：mm）

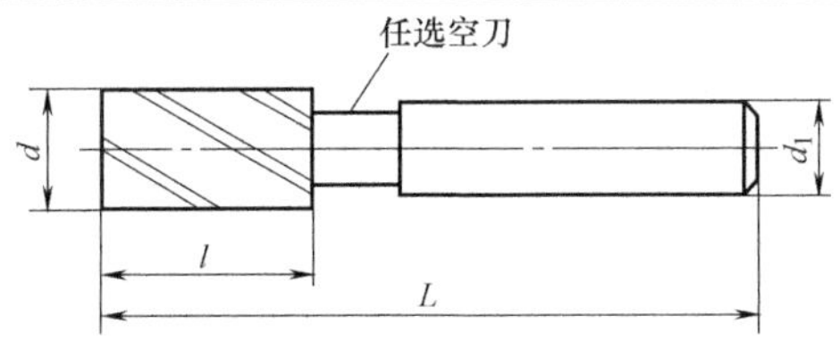

标记示例：

a. 直径 d＝8mm，中齿，柄径 d_1＝8mm 的普通直柄标准系列立铣刀：

中齿　直柄立铣刀　8　GB/T 6117.1—2010

b. 直径 d＝8mm，中齿，柄径 d_1＝8mm 的螺纹柄标准系列立铣刀：

中齿　直柄立铣刀　8　螺纹柄　GB/T 6117.1—2010

直径范围 d >	直径范围 d ≤	推荐直径 d	推荐直径 d	d_1 Ⅰ组	d_1 Ⅱ组	标准系列 l	标准系列 L Ⅰ组	标准系列 L Ⅱ组	齿数 粗齿	齿数 中齿	齿数 细齿
3	3.75	—	3.5	4	6	10	42	54	3	4	—
3.75	5	5	—	5	6	13	47	57			
5	6	6	—	6		13	57				
6	7.5	—	7	8	10	16	60	66			
7.5	8	8	—			19	63	69			
8	9.5	—	9	10			69				5
9.5	10	10	—			22	72				
10	11.8	—	11	12			79				
11.8	15	12	14			26	83				
15	19	16	18	16		32	92				6
19	23.6	20	22	20		38	104				
23.6	30	24、25	28	25		45	121				
30	37.5	32	36	32		53	133		4	6	8
37.5	47.5	40	45	40		63	155				
47.5	60	50	—	50		75	177				
		—	56								10
60	67	63	—	50	63	90	192	202	6	8	
67	75	—	71	63			202				

注：总长尺寸 L 的Ⅰ组和Ⅱ组分别与柄部直径 d_1 的Ⅰ组和Ⅱ组相对应。

表 C-2 莫氏锥柄立铣刀（摘自 GB/T 6117.2—2010） （单位：mm）

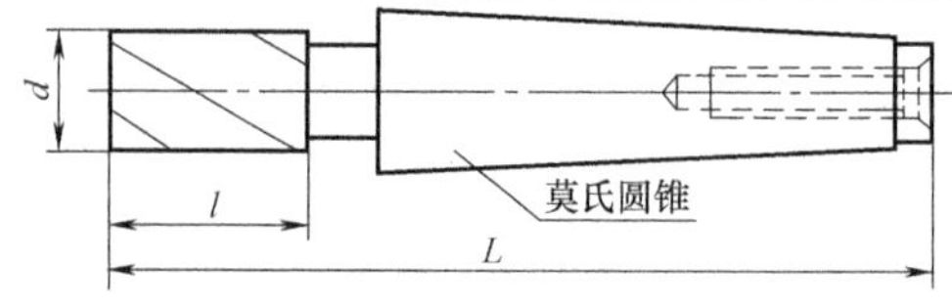

标记示例：

直径 d = 12mm，总长 L = 96mm 的标准系列 I 型中齿莫氏锥柄立铣刀：

中齿 莫氏锥柄 立铣刀 12×96 GB/T 6117. 2—2010

直径 d = 50mm，总长 L = 200mm 的标准系列莫氏锥柄立铣刀：

中齿 莫氏锥柄 立铣刀 50×200 GB/T 6117. 2—2010

<table>
<tr><th colspan="2">直径范围 d</th><th colspan="2" rowspan="3">推荐直径 d</th><th>l</th><th colspan="2">L</th><th rowspan="3">莫氏圆锥号</th><th colspan="3" rowspan="2">齿 数</th></tr>
<tr><th rowspan="2">></th><th rowspan="2">≤</th><th rowspan="2">标准系列</th><th colspan="2">标准系列</th></tr>
<tr><th>Ⅰ组</th><th>Ⅱ组</th><th>粗齿</th><th>中齿</th><th>细齿</th></tr>
<tr><td>5</td><td>6</td><td>6</td><td>—</td><td>13</td><td>83</td><td rowspan="11">—</td><td rowspan="6">1</td><td rowspan="11">3</td><td rowspan="11">4</td><td rowspan="3">—</td></tr>
<tr><td>6</td><td>7.5</td><td>—</td><td>7</td><td>16</td><td>86</td></tr>
<tr><td rowspan="2">7.5</td><td rowspan="2">9.5</td><td>8</td><td>—</td><td rowspan="2">19</td><td rowspan="2">89</td></tr>
<tr><td>—</td><td>9</td><td rowspan="4">5</td></tr>
<tr><td>9.5</td><td>11.8</td><td>10</td><td>11</td><td>22</td><td>92</td></tr>
<tr><td rowspan="2">11.8</td><td rowspan="2">15</td><td rowspan="2">12</td><td rowspan="2">14</td><td rowspan="2">26</td><td>96</td></tr>
<tr><td>111</td><td rowspan="3">2</td></tr>
<tr><td>15</td><td>19</td><td>16</td><td>18</td><td>32</td><td>117</td><td rowspan="4">6</td></tr>
<tr><td rowspan="2">19</td><td rowspan="2">23.6</td><td rowspan="2">20</td><td rowspan="2">22</td><td rowspan="2">38</td><td>123</td></tr>
<tr><td>140</td><td rowspan="3">3</td></tr>
<tr><td>23.6</td><td>30</td><td>24、25</td><td>28</td><td>45</td><td>147</td></tr>
<tr><td rowspan="2">30</td><td rowspan="2">37.5</td><td rowspan="2">32</td><td rowspan="2">36</td><td rowspan="2">53</td><td>155</td><td></td><td rowspan="6">4</td><td rowspan="6">6</td><td rowspan="6">8</td></tr>
<tr><td>178</td><td>201</td><td rowspan="2">4</td></tr>
<tr><td rowspan="2">37.5</td><td rowspan="2">47.5</td><td rowspan="2">40</td><td rowspan="2">45</td><td rowspan="2">63</td><td>188</td><td>211</td></tr>
<tr><td>221</td><td>249</td><td>5</td></tr>
<tr><td rowspan="4">47.5</td><td rowspan="4">60</td><td rowspan="2">50</td><td rowspan="2">—</td><td rowspan="4">75</td><td>200</td><td>223</td><td>4</td></tr>
<tr><td>233</td><td>261</td><td>5</td></tr>
<tr><td rowspan="2">—</td><td rowspan="2">56</td><td>200</td><td>223</td><td>4</td><td rowspan="3">6</td><td rowspan="3">8</td><td rowspan="3">10</td></tr>
<tr><td>233</td><td>261</td><td rowspan="2">5</td></tr>
<tr><td>60</td><td>75</td><td>63</td><td>71</td><td>90</td><td>248</td><td>276</td></tr>
</table>

表 C-3 直柄粗加工立铣刀（摘自 GB/T 14328—2008） （单位：mm）

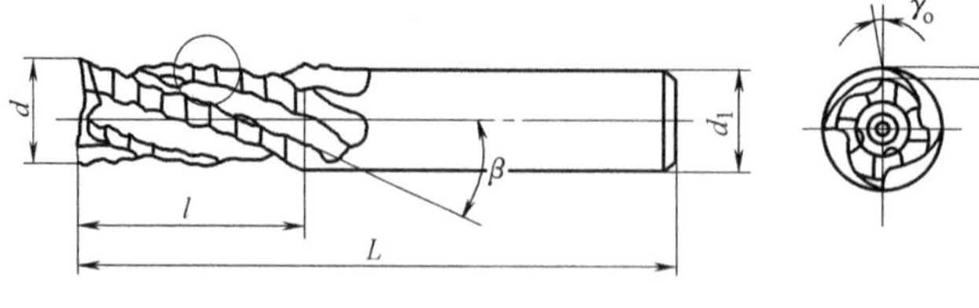

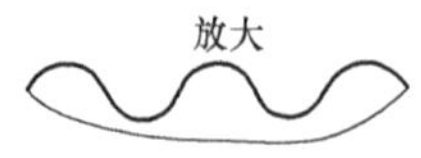

标记示例：

外径 d = 10mm 的 A 型标准型的直柄粗加工立铣刀：

直柄粗加工立铣刀 A10 GB/T 14328—2008

（续）

d js15	d_1 h6	标准型		长　型		参　　考			
		l min	L js16	l min	L js16	β	γ_o	κ	齿数
8	8	19	63	38	82			1.4	
9	10	19	69	38	88			1.5	
10	10	22	72	45	95			1.5~2.0	
11	12	22	79	45	102			1.5~2.0	
12	12	26	83	53	110			2.0	
14	12	26	83	53	110			2.0~2.5	
16	16	32	92	63	123			2.5~3.0	4
18	16	32	92	63	123			3.0	
20	20	38	104	75	141	20°~35°	6°~16°	3.0~3.5	
22	20	38	104	75	141			3.5~4.0	
25	25	45	121	90	166			4.0~4.5	
28	25	45	121	90	166			3.0~3.5	
32	32	53	133	106	186			3.5~4.0	
36	32	53	133	106	186			4.0~4.5	
40	40	63	155	125	217			4.0~4.5	6
45	40	63	155	125	217			4.5~5.0	
50	50	75	177	150	252			5.5~6.0	

表 C-4　整体硬质合金直柄立铣刀（摘自 GB/T 16770.1—2008）　（单位：mm）

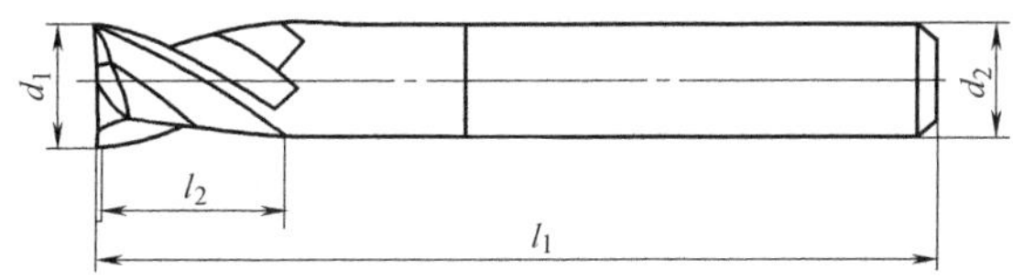

直径 d_1	柄部直径 d_2	总长 l_1 公称尺寸	总长 l_1 极限偏差	刃长 l_2 公称尺寸	刃长 l_2 极限偏差
1.0	3	38		3	
	4	43			
1.5	3	38		4	
	4	43			
2.0	3	38		7	
	4	43			$^{+1}_{0}$
2.5	3	38	$^{+2}_{0}$	8	
	4	57			
3.0	3	38		8	
	6	57			
3.5	4	43		10	
	6	57			
4.0	4	43		11	$^{+1.5}_{0}$
	6	57			

直径 d_1	柄部直径 d_2	总长 l_1 公称尺寸	总长 l_1 极限偏差	刃长 l_2 公称尺寸	刃长 l_2 极限偏差
5.0	5	47		13	
	6	57			
6.0	6	57		13	
7.0	8	63		16	$^{+1.5}_{0}$
8.0	8	63	$^{+2}_{0}$	19	
9.0	10	72		19	
10.0	10	72		22	
12.0	12	76		22	
		83		26	
14.0	14	83		26	
16.0	16	89		32	$^{+2}_{0}$
18.0	18	92	$^{+3}_{0}$	32	
20.0	20	101		38	

表 C-5　套式立铣刀（摘自 GB/T 1114—2016）　（单位：mm）

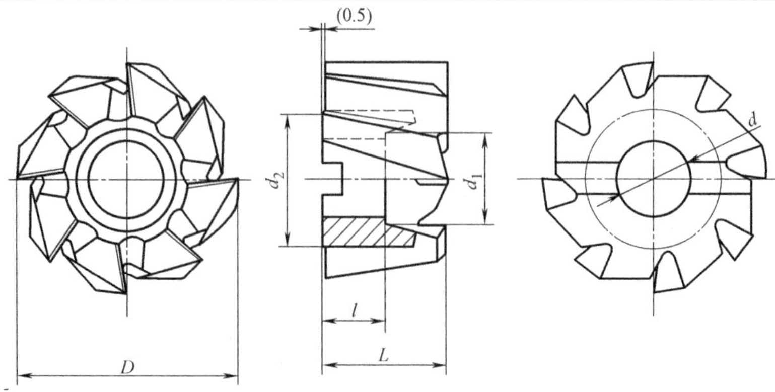

背面上0.5mm不做硬性的规定

标记示例：

a. 外圆直径 D=63mm 的右螺旋齿套式立铣刀：套式立铣刀 63　GB/T 1114—2016

b. 外圆直径 D=63mm 的左螺旋齿套式立铣刀：套式立铣刀 63-L　GB/T 1114—2016

D(js16)	d(H7)	L(k16)	$l(^{+1}_{0})$	d_1 最小	d_2 最小
40	16	32	18	23	33
50	22	36	20	30	41
63	27	40	22	38	49
80	27	45	22	38	49
100	32	50	25	45	59
125	40	56	28	56	71
160	50	63	31	67	91

工作部分的直径差为 0.05mm

外观和表面粗糙度

1）套式立铣刀表面不应有裂纹，切削刃应锋利，不应有崩刃、钝口以及磨削烧伤等影响使用性能的缺陷

2）套式立铣刀表面粗糙度的最大允许值按以下规定：前面和后面 Ra 为 1.25μm；内孔表面 Ra 为 0.8μm；两支承面 Ra 为 0.8μm

材料和硬度

1）套式立铣刀可采用 W6Mo5CrV2 或同等性能的普通高速钢（代号 HSS）制造，其硬度为 63～66HRC

2）套式立铣刀也可采用 W6Mo5Cr4V2Co5 或同等性能的高性能高速钢（代号 HSS-E）制造，其硬度为 65～67HRC

位置公差

项　目		公　差		
		$D \leqslant 50$	$63 \leqslant D \leqslant 100$	$D \geqslant 125$
圆周刃对内孔轴线的径向圆跳动	一转	0.050	0.070	0.090
	相邻齿	0.025	0.035	0.045
端刃对内孔轴线的轴向圆跳动	一转	0.030	0.040	0.060
	相邻齿	0.015	0.020	0.030
圆跳动的检测方法参见本标准附录 A				

表 C-6　圆柱形铣刀（摘自 GB/T 1115.1—2002）　（单位：mm）

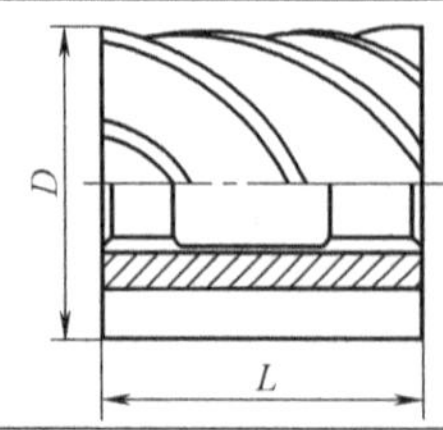

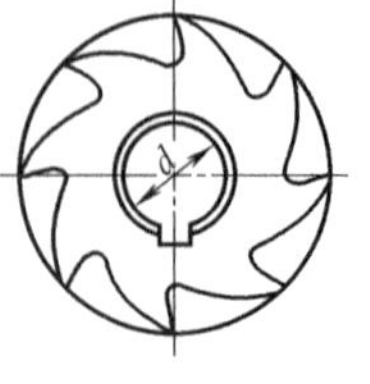

（续）

D js16	d H7	L js16						
		40	50	63	70	80	100	125
50	22	×		×		×		
63	27		×		×			
80	32			×			×	
100	40				×			×

注：×表示有此规格。

表 C-7　镶齿套式面铣刀　（单位：mm）

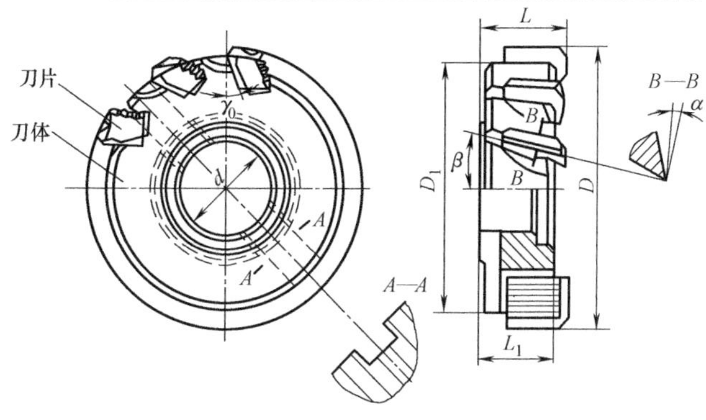

标记示例：

外径 D=200mm 的镶齿套式面铣刀：

镶齿套式面铣刀　200　JB/T 7954—2013

D(js16)	L(js16)	d(H7)	D_1	L_1	参考			
					β	α	γ_0	齿数
80	36	27	70	30	10°	12°	15°	10
100	40	32	90	34				
125		40	115					14
160	45	50	150	37				16
200			186					20
250			236					26
按用户要求也可制成左切削的铣刀，刀片的尺寸和偏差按 JB/T 7955，端面键槽的尺寸和偏差按 GB/T 6132								

技术要求

1）铣刀表面不应有裂纹，切削刀应锋利，不应有崩刃、钝口以及磨削烧伤等影响使用性能的缺陷

2）铣刀表面粗糙度值按以下规定

a）前面和后面 Ra 为 0.8μm

b）内孔表面 Ra 为 1.25μm

c）两支承端面 Ra 为 1.25μm

3）铣刀刀齿用 W6Mo5Cr4V2 或其他同等性能的高速钢制造，其硬度为 63～66HRC。铣刀刀体用 40Cr 制造，其硬度不低于 30HRC

4）位置公差。位置公差按下表的规定

位置公差

项目		公差		
		$D=80$	$80<D\leqslant160$	$D>160$
圆周刃对内孔轴线的径向圆跳动	一转	0.08	0.10	0.12
	相邻齿	0.04	0.05	0.06
端刃对内孔轴线的轴向圆跳动	一转	0.04	0.05	0.06
	相邻齿	0.02	0.03	0.03
圆跳动的检测方法见 GB/T 1114—2016 中附录 A				

表 C-8 粗切削球形面铣刀 （单位：mm）

D	d	L	L_1	L_2	L_3	刃数
20	20	140	50	90	20	4
20	25	140	70	70	20	4
20	20	190	90	100	20	4
20	25	190	90	100	20	4
25	25	155	55	100	23	4
25	25	210	110	100	23	4
25	32	210	110	100	23	4
32	32	160	60	100	31	4
32	32	220	120	100	31	4
40	42	170	70	100	41	4
40	42	250	150	100	41	4
50	50.8	190	90	100	46	5
50	50.8	280	180	100	46	5

表 C-9 圆刃面铣刀 （单位：mm）

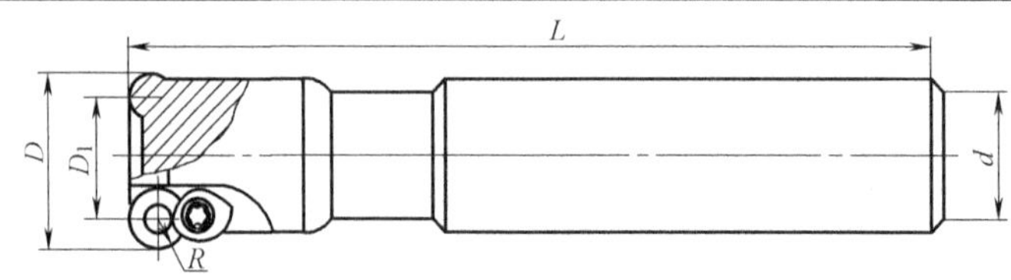

D	D_1	d	L	R	刃 数
12	8	12	130	4	1
16	8	16	150	4	2
20	12	20	150	4	2
20	12	20	200	4	2
25	15	25	150	5	2
25	15	25	200	5	2
25	15	25	250	5	2
30	20	25	150	5	2
30	20	25	200	5	2
35	25	32	150	5	3
35	25	32	200	5	3
35	25	32	250	5	3
35	25	32	300	5	3
35	25	32	350	5	3
40	30	32	180	5	3
40	30	32	230	5	3
50	34	32	200	8	3

表 C-10 半圆键槽铣刀（摘自 GB/T 1127—2007） （单位：mm）

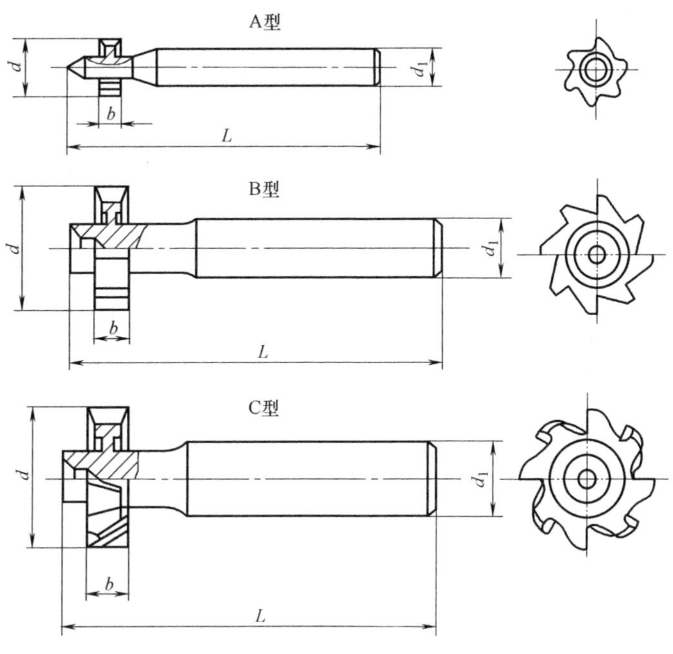

标记示例：

键的公称尺寸为 6.0×22，普通直柄半圆键槽铣刀：

半圆键槽铣刀 6.0×22 GB/T 1127—2007

<table>
<tr><td>半圆键的公称尺寸按
(GB/T 1098—2003)</td><td>d
h11</td><td>b
e8</td><td>L
js18</td><td rowspan="1">d_1</td><td rowspan="2">铣刀类型</td></tr>
<tr><td>宽×直径</td><td>公称尺寸</td><td>公称尺寸</td><td>公称尺寸</td><td>公称尺寸</td></tr>
<tr><td>1.0×4</td><td>4.5</td><td>1.0</td><td rowspan="5">50</td><td rowspan="5">6</td><td rowspan="5">A</td></tr>
<tr><td>1.5×7</td><td rowspan="2">7.5</td><td>1.5</td></tr>
<tr><td>2.0×7</td><td rowspan="2">2.0</td></tr>
<tr><td>2.0×10</td><td rowspan="2">10.5</td></tr>
<tr><td>2.5×10</td><td>2.5</td></tr>
<tr><td>3.0×13</td><td>13.5</td><td rowspan="2">3.0</td><td rowspan="6">55</td><td rowspan="7">10</td><td rowspan="7">B</td></tr>
<tr><td>3.0×16</td><td rowspan="3">16.5</td></tr>
<tr><td>4.0×16</td><td>4.0</td></tr>
<tr><td>5.0×16</td><td>5.0</td></tr>
<tr><td>4.0×19</td><td rowspan="2">19.5</td><td>4.0</td></tr>
<tr><td>5.0×19</td><td rowspan="2">5.0</td></tr>
<tr><td>5.0×22</td><td rowspan="2">22.5</td><td rowspan="3">60</td></tr>
<tr><td>6.0×22</td><td rowspan="2">6.0</td><td rowspan="4">12</td><td rowspan="4">C</td></tr>
<tr><td>6.0×25</td><td>25.5</td></tr>
<tr><td>8.0×28</td><td>28.5</td><td>8.0</td><td rowspan="2">65</td></tr>
<tr><td>10.0×32</td><td>32.5</td><td>10.0</td></tr>
</table>

表 C-11 直柄键槽铣刀（摘自 GB/T 1112—2012） （单位：mm）

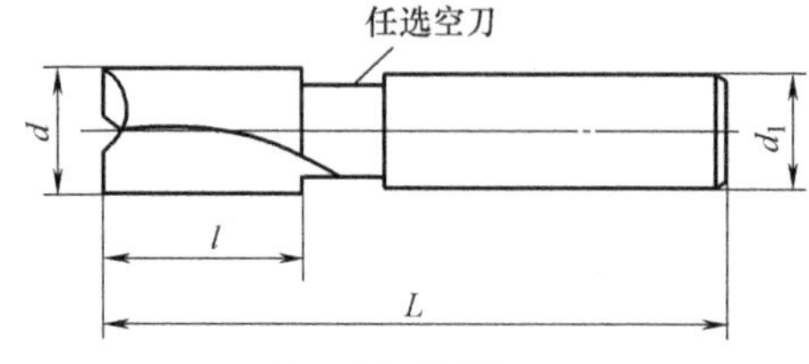

普通直柄键槽铣刀

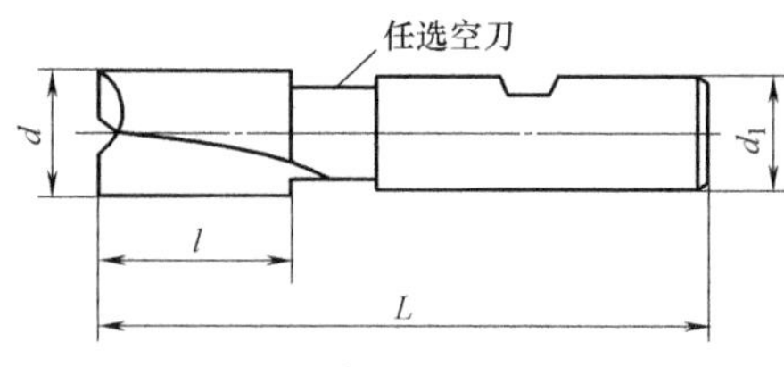

削平直柄键槽铣刀

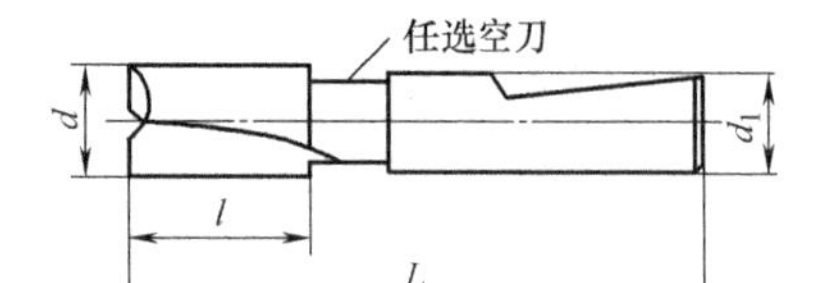

2°斜削平直柄键槽铣刀

螺纹柄键槽铣刀

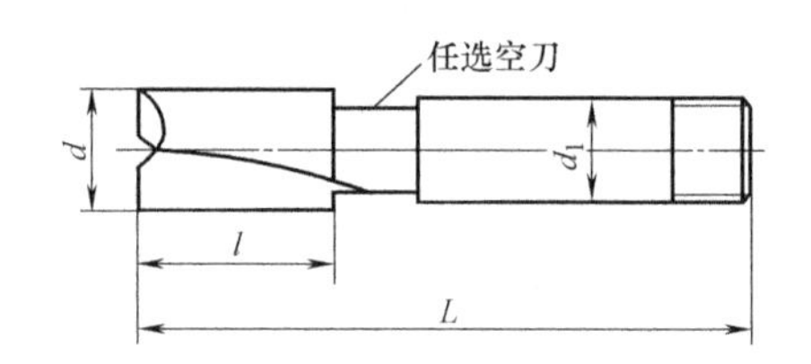

d 公称尺寸	d 极限偏差 e8	d 极限偏差 d8	d_1	推荐系列 l	推荐系列 L	短系列 l	短系列 L	标准系列 l	标准系列 L
2	-0.014 -0.028	-0.020 -0.034	3① / 4	4	30	4	36	7	39
3				5	32	5	37	8	40
4	-0.020 -0.038	-0.030 -0.048	4	7	36	7	39	11	43
5			5	8	40	8	42	13	47
6			6	10	45		52		57
7	-0.025 -0.047	-0.040 -0.062	8	14	50	10	54	16	60
8						11	55	19	63
10			10	18	60	13	63	22	72
12	-0.032 -0.059	-0.050 -0.07	12	22	65	16	73	26	83
14			12 / 14①	24	70				
16			16	28	75	19	79	32	92
18			16 / 18①	32	80				
20	-0.040 -0.073	-0.065 -0.098	20	36	85	22	88	38	104

注：当 $d \leqslant 14$mm 时，根据用户要求 e8 级的普通直柄键槽铣刀柄部直径偏差允许按圆周刃部直径的偏差制造，并须在标记和标志上予以注明。

① 此尺寸不推荐采用；如采用，应与相同规格的键槽铣刀相区别。

表 C-12 镶齿三面刃铣刀（摘自 JB/T 7953—2010） （单位：mm）

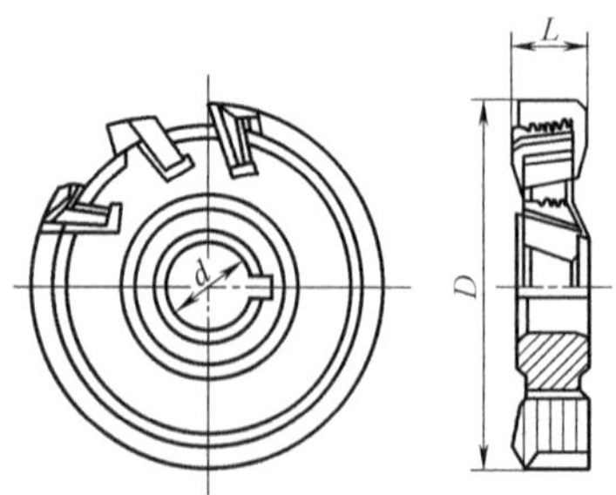

（续）

<table>
<tr><th>D
js16</th><th>d
H7</th><th>L
H12</th><th>齿　数</th></tr>
<tr><td>80</td><td>22</td><td>12、14、16、18、20</td><td>10</td></tr>
<tr><td rowspan="2">100</td><td rowspan="2">27</td><td>12、14、16、18</td><td>12</td></tr>
<tr><td>20、22、25</td><td>10</td></tr>
<tr><td rowspan="2">125</td><td rowspan="2">32</td><td>12、14、16、18</td><td>14</td></tr>
<tr><td>20、22、25</td><td>12</td></tr>
<tr><td rowspan="2">160</td><td rowspan="2">40</td><td>14、16、20</td><td>18</td></tr>
<tr><td>25、28</td><td>16</td></tr>
<tr><td rowspan="3">200</td><td rowspan="5">50</td><td>14</td><td>22</td></tr>
<tr><td>18、22</td><td>20</td></tr>
<tr><td>28、32</td><td>18</td></tr>
<tr><td rowspan="2">250</td><td>16、20</td><td>24</td></tr>
<tr><td>25、28、32</td><td>22</td></tr>
</table>

表 C-13　锯片铣刀（摘自 GB/T 6120—2012）　　（单位：mm）

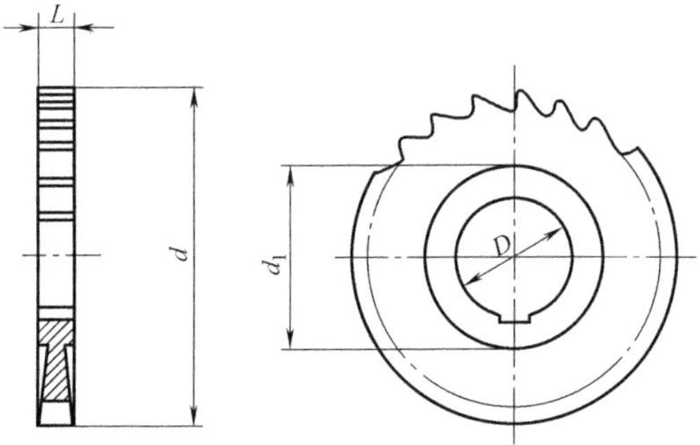

标记示例：

d = 125mm、L = 6mm 的粗齿锯片铣刀：

粗齿锯片铣刀 125×6　GB/T 6120—2012

<table>
<tr><td>d(js16)</td><td>50</td><td>63</td><td>80</td><td>100</td><td>125</td><td>160</td><td>200</td><td>250</td><td>315</td></tr>
<tr><td>D(H7)</td><td>13</td><td>16</td><td>22</td><td colspan="2">22(27)</td><td colspan="3">32</td><td>40</td></tr>
<tr><td>d_{1min}</td><td colspan="2">—</td><td>34</td><td colspan="2">34(40)</td><td>47</td><td colspan="2">63</td><td>80</td></tr>
<tr><td>L(js11)</td><td colspan="9">齿数(参考)</td></tr>
<tr><td>0.80</td><td rowspan="3">24</td><td rowspan="2">32</td><td>40</td><td rowspan="3">40</td><td>—</td><td rowspan="2">—</td><td rowspan="3">—</td><td rowspan="4">—</td><td rowspan="5">—</td></tr>
<tr><td>1.00</td><td rowspan="3">32</td><td>48</td></tr>
<tr><td>1.20</td><td rowspan="3">24</td><td rowspan="3">40</td><td rowspan="2">48</td></tr>
<tr><td>1.60</td><td rowspan="3">20</td><td rowspan="3">32</td><td rowspan="3">48</td></tr>
<tr><td>2.00</td><td rowspan="3">24</td><td rowspan="3">40</td><td>64</td></tr>
<tr><td>2.50</td><td rowspan="3">20</td><td rowspan="3">32</td><td rowspan="3">48</td><td rowspan="2">64</td></tr>
<tr><td>3.00</td><td rowspan="3">16</td><td rowspan="3">24</td><td rowspan="3">40</td></tr>
<tr><td>4.00</td><td rowspan="3">20</td><td rowspan="3">32</td><td rowspan="3">48</td></tr>
<tr><td>5.00</td><td rowspan="2">16</td><td rowspan="2">24</td><td rowspan="2">40</td></tr>
<tr><td>6.00</td><td>—</td><td>20</td><td>32</td></tr>
</table>

（续）

括号内的尺寸尽量不采用，如要采用，则在标记中注明尺寸 D

$d \geqslant 800\text{mm}$ 且 $L<3\text{mm}$ 时允许不做支承台 d_1

材料和硬度

锯片铣刀用 W6Mo5Cr4VC2 或同等性能的其他高速钢（代号 HSS）制造，其硬度为

——$L \leqslant 1\text{mm}$ 时，62～65HRC；——$L>1\text{mm}$ 时，63～66HRC

外观和表面粗糙度

1）锯片铣刀不应有裂纹，切削刃应锋利，不应有崩刃、钝口以及磨削烧伤等影响使用性能的缺陷

2）锯片铣刀表面粗糙度的上限值按下列规定：前面和后面 Rz 为 6.3μm；细齿锯片前面 Rz 为 10μm；内孔表面 Ra 为 1.25μm

位置公差

外圆直径 d	圆周刃对内孔轴线的径向圆跳动		侧隙面对内孔轴线的轴向圆跳动				
	一转	相邻	L=0.2～0.5	L=0.6～1.0	L=1.2～2.0	L=2.5～4.0	L=5.0～6.0
20～32	0.04	0.02	0.10	0.08	0.06	0.05	—
40～50	0.06	0.04	0.12	0.10	0.08	0.06	0.05
60～80	0.08	0.05	0.16	0.12	0.10	0.08	0.06
100～125	0.10	0.06	—	0.16	0.12	0.10	0.08
150～200	0.12	0.07	—	—	0.20	0.16	0.12
250～315	0.16	0.09	—	—	0.25	0.20	0.16

锯片铣刀圆跳动的检测方法参见 GB/T 6120—2012 附录 B

中齿锯片铣刀和细齿锯片铣刀的尺寸参数、标记示例、表面粗糙度和位置公差等要求也参见 GB/T 6120—2012

表 C-14　超速型钻铣刀　（单位：mm）

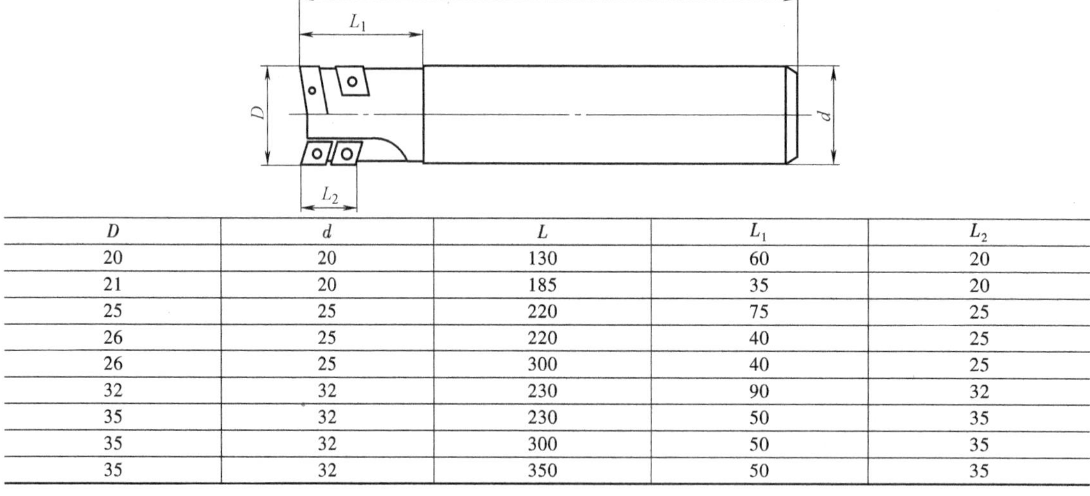

D	d	L	L_1	L_2
20	20	130	60	20
21	20	185	35	20
25	25	220	75	25
26	25	220	40	25
26	25	300	40	25
32	32	230	90	32
35	32	230	50	35
35	32	300	50	35
35	32	350	50	35

附录 D　各种铰刀结构形式与几何参数

表 D-1　手用铰刀（摘自 GB/T 1131.1—2004）　（单位：mm）

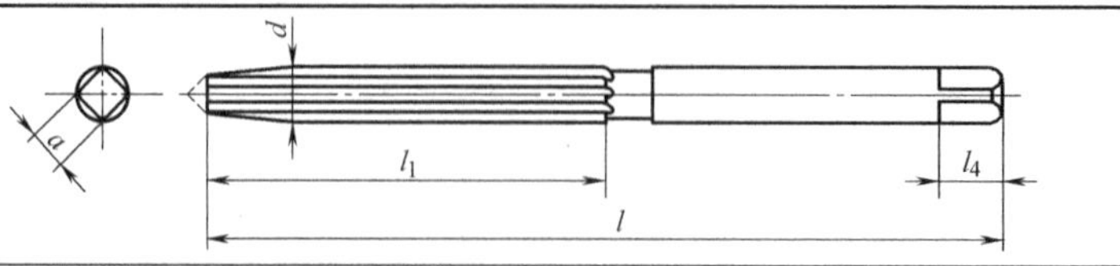

（续）

d	l_1	l	a	l_4	d	l_1	l	a	l_4
(1.5)	20	41	1.12	4	22	107	215	18.00	22
1.6	21	44	1.25		(23)				
1.8	23	47	1.40		(24)	115	231	20.00	24
2.0	25	50	1.60		25				
2.2	27	54	1.80		(26)				
2.5	29	58	2.00		(27)	124	247	22.40	26
2.8	31	62	2.24	5	28				
3.0					(30)				
3.5	35	71	2.80		32	133	265	25.00	28
4.0	38	76	3.15	6	(34)	142	284	28.00	31
4.5	41	81	3.55		(35)				
5.0	44	87	4.00	7	36				
5.5	47	93	4.50		(38)	152	305	31.5	34
6.0					40				
7.0	54	107	5.60	8	(42)				
8.0	58	115	6.30	9	(44)	163	326	35.50	38
9.0	62	124	7.10	10	45				
10.0	66	133	8.00	11	(46)				
11.0	71	142	9.00	12	(48)	174	347	40.00	42
12.0	76	152	10.00	13	50				
(13.0)					(52)				
14.0	81	163	11.20	14	(55)	184	367	45.00	46
(15.0)					56				
16.0	87	175	12.50	16	(58)				
(17.0)					(60)				
18.0	93	188	14.00	18	(62)	194	387	50.00	51
(19.0)					63				
20.0	100	201	16.00	20	67				
(21.0)					71	203	406	56.00	56

注：括号内的尺寸尽量不采用。

表 D-2　直柄机用铰刀（摘自 GB/T 1132—2017）　　　（单位：mm）

直径d_1小于或等于3.75mm

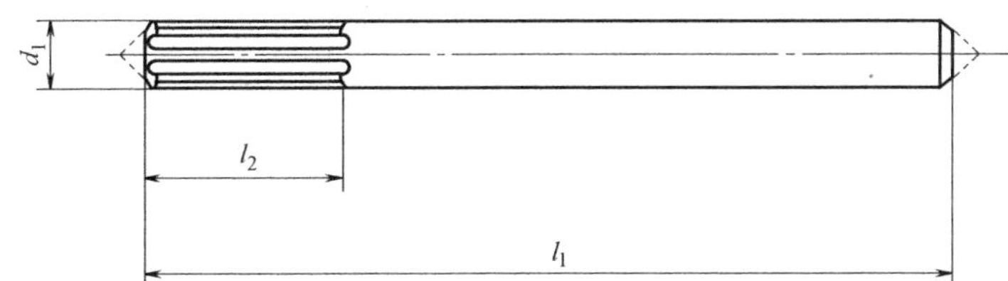

直径d_1大于3.75mm

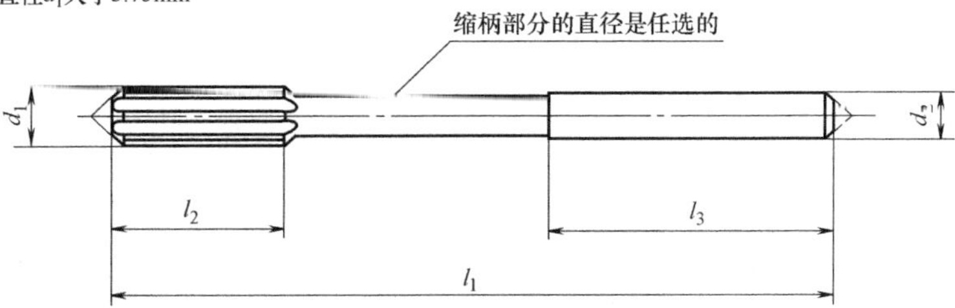

（续）

d[①] m6	d_2 h9	l_1	l_2	l_3
1.4	1.4	40	8	—
1.6	1.6	43	9	
1.8	1.8	46	10	
2.0	2.0	49	11	
2.2	2.2	53	12	
2.5	2.5	57	14	
2.8	2.8	61	15	
3.0	3.0			
3.2	3.2	65	16	
3.5	3.5	70	18	
4.0	4.0	75	19	32
4.5	4.5	80	21	33
5.0	5.0	86	23	34
5.5	5.6	93	26	36
6	5.6			
7	7.1	109	31	40
8	8.0	117	33	42
9	9.0	125	36	44
10	10.0	133	38	46
11		142	41	
12		151	44	
14	12.5	160	47	50
16		170	52	
18	14.0	182	56	52
20	16.0	195	60	58

① 切削直径在紧接切削锥之后测量。

表 D-3　硬质合金直柄机用铰刀（摘自 GB/T 4251—2008）　（单位：mm）

d 推荐值	d 直径范围	d_1	L	l	l_1
6	>5.3~6	5.6	93	17	36
—	>6~6.7	6.3	101		38
7	>6.7~7.5	7.1	109		40
8	>7.5~8.5	8	117		42
9	>8.5~9.5	9	125		44
10	>9.5~10.6	10	133		46
11	>10.6~11.8		142		
12、(13)	>11.8~13.2		151	20	
14	>13.2~14	12.5	160		50
(15)	>14~15		162		
16	>15~16		170	25	
(17)	>16~17	14	175		52
18	>17~18		182		
(19)	>18~19	16	189		58
20	>19~20		195		

表 D-4 硬质合金锥柄机用铰刀（摘自 GB/T 4251—2008）

d	L	l	莫氏锥度号
8	156	17	1
9	162		
10	168		
11	175		
12	182	20	
14	189		
16	210	25	2
18	219		
20	228		
21	232	28	
22	237		
23	241		
24	268		3
25			
28	277	34	4
32	317		
36	325		
40	329		

附录 E 各种丝锥结构形式与几何参数

表 E-1 粗柄机用和手用丝锥（摘自 GB/T 3464.1—2007） （单位：mm）

代号	公称直径 d	螺距 P	d_1	l	L	l_1	方头	
							a	l_2
M1	1.0	0.25	2.5	5.5	38.5	10	2.00	4
M1.1	1.1							
M1.2	1.2							
M1.4	1.4	0.30		7.0	40.0	12		
M1.6	1.6	0.35		8.0	41.0	13		
M1.8	1.8							
M2	2.0	0.40				13.5		
M2.2	2.2	0.45	2.8	9.5	44.5	15.5	2.24	5
M2.5	2.5							

表 E-2 细柄机用和手用丝锥（摘自 GB/T 3464.1—2007） （单位：mm）

代　号	公称直径 d	螺距 P	d_1	l	L	方头	
						a	l_2
M3	3	0.5	2.24	11	48	1.8	4
M3.5	3.5	(0.6)	2.5	13	50	2	
M4	4	0.7	3.15		53	2.5	5
M4.5	4.5	(0.75)	3.55			2.8	
M5	5	0.8	4	16	58	3.15	6
M6	6	1	4.5	19	66	3.55	
M7	(7)		5.6			4.5	7
M8	8	1.25	6.3	22	72	5	8
M9	(9)		7.1			5.6	
M10	10	1.5	8	24	80	6.3	9
M11	(11)			25	85		
M12	12	1.75	9	29	89	7.1	10
M14	14	2	11.2	30	95	9	12
M16	16		12.5	32	102	10	13
M18	18	2.5	14	37	112	11.2	14
M20	20						
M22	22		16	38	118	12.5	16
M24	24	3	18	45	130	14	18
M27	27		20		135	16	20
M30	30	3.5		48	138		
M33	33		22.4	51	151	18	22
M36	36	4	25	57	162	20	24
M39	39		28	60	170	22.4	26
M42	42	4.5					
M45	45		31.5	67	187	25	28
M48	48	5					
M52	52		35.5	70	200	28	31
M56	56	5.5					
M60	60		40	76	221	31.5	34
M64	64	6		79	224		
M68	68		45		234	35.5	38

注：括号内的尺寸尽可能不用。

附录 F　工序加工余量及极限偏差

1. 外圆加工余量及极限偏差（见表 F-1～表 F-8）

表 F-1　粗车及半精车外圆加工余量及极限偏差　（单位：mm）

零件公称尺寸	直径加工余量						直径极限偏差	
	经或未经热处理零件的粗车		半精车					
			未经热处理		经热处理			
	折算长度						荒车	粗　车
	≤200	>200～400	≤200	>200～400	≤200	>200～400	(h14)	(h12～h13)
3～6	—	—	0.5	—	0.8	—	-0.30	-0.12～-0.18
>6～10	1.5	1.7	0.8	1.0	1.0	1.3	-0.36	-0.15～-0.22
>10～18	1.5	1.7	1.0	1.3	1.3	1.5	-0.43	-0.18～-0.27
>18～30	2.0	2.2	1.3	1.3	1.3	1.5	-0.52	-0.21～-0.33
>30～50	2.0	2.2	1.4	1.5	1.5	1.9	-0.62	-0.25～-0.39
>50～80	2.3	2.5	1.5	1.8	1.8	2.0	-0.74	-0.30～-0.45
>80～120	2.5	2.8	1.5	1.8	1.8	2.0	-0.87	-0.35～-0.54
>120～180	2.5	2.8	1.8	2.0	2.0	2.3	-1.00	-0.40～-0.63
>180～250	2.8	3.0	2.0	2.3	2.3	2.5	-1.15	-0.46～-0.72
>250～315	3.0	3.3	2.0	2.3	2.3	2.5	-1.30	-0.52～-0.81

注：加工带凸台的零件时，其加工余量要根据零件的最大直径来确定。

表 F-2　粗车外圆后精车外圆加工余量　（单位：mm）

轴的直径 d	零件长度 L					
	≤100	>100～250	>250～500	>500～800	>800～1200	>1200～2000
	直径加工余量 a					
≤10	0.6	0.8	1.0	—	—	—
>10～18	0.7	0.9	1.0	1.1	—	—
>18～30	0.9	1.0	1.1	1.3	1.4	—
>30～50	1.0	1.0	1.1	1.3	1.5	1.7
>50～80	1.1	1.1	1.2	1.4	1.6	1.8

注：1. 在单件小批生产时，本表的数值应乘上系数 1.3，并化成一位小数（四舍五入）。

2. 决定加工余量的长度与装夹方式有关。

3. 当工艺有特殊要求时（如中间热处理），可不按本表规定。

表 F-3　半精车后磨外圆加工余量及极限偏差　（单位：mm）

零件公称尺寸	直径加工余量										直径极限偏差	
	第一种		第二种				第三种				第一种磨削前半精车或第三种粗磨 (h10～h11)	第二种粗磨 (h8～h9)
	经或未经热处理零件的终磨		热处理后				热处理前粗　磨		热处理后半 精 磨			
			粗磨		半精磨							
	折算长度											
	≤200	>200～400	≤200	>200～400	≤200	>200～400	≤200	>200～400	≤200	>200～400		
3～6	0.15	0.20	0.10	0.12	0.05	0.08	—	—	—	—	-0.048～-0.075	-0.018～-0.030
>6～10	0.20	0.30	0.12	0.20	0.08	0.10	0.12	0.20	0.20	0.30	-0.058～-0.090	-0.022～-0.036
>10～18	0.20	0.30	0.12	0.20	0.08	0.10	0.12	0.20	0.20	0.30	-0.070～-0.110	-0.027～-0.043
>18～30	0.20	0.30	0.12	0.20	0.08	0.10	0.12	0.20	0.20	0.30	-0.084～-0.130	-0.033～-0.052
>30～50	0.30	0.40	0.20	0.25	0.10	0.15	0.20	0.25	0.30	0.40	-0.100～-0.160	-0.039～-0.062
>50～80	0.40	0.50	0.25	0.30	0.15	0.20	0.25	0.30	0.40	0.50	-0.120～-0.190	-0.046～-0.074
>80～120	0.40	0.50	0.25	0.30	0.15	0.20	0.25	0.30	0.40	0.50	-0.140～-0.220	-0.054～-0.087
>120～180	0.50	0.80	0.30	0.50	0.20	0.30	0.30	0.50	0.50	0.80	-0.160～-0.250	-0.063～-0.100
>180～250	0.50	0.80	0.30	0.50	0.20	0.30	0.30	0.50	0.50	0.80	-0.185～-0.290	-0.072～-0.115
>250～315	0.50	0.80	0.30	0.50	0.20	0.30	0.30	0.50	0.50	0.80	-0.210～-0.320	-0.081～-0.130

表 F-4 无心磨外圆加工余量及极限偏差 （单位：mm）

零件公称尺寸	直径加工余量									直径极限偏差	
	第一种				第二种	第三种		第四种		终磨前半精车或第四种粗磨（h10~h11）	第三种粗磨（h8~h9）
	终磨未车过的棒料				最终磨削	热处理后		热处理前粗磨	热处理后半精磨		
	未经热处理		经热处理								
	冷拉棒料	热轧棒料	冷拉棒料	热轧棒料		粗磨	半精磨				
3~6	0.3	0.5	0.3	0.5	0.2	0.10	0.05	0.1	0.2	-0.048~-0.075	-0.018~-0.030
>6~10	0.3	0.6	0.3	0.7	0.3	0.12	0.08	0.2	0.3	-0.058~-0.090	-0.022~-0.036
>10~18	0.5	0.8	0.6	1.0	0.3	0.12	0.08	0.2	0.3	-0.070~-0.110	-0.027~-0.043
>18~30	0.6	1.0	0.8	1.3	0.3	0.12	0.08	0.3	0.4	-0.084~-0.130	-0.033~-0.052
>30~50	0.7	—	1.3	—	0.4	0.20	0.10	0.3	0.4	-0.100~-0.160	-0.039~-0.062
>50~80	—	—	—	—	0.4	0.25	0.15	0.3	0.5	-0.120~-0.190	-0.046~-0.074

表 F-5 用金刚石刀精车外圆加工余量 （单位：mm）

零件材料	零件公称尺寸	直径加工余量	零件材料	零件公称尺寸	直径加工余量
轻合金	≤100	0.3	钢	≤100	0.2
	>100	0.5		>100	0.3
青铜及铸铁	≤100	0.3			
	>100	0.4			

注：1. 如果采用两次车削（半精车及精车），则精车的加工余量为 0.1mm。

2. 精车前，零件加工的公差按 h9、h8 确定。

3. 本表所列的加工余量，适用于零件的长度为直径的 3 倍为限。超过此限制后，加工余量应适当加大。

表 F-6 研磨外圆加工余量 （单位：mm）

零件公称尺寸	直径加工余量	零件公称尺寸	直径加工余量
≤10	0.005~0.008	>50~80	0.008~0.012
>10~18	0.006~0.009	>80~120	0.010~0.014
>18~30	0.007~0.010	>120~180	0.012~0.016
>30~50	0.008~0.011	>180~250	0.015~0.020

注：经过精磨的零件，其手工研磨余量为 3~8μm，机械研磨余量为 8~15μm。

表 F-7 抛光外圆加工余量 （单位：mm）

零件公称尺寸	≤100	>100~200	>200~700	>700
直径加工余量	0.1	0.3	0.4	0.5

注：抛光前的加工公差等级为 IT7。

表 F-8 超精加工余量

上工序表面粗糙度 *Ra*/μm	直径加工余量/mm	上工序表面粗糙度 *Ra*/μm	直径加工余量/mm
>0.63~1.25	0.01~0.02	>0.16~0.63	0.003~0.01

2. 内孔加工余量及极限偏差（见表 F-9~表 F-22）

表 F-9 基孔制 7 级公差等级（H7）孔的加工 （单位：mm）

零件公称尺寸	直径					
	钻		用车刀镗以后	扩孔钻	粗铰	精铰
	第一次	第二次				
3	2.8	—	—	—	—	3H7
4	3.9	—	—	—	—	4H7
5	4.8	—	—	—	—	5H7
6	5.8	—	—	—	—	6H7
8	7.8	—	—	—	7.96	8H7

（续）

零件公称尺寸	直径					
	钻		用车刀镗以后	扩孔钻	粗铰	精铰
	第一次	第二次				
10	9.8	—	—	—	9.96	10H7
12	11.0	—	—	11.85	11.95	12H7
13	12.0	—	—	12.85	12.95	13H7
14	13.0	—	—	13.85	13.95	14H7
15	14.0	—	—	14.85	14.95	15H7
16	15.0	—	—	15.85	15.95	16H7
18	17.0	—	—	17.85	17.94	18H7
20	18.0	—	19.8	19.8	19.94	20H7
22	20	—	21.8	21.8	21.94	22H7
24	22	—	23.8	23.8	23.94	24H7
25	23	—	24.8	24.8	24.94	25H7
26	24	—	25.8	25.8	25.94	26H7
28	26	—	27.8	27.8	27.94	28H7
30	15.0	28	29.8	29.8	29.93	30H7
32	15.0	30.0	31.7	31.75	31.93	32H7
35	20.0	33.0	34.7	34.75	34.93	35H7
38	20.0	36.0	37.7	37.75	37.93	38H7
40	25.0	38.0	39.7	39.75	39.93	40H7
42	25.0	40.0	41.7	41.75	41.93	42H7
45	25.0	43.0	44.7	44.75	44.93	45H7
48	25.0	46.0	47.7	47.75	47.93	48H7
50	25.0	48.0	49.7	49.75	49.93	50H7
60	30	55.0	59.5	59.5	59.9	60H7
70	30	65.0	69.5	69.5	69.9	70H7
80	30	75.0	79.5	79.5	79.9	80H7
90	30	80	89.3	—	89.9	90H7
100	30	80	99.3	—	99.8	100H7
120	30	80	119.3	—	119.8	120H7
140	30	80	139.3	—	139.8	140H7
160	30	80	159.3	—	159.8	160H7
180	30	80	179.3	—	179.8	180H7

注：1. 在铸铁上加工直径小于 15mm 的孔时，不用扩孔钻和镗孔。

2. 在铸铁上加工直径为 30mm 与 32mm 的孔时，仅用直径为 28mm 与 30mm 的钻头各钻一次。

3. 如仅用一次铰孔，则铰孔的加工余量为本表中粗铰与精铰的加工余量之和。

4. 钻头直径大于 75mm 时，采用环孔钻。

表 F-10　基孔制 8 级公差等级（H8）孔的加工　（单位：mm）

零件公称尺寸	直径					零件公称尺寸	直径				
	钻		用车刀镗以后	扩孔钻	铰		钻		用车刀镗以后	扩孔钻	铰
	第一次	第二次					第一次	第二次			
3	2.9	—	—	—	3H8	30	15.0	28	29.8	29.8	30H8
4	3.9	—	—	—	4H8	32	15.0	30	31.7	31.75	32H8
5	4.8	—	—	—	5H8	35	20.0	33	34.7	34.75	35H8
6	5.8	—	—	—	6H8	38	20.0	36	37.7	37.75	38H8
8	7.8	—	—	—	8H8	40	25.0	38	39.7	39.75	40H8
10	9.8	—	—	—	10H8	42	25.0	40	41.7	41.75	42H8
12	11.8	—	—	—	12H8	45	25.0	43	44.7	44.75	45H8
13	12.8	—	—	—	13H8	48	25.0	46	47.7	47.75	48H8
14	13.8	—	—	—	14H8	50	25.0	48	49.7	49.75	50H8
15	14.8	—	—	—	15H8	60	30.0	55	59.5	—	60H8
16	15.0	—	—	15.85	16H8	70	30.0	65	69.5	—	70H8
18	17.0	—	—	17.85	18H8	80	30.0	75	79.5	—	80H8
20	18.0	—	19.8	19.8	20H8	90	30.0	80.0	89.3	—	90H8
22	20.0	—	21.8	21.8	22H8	100	30.0	80.0	99.3	—	100H8
24	22.0	—	23.8	23.8	24H8	120	30.0	80.0	119.3	—	120H8
25	23.0	—	24.8	24.8	25H8	140	30.0	80.0	139.3	—	140H8
26	24.0	—	25.8	25.8	26H8	160	30.0	80.0	159.3	—	160H8
28	26.0	—	27.8	27.8	28H8	180	30.0	80.0	179.3	—	180H8

注：1. 在铸铁上加工直径为 30mm 与 32mm 的孔时，仅用直径为 28mm 与 30mm 的钻头各钻一次。

2. 钻头直径大于 75mm 时，采用环孔钻。

表 F-11　半精镗后磨孔加工余量及极限偏差　（单位：mm）

公称尺寸	直径加工余量					直径极限偏差	
	第一种	第二种		第三种		终磨前半精镗或第三种粗磨（H10）	第二种粗磨（H8）
	经或未经热处理零件的终磨	热处理后		热处理前	热处理后		
		粗磨	半精磨	粗　磨	半 精 磨		
6~10	0.2	—	—	—	—	—	—
>10~18	0.3	0.2	0.1	0.2	0.3	+0.07	+0.027
>18~30	0.3	0.2	0.1	0.2	0.3	+0.084	+0.033
>30~50	0.3	0.2	0.1	0.3	0.4	+0.10	+0.039
>50~80	0.4	0.3	0.1	0.3	0.4	+0.12	+0.046
>80~120	0.5	0.3	0.2	0.3	0.5	+0.14	+0.054
>120~180	0.5	0.3	0.2	0.5	0.5	+0.16	+0.063

表 F-12　铰孔前孔的直径及铰孔加工余量　（单位：mm）

加工余量	孔　径				
	6~12	>12~18	>18~30	>30~50	>50~75
粗铰	0.08	0.10	0.14	0.18	0.20
精铰	0.04	0.05	0.06	0.07	0.10

表 F-13　拉孔加工余量（用于 H7～H11 级孔）　（单位：mm）

零件公称尺寸	拉孔长度			上工序极限偏差（H11）
	16～25	25～45	45～120	
	直径加工余量			
10～18	0.5	0.5	—	+0.11
>18～30	0.5	0.5	0.5	+0.13
>30～38	0.5	0.7	0.7	+0.16
>38～50	0.7	0.7	1.0	+0.16
>50～60	—	1.0	1.0	+0.19

表 F-14　用金刚石刀镗孔加工余量　（单位：mm）

<table>
<tr><th rowspan="3">零件公称尺寸</th><th colspan="8">直径加工余量</th><th colspan="2">上工序极限偏差</th></tr>
<tr><th colspan="2">轻合金</th><th colspan="2">巴氏合金</th><th colspan="2">青铜及铸铁</th><th colspan="2">钢</th><th>镗孔前极限偏差</th><th>粗镗极限偏差</th></tr>
<tr><th>粗镗</th><th>精镗</th><th>粗镗</th><th>精镗</th><th>粗镗</th><th>精镗</th><th>粗镗</th><th>精镗</th><th>（H10）</th><th>（H8～H9）</th></tr>
<tr><td>≤30</td><td>0.2</td><td rowspan="10">0.1</td><td>0.3</td><td rowspan="3">0.1</td><td>0.2</td><td rowspan="9">0.1</td><td rowspan="2">0.2</td><td rowspan="11">0.1</td><td>+0.084</td><td>+0.033～+0.052</td></tr>
<tr><td>>30～50</td><td>0.3</td><td>0.4</td><td rowspan="2">0.3</td><td>+0.10</td><td>+0.039～+0.062</td></tr>
<tr><td>>50～80</td><td>0.4</td><td>0.5</td><td rowspan="7">0.3</td><td>+0.12</td><td>+0.046～+0.074</td></tr>
<tr><td>>80～120</td><td rowspan="7">0.5</td><td rowspan="7">0.6</td><td rowspan="7">0.2</td><td rowspan="6">0.4</td><td>+0.14</td><td>+0.054～+0.087</td></tr>
<tr><td>>120～180</td><td>+0.16</td><td>+0.063～+0.100</td></tr>
<tr><td>>180～250</td><td>+0.185</td><td>+0.072～+0.115</td></tr>
<tr><td>>250～315</td><td>+0.21</td><td>+0.081～+0.130</td></tr>
<tr><td>>315～400</td><td>+0.23</td><td>+0.089～+0.140</td></tr>
<tr><td>>400～500</td><td>+0.25</td><td>+0.097～+0.155</td></tr>
<tr><td>>500～630</td><td rowspan="2">0.5</td><td rowspan="3">0.2</td><td rowspan="2">0.4</td><td>+0.28</td><td>+0.110～+0.175</td></tr>
<tr><td>>630～800</td><td rowspan="2">—</td><td rowspan="2">—</td><td rowspan="2">—</td><td rowspan="2">—</td><td>+0.32</td><td>+0.125～+0.200</td></tr>
<tr><td>>800～1000</td><td>0.6</td><td>0.5</td><td>0.2</td><td>+0.36</td><td>+0.140～+0.230</td></tr>
</table>

表 F-15　珩磨孔加工余量　（单位：mm）

零件公称尺寸	直径加工余量						珩磨前极限偏差（H7）
	精镗后		半精镗后		磨后		
	铸铁	钢	铸铁	钢	铸铁	钢	
≤50	0.09	0.06	0.09	0.07	0.08	0.05	+0.025
>50～80	0.10	0.07	0.10	0.08	0.09	0.05	+0.030
>80～120	0.11	0.08	0.11	0.09	0.10	0.06	+0.035
>120～180	0.12	0.09	0.12	—	0.11	0.07	+0.040
>180～260	0.12	0.09	—	—	0.12	0.08	+0.046

表 F-16　研磨孔加工余量　（单位：mm）

零件公称尺寸	铸　铁	钢	零件公称尺寸	铸　铁	钢
≤25	0.010～0.020	0.005～0.015	>125～300	0.080～0.160	0.020～0.050
>25～125	0.020～0.100	0.010～0.040	>300～500	0.120～0.200	0.040～0.060

注：经过精磨的零件，手工研磨余量为 0.005～0.010mm。

表 F-17　单刃钻后深孔加工余量　（单位：mm）

零件公称尺寸	加工后热处理						加工后不经热处理					
	钻孔深度											
	≤1000	>1000～2000	>2000～3000	>3000～5000	>5000～7000	>7000～10000	≤1000	>1000～2000	>2000～3000	>3000～5000	>5000～7000	>7000～10000
	直径加工余量											
>35～100	4	6	8	10	—	—	2	4	6	8	—	—
>100～180	4	6	8	10	12	14	2	4	6	8	10	12
>180～400	—	—	—	12	14	16	—	—	—	10	12	14

表 F-18　刮孔加工余量　（单位：mm）

零件公称尺寸	孔长度			
	≤100	>100~200	>200~300	>300
	直径加工余量			
≤80	0.05	0.08	0.12	—
>80~180	0.10	0.15	0.20	0.30
>180~360	0.15	0.20	0.25	0.30
>360	0.20	0.25	0.30	0.35

注：1. 刮孔前的加工公差等级为 H7。

2. 如两轴承相连，则刮孔前两轴承的公差均以大轴承的公差为准。

3. 表中列举的刮孔加工余量是根据正常加工条件而定的，当轴线有显著弯曲时，应将表中数值加大。

表 F-19　多边形孔加工余量　（单位：mm）

孔内最大边长	加工余量	孔加工尺寸上极限偏差	孔内最大边长	加工余量	孔加工尺寸上极限偏差
10~18	0.8	+0.24	>50~80	1.5	+0.40
>18~30	1.0	+0.28	>80~120	1.8	+0.46
>30~50	1.2	+0.34			

表 F-20　内花键加工余量　（单位：mm）

花键规格		定心方式		花键规格		定心方式	
键数 z	外径 D	外径定心	内径定心	键数 z	外径 D	外径定心	内径定心
6	35~42	0.4~0.5	0.7~0.8	10	35	0.4~0.5	0.7~0.8
6	42~50	0.5~0.6	0.8~0.9	16	38	0.4~0.5	0.7~0.8
6	55~90	0.6~0.7	0.9~1.0	16	50	0.5~0.6	0.8~0.9
10	30~42	0.4~0.5	0.7~0.8				

表 F-21　攻螺纹前钻孔用麻花钻直径 1　（单位：mm）

(1)粗牙普通螺纹

公称直径 D	螺距 P	麻花钻直径 d	公称直径 D	螺距 P	麻花钻直径 d	公称直径 D	螺距 P	麻花钻直径 d
1.0	0.25	0.75	5.0	0.8	4.20	24.0	3	21.00
1.1		0.85	6.0	1	5.00	27.0		24.00
1.2		0.95	7.0		6.00	30.0	3.5	26.50
1.4	0.3	1.10	8.0	1.25	6.80	33.0		29.50
1.6	0.35	1.25	9.0		7.80	36.0	4	32.00
1.8		1.45	10.0	1.5	8.50	39.0		35.00
2.0	0.4	1.60	11.0		9.50	42.0	4.5	37.50
2.2	0.45	1.75	12.0	1.75	10.20	45.0		40.50
2.5		2.05	14.0	2	12.00	48.0	5	43.00
3.0	0.5	2.50	16.0		14.00	52.0		47.00
3.5	0.6	2.90	18.0	2.5	15.50	56.0	5.5	50.50
4.0	0.7	3.30	20.0		17.50			
4.5	0.75	3.70	22.0		19.50			

表 F-22　攻螺纹前钻孔用麻花钻直径 2　　（单位：mm）

（2）细牙普通螺纹

公称直径 D	螺距 P	麻花钻直径 d	公称直径 D	螺距 P	麻花钻直径 d	公称直径 D	螺距 P	麻花钻直径 d
2.5	0.35	2.15	12.0	1.25	10.80	24.0	2	22.00
3.0		2.65	14.0		12.80	25.0		23.00
3.5		3.10	12.0	1.5	10.50	27.0		25.00
4.0	0.5	3.50	14.0		12.50	28.0		26.00
4.5		4.00	15.0		13.50	30.0		28.00
5.0		4.50	16.0		14.50	32.0		30.00
5.5		5.00	17.0		15.50	33.0		31.00
6.0	0.75	5.20	18.0		16.50	36.0		34.00
7.0		6.20	20.0		18.50	39.0		37.00
8.0		7.20	22.0		20.50	40.0		38.00
9.0		8.20	24.0		22.50	42.0		40.00
10.0		9.20	25.0		23.50	45.0		43.00
11.0		10.20	26.0		24.50	48.0		46.00
8.0	1	7.00	27.0		25.50	50.0		48.00
9.0		8.00	28.0		26.50	52.0		50.00
10.0		9.00	30.0		28.50	30.0	3	27.00
11.0		10.00	32.0		30.50	33.0		30.00
12.0		11.00	33.0		31.50	36.0		33.00
14.0		13.00	35.0		33.50	39.0		36.00
15.0		14.00	36.0		34.50	40.0		37.00
16.0		15.00	38.0		36.50	42.0		39.00
17.0		16.00	39.0		37.50	45.0		42.00
18.0		17.00	40.0		38.50	48.0		45.00
20.0		19.00	42.0		40.50	50.0		47.00
22.0		21.00	45.0		43.50	52.0		49.00
24.0		23.00	48.0		46.50	42.0	4	38.00
25.0		24.00	50.0		48.50	45.0		41.00
27.0		26.00	52.0		50.50	48.0		44.00
28.0		27.00	18.0	2	16.00	52.0		48.00
30.0		29.00	20.0		18.00			
10.0	1.25	8.80	22.0		20.00			

3. 轴端面加工余量及极限偏差（见表 F-23～表 F-24）

表 F-23　半精车轴端面加工余量　　（单位：mm）

零件长度（全长）	端面最大直径				
	≤30	>30～120	>120～260	>260～500	>500
	端面加工余量				
≤10	0.5	0.6	1.0	1.2	1.4
>10～18	0.5	0.7	1.0	1.2	1.4
>18～30	0.6	1.0	1.2	1.3	1.5
>30～50	0.6	1.0	1.2	1.3	1.5
>50～80	0.7	1.0	1.3	1.5	1.7
>80～120	1.0	1.0	1.3	1.5	1.7
>120～180	1.0	1.3	1.5	1.7	1.8
>180～250	1.0	1.3	1.5	1.7	1.8
>250～500	1.2	1.4	1.5	1.7	1.8
>500	1.4	1.5	1.7	1.8	2.0

注：1. 加工有台阶的轴时，每台阶的加工余量应根据台阶的直径及零件全长分别选用。

2. 表中余量指单边余量。

3. 加工余量适用于经热处理及未经热处理的零件。

表 F-24 磨轴端面加工余量及偏差 (单位：mm)

零件长度（全长）	端面最大直径					
	≤30	>30~120	>120~260	>260~500	>500	半精磨极限偏差(IT11)
	端面加工余量					
≤10	0.2	0.2	0.3	0.4	0.6	-0.09
>10~18	0.2	0.3	0.3	0.4	0.6	-0.11
>18~30	0.2	0.3	0.3	0.4	0.6	-0.13
>30~50	0.2	0.3	0.3	0.4	0.6	-0.16
>50~80	0.3	0.3	0.4	0.5	0.6	-0.19
>80~120	0.3	0.3	0.5	0.5	0.6	-0.22
>120~180	0.3	0.4	0.5	0.6	0.7	-0.25
>180~250	0.3	0.4	0.5	0.6	0.7	-0.29
>250~500	0.4	0.5	0.6	0.7	0.8	-0.40
>500	0.5	0.6	0.7	0.7	0.8	-0.44

注：1. 加工有台阶的轴时，每台阶的加工余量应根据台阶的直径及零件全长分别选用。
2. 表中余量指单边余量，偏差指长度极限偏差。
3. 加工余量及极限偏差适用于经热处理及未经热处理的零件。

4. 平面加工余量及极限偏差（见表 F-25~表 F-33）

表 F-25 平面第一次粗加工余量 (单位：mm)

平面最大尺寸	毛坯制造方法					
	铸件			热冲压	冷冲压	锻造
	灰铸铁	青铜	可锻铸铁			
≤50	1.0~1.5	1.0~1.3	0.8~1.0	0.8~1.1	0.6~0.8	1.0~1.4
>50~120	1.5~2.0	1.3~1.7	1.0~1.4	1.3~1.8	0.8~1.1	1.4~1.8
>120~260	2.0~2.7	1.7~2.2	1.4~1.8	1.5~1.8	1.0~1.4	1.5~2.5
>260~500	2.7~3.5	2.2~3.0	2.0~2.5	1.8~2.2	1.3~1.8	2.2~3.0
>500	4.0~6.0	3.5~4.5	3.0~3.4	2.4~3.0	2.0~2.6	3.5~4.5

表 F-26 平面粗刨后精铣加工余量 (单位：mm)

平面长度	平面宽度		
	≤100	>100~200	>200
≤100	0.6~0.7	—	—
>100~250	0.6~0.8	0.7~0.9	—
>250~500	0.7~1.0	0.75~1.0	0.8~1.1
>500	0.8~1.0	0.9~1.2	0.9~1.2

表 F-27 铣平面加工余量 (单位：mm)

零件厚度	荒铣后粗铣						粗铣后半精铣					
	宽度≤200			宽度>200~400			宽度≤200			宽度>200~400		
	平面长度											
	≤100	>100~250	>250~400	≤100	>100~250	>250~400	≤100	>100~250	>250~400	≤100	>100~250	>250~400
>6~30	1.0	1.2	1.5	1.2	1.5	1.7	0.7	1.0	1.0	1.0	1.0	1.0
>30~50	1.0	1.5	1.7	1.5	1.5	2.0	1.0	1.0	1.2	1.0	1.2	1.2
>50	1.5	1.7	2.0	1.7	2.0	2.5	1.0	1.3	1.5	1.3	1.5	1.5

表 F-28 研磨平面加工余量 （单位：mm）

平面长度	平面宽度		
	≤25	>25~75	>75~150
≤25	0.005~0.007	0.007~0.010	0.010~0.014
>25~75	0.007~0.010	0.010~0.014	0.014~0.020
>75~150	0.010~0.014	0.014~0.020	0.020~0.024
>150~260	0.014~0.018	0.020~0.024	0.024~0.030

注：经过精磨的零件，手工研磨余量，每面为 0.003~0.005mm；机械研磨余量，每面为 0.005~0.010mm。

表 F-29 磨平面加工余量 （单位：mm）

零件厚度	第一种						第二种					
	经热处理或未经热处理零件的终磨						热处理后					
							粗磨			半精磨		
	宽度≤200			宽度>200~400			宽度≤200			宽度>200~400		
	平面长度											
	≤100	>100~250	>250~400	≤100	>100~250	>250~400	≤100	>100~250	>250~400	≤100	>100~250	>250~400
>6~30	0.3	0.3	0.5	0.3	0.5	0.5	0.2	0.2	0.3	0.1	0.1	0.2
>30~50	0.5	0.5	0.5	0.5	0.5	0.5	0.3	0.3	0.3	0.2	0.2	0.2
>50	0.5	0.5	0.5	0.5	0.5	0.5	0.3	0.3	0.3	0.2	0.2	0.2

表 F-30 铣及磨平面时的厚度极限偏差 （单位：mm）

零件厚度	荒铣(IT14)	粗铣(IT12~IT13)	半精铣(IT11)	精磨(IT8~IT9)
>3~6	-0.30	-0.12~-0.18	-0.075	-0.018~-0.030
>6~10	-0.36	-0.15~-0.22	-0.09	-0.022~-0.036
>10~18	-0.43	-0.18~-0.27	-0.11	-0.027~-0.043
>18~30	-0.52	-0.21~-0.33	-0.13	-0.033~-0.052
>30~50	-0.62	-0.25~-0.39	-0.16	-0.039~-0.062
>50~80	-0.74	-0.30~-0.46	-0.19	-0.046~-0.074
>80~120	-0.87	-0.35~-0.54	-0.22	-0.054~-0.087
>120~180	-1.00	-0.43~-0.63	-0.25	-0.063~-0.100

表 F-31 刮平面加工余量及极限偏差 （单位：mm）

平面长度	平面宽度					
	≤100		>100~300		>300~1000	
	加工余量	极限偏差	加工余量	极限偏差	加工余量	极限偏差
≤300	0.15	-0.06	0.15	-0.06	0.20	-0.10
>300~1000	0.20	-0.10	0.20	-0.10	0.25	-0.12
>1000~2000	0.25	-0.12	0.25	-0.12	0.30	-0.15

表 F-32 凹槽加工余量及极限偏差 （单位：mm）

凹槽尺寸			宽度加工余量		宽度极限偏差	
长	深	宽	粗铣后半精铣	半精铣后磨	粗铣(IT12~IT13)	半精铣(IT11)
≤80	≤60	>3~6	1.5	0.5	+0.12~+0.18	+0.075
		>6~10	2.0	0.7	+0.15~+0.22	+0.09
		>10~18	3.0	1.0	+0.18~+0.27	+0.11
		>18~30	3.0	1.0	+0.21~+0.33	+0.13
≤80	≤60	>30~50	3.0	1.0	+0.25~+0.39	+0.16
		>50~80	4.0	1.0	+0.30~+0.46	+0.19
		>80~120	4.0	1.0	+0.35~+0.54	+0.22

注：1. 半精铣后磨凹槽的加工余量，适用于半精铣后经热处理和未经热处理的零件。

2. 宽度加工余量指双面加工余量（即每面加工余量是表中所列数值的二分之一）。

表 F-33 外表面拉削加工余量 (单位：mm)

工作状态		单面加工余量	工作状态		单面加工余量
小件	铸造	4~5	中件	铸造	5~7
	模锻或精密铸造	2~3		模锻或精密铸造	3~4
	经预先加工	0.3~0.4		经预先加工	0.5~0.6

5. 切除渗碳层加工余量（见表 F-34）

表 F-34 切除渗碳层加工余量 (单位：mm)

渗碳层深度	直径加工余量	渗碳层深度	直径加工余量
0.4~0.6	2.0	>1.1~1.4	4.0
>0.6~0.8	2.5	>1.4~1.8	5.0
>0.8~1.1	3.0		

6. 齿轮和花键精加工余量（见表 F-35~表 F-45）

表 F-35 精滚齿和精插齿的齿厚加工余量 (单位：mm)

模数	2	3	4	5	6	7	8	9	10	11	12
齿厚加工余量	0.6	0.75	0.9	1.05	1.2	1.35	1.5	1.7	1.9	2.1	2.2

表 F-36 剃齿的齿厚加工余量（剃前滚齿） (单位：mm)

模数	齿轮直径			
	~100	100~200	200~500	500~1000
≤2	0.04~0.08	0.06~0.10	0.08~0.12	0.10~0.15
>2~4	0.06~0.10	0.08~0.12	0.10~0.15	0.12~0.18
>4~6	0.10~0.12	0.10~0.15	0.12~0.18	0.15~0.20
>6	0.10~0.15	0.12~0.18	0.15~0.20	0.18~0.22

表 F-37 磨齿的齿厚加工余量（磨前滚齿） (单位：mm)

模数	齿轮直径				
	≤100	100~200	200~500	500~1000	>1000
≤3	0.15~0.20	0.15~0.25	0.20~0.30	0.20~0.40	0.25~0.45
>3~5	0.18~0.25	0.20~0.30	0.25~0.35	0.25~0.45	0.30~0.50
>5~10	0.25~0.40	0.30~0.50	0.35~0.60	0.40~0.65	0.50~0.80
>10	0.35~0.50	0.40~0.60	0.50~0.70	0.50~0.70	0.60~0.80

表 F-38 直径大于 400mm 渗碳齿轮的磨齿齿厚加工余量 (单位：mm)

模数	齿轮直径					
	≥40~50	>50~75	>75~100	>100~150	>150~200	>200
≥3~5	—	—	—	0.45~0.60	0.50~0.70	0.60~0.80
>5~7	—	—	0.45~0.60	0.50~0.70	0.60~0.80	—
>7~10	—	0.45~0.60	0.50~0.70	0.60~0.80	—	—
>10~12	0.45~0.60	0.50~0.70	0.60~0.80	—	—	—

注：1. 小数值的加工余量适用于小模数齿轮及齿数少的齿轮。

2. 在选择加工余量时，必须考虑各种牌号的钢在热处理时的变形情况。

表 F-39 珩齿加工余量 (单位：mm)

珩齿工艺要求	单面加工余量
珩前齿形经剃齿精加工，珩齿主要用于改善齿面质量	0.005~0.025（中等模数取 0.015~0.020）
磨齿后珩齿以降低齿面表面粗糙度参数值	0.003~0.005

表 F-40 螺旋齿轮及双曲线螺旋齿轮精加工的齿厚加工余量 （单位：mm）

模数	1.25~1.75	2.0~2.75	3.0~4.5	5.0~7.0	8.0~11.0	12.0~19.0	20.0~30.0
齿厚加工余量	0.5	0.6	0.8	1.0	1.2	1.6	2.0

表 F-41 锥齿轮精加工的齿厚加工余量 （单位：mm）

模数	3	4	5	6	7	8	9	10	11	12
齿厚加工余量	0.5	0.57	0.65	0.72	0.8	0.87	0.93	1.0	1.07	1.5

表 F-42 蜗轮精加工的齿厚加工余量 （单位：mm）

模数	3	4	5	6	7	8	9	10	11	12
齿厚加工余量	1	1.2	1.4	1.6	1.8	2.0	2.2	2.4	2.6	3.0

表 F-43 蜗杆精加工的齿厚加工余量 （单位：mm）

模数	齿厚加工余量		模数	齿厚加工余量	
	粗铣后精车	淬火后磨削		粗铣后精车	淬火后磨削
≤2	0.7~0.8	0.2~0.3	>5~7	1.4~1.6	0.5~0.6
>2~3	1.0~1.2	0.3~0.4	>7~10	1.6~1.8	0.6~0.7
>3~5	1.2~1.4	0.4~0.5	>10~12	1.8~2.0	0.7~0.8

表 F-44 精铣花键的加工余量 （单位：mm）

花键轴的公称尺寸	花键长度			
	≤100	>100~200	>200~350	>350~500
	花键厚度及直径的加工余量			
≥10~18	0.4~0.6	0.5~0.7	—	—
>18~30	0.5~0.7	0.6~0.8	0.7~0.9	—
>30~50	0.6~0.8	0.7~0.9	0.8~1.0	—
>50	0.7~0.9	0.8~1.0	0.9~1.2	1.2~1.5

表 F-45 磨花键的加工余量 （单位：mm）

花键轴的公称尺寸	花键长度			
	≤100	>100~200	>200~350	>350~500
	花键厚度及直径的加工余量			
≥10~18	0.1~0.2	0.2~0.3	—	—
>18~30	0.1~0.2	0.2~0.3	0.2~0.4	—
>30~50	0.2~0.3	0.2~0.4	0.3~0.5	—
>50	0.2~0.4	0.3~0.5	0.3~0.5	0.4~0.6

7. 有色金属及其合金零件加工余量（见表 F-46~表 F-50）

表 F-46 有色金属及其合金零件加工余量 （单位：mm）

（1）孔加工

加工方法	直径加工余量（按孔的公称尺寸取）		
	≤18	>18~50	>50~80
钻后镗或扩	0.8	1.0	1.1
镗或扩后铰或预磨	0.2	0.25	0.3
预磨后半精镗、铰后拉或半精铰	0.12	0.14	0.18
拉或铰后精铰或精镗	0.10	0.12	0.14
精铰或精镗后珩磨	0.008	0.012	0.015
精铰或精镗后研磨	0.006	0.007	0.008

（续）

（2）外回转表面加工

加工方法	直径加工余量(按轴的公称尺寸取)		
	≤18	>18~50	>50~80
铸造后粗车或一次车：			
砂型(地面造型)	1.7	1.8	2.0
离心浇注	1.3	1.4	1.6
金属型或薄壳体模	0.8	0.9	1.0
熔模造型	0.5	0.6	0.7
压力浇注	0.3	0.4	0.5
粗车或一次车后半精车或预磨	0.2	0.3	0.4
预磨后半精磨或一次车后磨	0.1	0.15	0.2

（3）端面加工

加工方法	端面加工余量(按加工表面的直径取)			
	≤18	>18~50	>50~80	>80~120
铸造后粗车或一次车：				
砂型(地面造型)	0.80	0.90	1.00	1.10
离心浇注	0.65	0.70	0.75	0.80
金属型或薄壳体模	0.40	0.45	0.50	0.55
熔模造型	0.25	0.30	0.35	0.40
压力浇注	0.15	0.20	0.25	0.35
粗车后半精车	0.12	0.15	0.20	0.25
半精车后磨	0.05	0.06	0.08	0.08

表 F-47　有色金属及其合金圆筒形零件加工余量　（单位：mm）

（1）铸造孔加工

加工方法	直径加工余量(按孔的公称尺寸取)					
	≤30	>30~50	>50~80	>80~120	>120~180	>180~260
铸造后粗镗或扩						
砂型(地面造型)	2.70	2.80	3.00	3.00	3.20	3.20
离心浇注	2.40	2.50	2.70	2.70	3.00	3.00
金属型或薄壳体模	1.30	1.40	1.50	1.50	1.60	1.60
粗镗后半精镗或拉	0.25	0.30	0.40	0.40	0.50	0.50
半精镗后拉、精镗、铰或预磨	0.10	0.15	0.20	0.20	0.25	0.25
预磨后半精磨	0.10	0.12	0.15	0.15	0.20	0.20
铰孔后精铰	0.05	0.08	0.08	0.10	0.10	0.15
精铰后研磨	0.008	0.01	0.015	0.02	0.025	0.03

（2）外回转表面加工

加工方法	直径加工余量(按轴的公称尺寸取)				
	≤50	>50~80	>80~120	>120~180	>180~260
铸造后粗车：					
砂型(地面造型)	2.00	2.10	2.20	2.40	2.60
离心浇注	1.60	1.70	1.80	2.00	2.20
金属型或薄壳体模	0.90	1.00	1.10	1.20	1.30
粗车后半精车或预磨	0.40	0.50	0.60	0.70	0.80
半精车后预磨或半精车后精车	0.15	0.20	0.25	0.25	0.30
粗磨后半精磨	0.10	0.15	0.15	0.20	0.20
半精车后珩磨或精磨	0.01	0.015	0.02	0.025	0.03
精车后研磨、超精研或抛光	0.006	0.008	0.010	0.012	0.015

（续）

（3）端面加工					
加工方法	端面加工余量（按加工表面的直径取）				
	≤50	>50～80	>80～120	>120～180	>180～260
铸造后粗车或一次车：					
砂型（地面造型）	0.80	0.90	1.10	1.30	1.50
离心浇注	0.60	0.70	0.80	0.90	1.20
金属型或薄壳体模	0.40	0.45	0.50	0.60	0.70
粗车后半精车	0.10	0.13	0.15	0.15	0.15
粗车后磨	0.08	0.08	0.08	0.11	0.11

表 F-48　有色金属及其合金圆盘形零件加工余量　（单位：mm）

（1）外回转表面加工					
加工方法	直径加工余量（按轴的公称尺寸取）				
	120～180	>180～260	>260～360	>360～500	>500～630
铸造后粗车：					
砂型（地面造型）	2.70	2.80	3.20	3.60	4.00
金属型或薄壳体模	1.30	1.40	1.60	1.80	2.00
粗车后半精车或预磨	0.30	0.30	0.35	0.35	0.40
半精车或一次车后磨削	0.20	0.20	0.25	0.25	0.30
半精车后精车	0.05	0.08	0.08	0.10	0.15
半精磨后精磨	0.02	0.025	0.03	0.035	0.04
（2）端面加工					
加工方法	端面加工余量（按加工表面直径取）				
	120～180	>180～260	>260～360	>360～500	>500～630
铸造后粗车或半精车：					
砂型（地面造型）	1.10	1.30	1.50	1.80	2.10
金属型或薄壳体模	0.60	0.70	0.80	0.90	1.10
粗车后半精车	0.15	0.15	0.17	0.17	0.20
半精车后磨	0.11	0.11	0.13	0.13	0.15

（3）凸台或凸起面加工				
加工方法	单面加工余量（按加工表面最大尺寸取）			
	≤30	>30～50	>50～80	>80～120
铸造后锪端面、半精铣、刨或车：				
砂型（地面造型）	0.60	0.65	0.70	0.75
金属型或薄壳体模	0.30	0.35	0.40	0.45
粗铣、刨或车后半精刨或半精车	0.08	0.10	0.13	0.17

表 F-49　有色金属及其合金零件平面加工余量　（单位：mm）

加工方法	单面加工余量（按加工表面最大尺寸取）												
	≤50	>50～80	>80～120	>120～180	>180～260	>260～360	>360～500	>500～630	>630～800	>800～1000	>1000～1250	>1250～1600	>1600～2000
铸造后粗铣或一次铣或刨：													
砂型（地面造型）	0.80	0.90	1.00	1.20	1.40	1.70	2.10	2.50	3.00	3.60	4.20	5.00	6.00
金属型或薄壳体模	0.50	0.60	0.70	0.90	1.10	1.40	1.80	2.20	2.60	3.00	3.50	4.00	4.50
熔模造型	0.40	0.50	0.60	0.80	1.00	1.30	1.70	2.10	2.50	—	—	—	—
压力浇注	0.30	0.40	0.50	0.70	0.90	1.10	1.30	1.70	—	—	—	—	—
粗加工后半精刨或铣	0.08	0.09	0.11	0.14	0.18	0.23	0.30	0.37	0.45	0.55	0.65	0.80	1.00
半精加工后磨	0.05	0.06	0.07	0.09	0.12	0.15	0.20	0.25	0.30	0.40	0.50	0.60	0.80

表 F-50　有色金属及其合金壳体类零件加工余量　（单位：mm）

（1）平面加工

加工方法	单面加工余量（按加工表面最大尺寸取）											
	≤50	>50~120	>120~180	>180~260	>260~360	>360~500	>500~630	>630~800	>800~1000	>1000~1250	>1250~1600	>1600~2000
铸造后粗（或一次）铣或刨：												
砂型（地面造型）	0.65	0.75	0.80	0.85	0.95	1.10	1.25	1.40	1.60	1.80	2.10	2.50
金属型或薄壳体模	0.35	0.45	0.50	0.55	0.65	0.85	0.95	1.10	1.30	1.50	—	—
熔模造型	0.25	0.32	0.38	0.46	0.56	0.70	0.83	1.00	—	—	—	—
铸造后粗（或一次）铣或刨：												
压力浇注	0.15	0.25	0.30	0.35	0.45	0.60	0.75	—	—	—	—	—
粗刨后半精刨或铣	0.07	0.09	0.11	0.14	0.18	0.23	0.30	0.37	0.45	0.55	0.65	0.80
半精刨或铣后磨	0.04	0.06	0.07	0.09	0.12	0.15	0.20	0.25	0.30	0.38	0.48	0.60

（2）铸造孔加工

加工方法	直径加工余量（按孔的公称尺寸取）	
	≤50	>50~120
铸造后粗镗或扩孔：		
砂型（地面造型）	2.80	3.00
金属型或薄壳体模	1.40	1.50
熔模造型	0.80	0.90
压力浇注	0.40	0.45
粗铣或扩孔后半精镗	0.30	0.40
半精镗后精镗、铰或预磨	0.15	0.20
铰后半精铰或预磨后半精磨	0.12	0.18

（3）端面加工

加工方法	端面加工余量（按加工表面直径取）				
	≤50	>50~80	>80~120	>120~180	>180~260
铸造后粗车或一次车端面：					
砂型（地面造型）	0.65	0.70	0.80	0.90	1.00
金属型或薄壳体模	0.35	0.40	0.45	0.55	0.65
熔模造型	0.25	0.30	0.35	0.45	0.55
压力造型	0.15	0.20	0.25	0.35	0.45
粗车后半精车	0.08	0.10	0.13	0.17	0.23
半精车后磨	0.04	0.05	0.07	0.09	0.12

（4）铸造窗口加工

加工方法	双面加工余量（按加工窗口尺寸取）				
	≤50	>50~80	>80~120	>120~180	>180~260
铸造后预铣或錾削：					
砂型（地面造型）	1.30	1.40	1.50	1.60	1.80
金属型或薄壳体模	0.70	0.80	0.90	1.00	1.20
熔模造型	0.45	0.50	0.55	0.60	0.65
压力浇注	0.25	0.30	0.35	0.40	0.45
预加工后按轮廓半精铣或錾削	0.35	0.40	0.45	0.55	0.65

（续）

（5）座耳和凸起面加工				
加工方法	单面加工余量（按加工表面最大尺寸取）			
	≤18	>18~50	>50~80	>80~120
铸造后锪端面、粗或一次铣、刨或铣：				
砂型（地面造型）	0.60	0.65	0.70	0.75
金属型或薄壳体模	0.30	0.35	0.40	0.45
熔模造型	0.20	0.25	0.30	0.35
压力浇注	0.12	0.15	0.20	0.25
预加工后半精铣、刨或车	0.07	0.10	0.13	0.17

附录 G　切削用量选择

1. 车削加工（见表 G-1～表 G-9）

表 G-1　高速钢车刀常用切削用量

工件材料及其抗拉强度/GPa		进给量 f/(mm/r)	切削速度 v/(m/min)	工件材料及其抗拉强度/GPa	进给量 f/(mm/r)	切削速度 v/(m/min)
碳钢	$R_m \leqslant 0.50$	0.2	30~50	灰铸铁 $R_m = 0.18 \sim 0.28$	0.2	15~30
		0.4	20~40		0.4	10~15
		0.8	15~25		0.8	8~10
	$R_m \leqslant 0.70$	0.2	20~30	铝合金 $R_m = 0.10 \sim 0.30$	0.2	55~130
		0.4	15~25		0.4	35~80
		0.8	10~15		0.8	25~55

表 G-2　硬质合金车刀常用切削速度　（单位：m/min）

工件材料	硬度 HBW	刀具材料		精车（a_p = 0.3~2mm，f = 0.1~0.3mm/r）	刀具材料		半精车（a_p = 2.5~6mm，f = 0.35~0.65mm/r）	粗车（a_p = 6.5~10mm f = 0.7~1mm/r）
碳钢 合金结构钢	150~200 200~250 250~325 325~400	P 类	YT15	120~150 110~130 70~90 60~80	P 类	YT5	90~110 80~100 60~80 40~60	60~75 50~65
易切钢	200~250			140~180		YT15	100~120	70~90
灰铸铁	150~200 200~250	K 类	YG6	90~110 70~90	K 类	YG8	70~90 50~70	45~65 35~55
可锻铸铁	120~150			130~150		YG8	100~120	70~90
铝 铝合金				300~600		YG8	200~240	150~300

注：1. 刀具寿命 T=60min；a_p、f 选大值时，v 选小值，反之 v 选大值。
2. 成形车刀和切断车刀的切削速度可取表中粗加工栏中的数值，进给量 f=0.04~0.15mm/r。

表 G-3　硬质合金车刀精车薄壁工件切削用量

工件材料	刀具材料	切削用量		
		v/(m/min)	f/(mm/r)	a_p/mm
45~Q235A	P 类 YT15	100~130	0.08~0.16	0.05~0.5
铝合金	K 类 YG6X	400~700	0.02~0.03	0.05~0.1

表 G-4　粗车孔的进给量

背吃刀量 a_p /mm	车刀圆截面的直径/mm				
	10	12	16	20	25
	车刀伸出部分的长度/mm				
	50	60	80	100	125
	进给量 f/(mm/r)				
钢和铸钢					
2	<0.8	≤0.10	0.08~0.20	0.15~0.40	0.25~0.70
3		<0.08	≤0.12	0.10~0.25	0.15~0.40
5			≤0.08	≤0.10	0.08~0.20
铸　铁					
2	0.08~0.12	0.12~0.20	0.25~0.40	0.50~0.80	0.90~1.50
3	≤0.08	0.08~0.12	0.15~0.25	0.30~0.50	0.50~0.80
5		≤0.08	0.08~0.12	0.15~0.25	0.25~0.50

表 G-5　切断及车槽的进给量

切　断　刀				车　槽　刀				
切断刀宽度 /mm	刀头长度 /mm	工件材料		车槽刀宽度 /mm	刀头长度 /mm	刀杆截面 /mm×mm	工件材料	
		钢	灰铸铁				钢	灰铸铁
		进给量 f/(mm/r)					进给量 f/(mm/r)	
2	15	0.07~0.09	0.10~0.13	6	16	10×16	0.17~0.22	0.24~0.32
3	20	0.10~0.14	0.15~0.20	10	20		0.10~0.14	0.15~0.21
5	35	0.19~0.25	0.27~0.37	6	20	12×20	0.19~0.25	0.27~0.36
	65	0.10~0.13	0.12~0.16	8	25		0.16~0.21	0.22~0.30
6	45	0.20~0.26	0.28~0.37	12	30		0.14~0.18	0.20~0.26

表 G-6　切断及车槽的切削速度　（单位：m/min）

进给量 f/(mm/r)	高速钢车刀 W18Cr4V		YT5(P 类)	YG6(K 类)
	工　件　材　料			
	碳钢 R_m = 0.735GPa	可锻铸铁 150HBW	碳钢 R_m = 0.735GPa	灰铸铁 190HBW
	加切削液		不加切削液	
0.08	35	59	179	83
0.10	30	53	150	76
0.15	23	44	107	65
0.20	19	38	87	58
0.25	17	34	73	53
0.30	15	30	62	49
0.40	12	26	50	44
0.50	11	24	41	40

表 G-7　粗车外圆和端面时的进给量

加工材料	车刀刀杆尺寸 $B×H$/mm×mm	工件直径 /mm	背吃刀量 a_p/mm		
			3	5	8
			进给量 f/(mm/r)		
碳素结构钢和合金结构钢	16×25	20	0.3~0.4	—	—
		40	0.4~0.5	0.3~0.4	—
		60	0.5~0.7	0.4~0.5	0.3~0.5
		100	0.6~0.9	0.5~0.7	0.5~0.6
		400	0.8~1.2	0.7~1.0	0.6~0.8

（续）

加工材料	车刀刀杆尺寸 $B \times H$/mm×mm	工件直径 /mm	背吃刀量 a_p/mm		
			3	5	8
			进给量 f/(mm/r)		
碳素结构钢和合金结构钢	20×30 25×25	20	0.3~0.4	—	—
		40	0.4~0.5	0.3~0.4	—
		60	0.6~0.7	0.5~0.7	0.4~0.6
		100	0.8~1.0	0.7~0.9	0.5~0.7
		600	1.2~1.4	1.0~1.2	0.8~1.0
铸铁	16×25	40	0.4~0.5	—	—
		60	0.6~0.8	0.5~0.8	0.4~0.6
		100	0.8~1.2	0.7~1.0	0.6~0.8
		400	1.0~1.4	1.0~1.2	0.8~1.0
	20×30 25×25	40	0.4~0.5	—	—
		60	0.6~0.9	0.5~0.8	0.4~0.7
		100	0.9~1.3	0.8~1.2	0.7~1.0
		600	1.2~1.8	1.2~1.6	1.0~1.3

注：1. 加工断续表面及有冲击加工时，表内进给量应乘以系数 0.75~0.85。
2. 加工耐热钢及其合金时，不采用大于 1.0mm/r 的进给量。
3. 在无外皮加工时，表内进给量应乘以系数 1.1。

表 G-8　外圆切削速度

工件材料	热处理	硬度 HBW	硬质合金车刀			高速钢车刀
			a_p=0.3~2mm f=0.08~0.3mm/r	a_p=2~6mm f=0.3~0.6mm/r	a_p=6~10mm f=0.6~1mm/r	
			切削速度/(m/s)			
低碳钢	热轧	143~207	2.33~3.0	1.667~2.0	1.167~1.5	0.417~0.75
中碳钢	热轧	179~255	1.667~2.17	1.5~1.83	1~1.333	0.333~0.5
	调质	200~250	1.667~2.17	1.167~1.5	0.833~1.167	0.25~0.417
合金结构钢	热轧	212~269	1.667~2.17	1.167~1.5	0.833~1.167	0.333~0.5
	调质	200~293	1.333~1.83	0.883~1.167	0.667~1	0.167~0.333
工具钢	退火		1.5~2.0	1~1.333	0.833~1.167	0.333~0.5
不锈钢			1.667~1.333	1~1.167	0.833~1	0.25~0.417
灰铸铁		<190	1.5~2.0	1~1.333	0.833~1.167	0.333~0.5
		190~225	1.333~1.83	0.833~1.167	0.67~1	0.25~0.417
铜及其合金			3.33~4.167	2.0~3.0	1.5~2	0.833~1.167
铝及其合金			5.0~10.0	3.33~6.67	2.5~5	1.667~4.167

注：切削钢及铸铁时，刀具寿命为 60~90min。

表 G-9　半精车和精车外圆与端面时的进给量（硬质合金车刀和高速钢车刀）

表面粗糙度 Ra/μm	加工材料	刀具副偏角 /(°)	切削速度 /(m/s)	刀尖半径/mm		
				0.5	1.0	2.0
				进给量 f/(mm/r)		
12.5	钢和铸铁	5	不限制	—	1.0~1.4	1.3~1.5
		15		—	0.8~0.9	1.0~1.1
		15		—	0.7~0.8	0.9~1.0
6.3	钢和铸铁	5	不限制	—	0.55~0.7	0.7~0.88
		10~15		—	0.45~0.8	0.6~0.7

（续）

表面粗糙度 Ra/μm	加工材料	刀具副偏角/(°)	切削速度/(m/s)	刀尖半径/mm		
				0.5	1.0	2.0
				进给量 f/(mm/r)		
3.2	钢	5	<0.833	0.2～0.3	0.25～0.35	0.3～0.46
			0.833～1.66	0.28～0.35	0.35～0.4	0.4～0.55
			>1.666	0.35～0.4	0.4～0.5	0.5～0.6
		10～15	<0.833	0.18～0.25	0.25～0.3	0.3～0.4
			0.833～1.66	0.25～0.3	0.3～0.35	0.35～0.5
			>1.666	0.3～0.35	0.35～0.4	0.5～0.55
	铸铁	5	不限制	—	0.3～0.5	0.45～0.65
		10～15		—	0.25～0.4	0.4～0.6
1.6	钢	≥5	>0.5～0.833	—	0.11～0.15	0.14～0.22
			>0.833～1.333	—	0.14～0.20	0.17～0.25
			>1.333～1.666	—	0.16～0.25	0.23～0.35
			>1.666～2.166	—	0.2～0.3	0.25～0.39
			>2.166	—	0.25～0.3	0.35～0.39
	铸铁	≥5	不限制	—	0.15～0.25	0.2～0.35
0.8	钢	≥5	>1.666～1.833	—	0.12～0.15	0.14～0.17
			>1.833～2.166	—	0.13～0.18	0.17～0.23
			>2.166	—	0.17～0.20	0.21～0.27

2. 铣削加工（见表 G-10～表 G-23）

表 G-10 高速钢套式面铣刀粗铣平面进给量

机床功率/kW	工件-夹具系统的刚度	整体粗齿及镶齿铣刀	
		每齿进给量 f_z/(mm/z)	
		碳钢、合金钢、耐热钢	铸铁、铜合金
>10	上等	0.2～0.3	0.4～0.6
	中等	0.15～0.25	0.3～0.5
	下等	0.1～0.15	0.2～0.3
5～10	上等	0.12～0.2	0.3～0.5
	中等	0.08～0.15	0.2～0.4
	下等	0.06～0.1	0.15～0.25
≤5	中等	0.04～0.06	0.15～0.3
	下等	0.04～0.06	0.1～0.2

注：背吃刀量小和加工宽度小时，用大进给量；反之，用小进给量。

表 G-11 高速钢（W18Cr4V）套式面铣刀铣削速度 （单位：m/min）

结构碳钢 R_m=0.735GPa 加切削液							灰铸铁 195HBW			
T/min	d/z	切削宽度/mm	f_z/(mm/z)	背吃刀量/mm			f_z/(mm/z)	背吃刀量/mm		
				3	5	8		3	5	8
1. 镶齿铣刀										
180	80/10	48	0.03	54.6	51.9	49.3	0.05	70.2	66.6	
			0.05	48.4	45.8	44	0.08	57.6	54.9	
			0.08	44.9	42.7	40.5	0.12	49	46.8	
			0.12	40.5	38.3	36.5	0.2	40	38.3	

（续）

结构碳钢 R_m=0.735GPa 加切削液							灰铸铁 195HBW			
T/min	d/z	切削宽度/mm	f_z/(mm/z)	背吃刀量/mm			f_z/(mm/z)	背吃刀量/mm		
				3	5	8		3	5	8
1. 镶齿铣刀										
180	125/14	75	0.03	55.4	52.8	51	0.05	71.1	67.5	64.8
			0.05	50.0	47.5	45.3	0.08	58.5	55.8	54
			0.08	46.6	44	42	0.12	50.4	47.7	45.9
			0.12	40.5	38.7	37	0.2	41	38.7	36.9
			0.2	33.4	31.2	30.4	0.3	34.6	32.9	
180	160/16	96	0.05	49	46.6	44.9	0.05	72	68.4	65.3
			0.08	45.8	43.1	41.8	0.08	59.4	56.3	53.6
			0.12	40.9	39.6	37.4	0.12	50.4	48.2	45.9
			0.2	33.4	31.7	30.4	0.2	41.4	39.2	37.4
			0.3	28.6	26.8		0.3	35.1	33.3	31.5
240	200/20	120	0.03	47.5	45.8	43.6	0.08	56.7	54	51.8
			0.08	44	42.2	40	0.12	48.6	45.9	44.1
			0.12	39.2	37.8	36	0.2	39.6	37.4	35.6
			0.2	32.1	30.4	29	0.3	33.8	32	30.6
			0.3	27.3	26		0.4	29.7	28.4	27
2. 整体铣刀										
120	40/12	24	0.03	54.6	51.9		0.03	83.7	80	
			0.05	49	46.6		0.05	68.4	65.3	
			0.08	44.9	42.7		0.08	56.7	53.6	
180	68/10	38	0.03	52.8	50.2	48.4	0.05	68.4	65.3	62.1
			0.05	47.5	44.9	44	0.08	56.7	54	51.3
			0.08	44	41.8	40	0.12	48.6	45.9	43.7
			0.12	38.7	37	35.6	0.2	39.2	37.3	35.6
180	80/18	48	0.03	51.5	48.8		0.05	65.7	63	
			0.05	46.2	44.4		0.08	54.9	52.2	
			0.08	42.7	40.5		0.1	50.4	47.7	
			0.12	36	34		0.15	42.8	40.5	

注：d——铣刀直径（mm）；z——铣刀齿数；T——铣刀寿命；f_z——每齿进给量。

表 G-12 高速钢套式面铣刀精铣平面进给量

表面粗糙度 Ra/μm	加工材料(钢)			
	45(轧制)、40Cr(轧制、正火)	35	45(调质)	10、20、20Cr
	每转进给量 f/(mm/r)			
10	1.2~2.7	1.4~3.1	2.6~5.6	1.8~3.9
5	0.5~1.2	0.5~1.4	1.0~2.6	0.7~1.8
2.5	0.24~0.5	0.3~0.5	0.4~1.0	0.3~1.7

表 G-13　硬质合金圆柱铣刀铣削进给量

机床-夹具-工具-工件系统的刚度	钢	铸铁
	每齿进给量 f_z/(mm/z)	
上等	0.2～0.3	0.2～0.35
中等	0.15	0.08～0.12

表 G-14　硬质合金（YT15）圆柱铣刀的铣削速度　（单位：m/min）

结构碳钢、铬钢、镍铬钢 R_m=0.735GPa							灰铸铁 195HBW			
T/min	d/z	切削宽度/mm	f_z/(mm/z)	背吃刀量/mm			f_z/(mm/z)	背吃刀量/mm		
				2	3	5		2	3	5
180	62/8	40	0.15	213	173	142	0.1	166	156	128
			0.2	196	159	131	0.2	146	137	111
180	80/8	40	0.15	222	178	149	0.1	183	172	140
			0.2	204	166	137	0.2	161	151	122
							0.3	137	123	100

表 G-15　高速钢立铣刀铣平面的铣削速度　（单位：m/min）

结构碳钢、铬钢、镍铬钢 R_m=0.735GPa 加切削液							灰铸铁 195HBW			
T/min	d/z	切削宽度/mm	f_z/(mm/z)	背吃刀量/mm			f_z/(mm/z)	背吃刀量/mm		
				3	5	8		3	5	8
60	20/5	40	0.03	91	71		0.05	42	33	
			0.04	79	61		0.08	39	30	
			0.06	65	50		0.12	35	27	
			0.08	56			0.18	33		
90	32/6	40	0.06	68	53		0.08	46	35	
			0.08	59	46		0.12	42	33	
			0.1	53	41		0.18	39	30	
			0.12	48			0.25	36		
120	50/6	40	0.06		59	46	0.08		45	35
			0.08	66	51	40	0.12	54	42	33
			0.1	59	46	36	0.18	49	38	30
			0.12	53	42	31	0.25	47	36	
			0.15	48			0.4	42		
			0.2	42						

表 G-16　高速钢立铣刀铣槽进给量

工件材料	铣　刀		槽深/mm			
	直径/mm	齿数	5	10	15	20
			每齿进给量 f_z/(mm/z)			
钢	8	5	0.01～0.02	0.008～0.015		
	10	5	0.015～0.025	0.012～0.02	0.01～0.015	
	16	3	0.035～0.05	0.03～0.04	0.02～0.03	
		5	0.02～0.04	0.015～0.025	0.012～0.02	
	20	3		0.05～0.08	0.04～0.06	0.025～0.05
		5		0.04～0.06	0.03～0.05	0.02～0.04
铸铁、铜合金	8	5	0.015～0.025	0.012～0.02		
	10	5	0.03～0.05	0.015～0.03	0.012～0.02	
	16	3	0.07～0.1	0.05～0.08	0.04～0.07	
		5	0.05～0.08	0.04～0.07	0.025～0.05	
	20	3	0.08～0.12	0.07～0.12	0.06～0.1	0.04～0.07
		5	0.06～0.12	0.06～0.1	0.05～0.08	0.035～0.05

表 G-17　高速钢立铣刀铣槽的铣削速度　　　　（单位：m/min）

结构碳钢 $R_m = 0.735\mathrm{GPa}$ 加切削液								灰铸铁 195HBW				
T/min	d/z	槽宽/mm	f_z/(mm/z)	槽深/mm				f_z/(mm/z)	槽深/mm			
				5	10	15	20		5	10	15	20
45	8/5	8	0.006		111			0.01	38	30		
			0.008	97	90			0.02	33	26		
			0.01	87	81			0.03	30	25		
			0.02	61	57							
45	10/5	10	0.008		90	85		0.01		32	28	
			0.01	86	80	76		0.02	35	28	25	
			0.02	61	56	54		0.03	31	26		
			0.03	49				0.05	29			
60	16/5	16	0.01	76	71	68		0.02		28	25	
			0.02	53	50	48		0.03	32	26	23	
			0.03	44	41			0.05	29	23	21	
			0.04	38				0.08	26	21	19	
60	20/5	20	0.02			47		0.03	33	27	24	22
			0.03		40	39	46	0.05	30	25	21	20
			0.03		35	34	38	0.08	27	22	20	
			0.06		28	27	32	0.12	25	21	18	

注：表内切削用量能得到的表面粗糙度 Ra 为 5μm。

表 G-18　高速钢立铣刀铣平面的铣削用量

工件材料	铣　刀		背吃刀量/mm		
	直径/mm	齿数	≤3	≤5	≤8
			每齿进给量 f_z/(mm/z)		
钢	16	3	0.05~0.07		
		5	0.03~0.06		
	20	3	0.06~0.09	0.05~0.08	
		5	0.04~0.08	0.03~0.06	
	25	3	0.08~0.12	0.07~0.1	
		5	0.05~0.1	0.04~0.08	
	32	4	0.1~0.14	0.08~0.12	
		6	0.06~0.12	0.05~0.1	
	40	4	0.12~0.16	0.1~0.14	0.08~0.12
		6	0.08~0.15	0.07~0.12	0.05~0.08
	50	4	0.15~0.2	0.12~0.16	0.1~0.14
		6	0.12~0.18	0.08~0.12	0.06~0.1
铸铁、铜合金	16	3	0.1~0.14		
		5	0.06~0.12		
	20	3	0.12~0.2	0.1~0.13	
		5	0.08~0.15	0.06~0.1	
	25	3	0.12~0.2	0.1~0.15	
		5	0.1~0.16	0.08~0.12	
	32	4	0.2~0.3	0.14~0.2	
		6	0.12~0.22	0.1~0.15	
	40	4	0.24~0.3	0.16~0.24	0.1~0.15
		6	0.16~0.25	0.12~0.18	0.08~0.12
	50	4	0.24~0.4	0.18~0.3	0.12~0.2
		6	0.16~0.3	0.12~0.2	0.08~0.15

表 G-19　高速钢切断铣刀切断速度　（单位：m/min）

T/min	d/z	切削宽度/mm	结构碳钢 R_m=0.735GPa 加切削液					灰铸铁 195HBW				
			f_z/(mm/z)	背吃刀量/mm				f_z/(mm/z)	背吃刀量/mm			
				6	10	15	20		6	10	15	20
90	60/36	1	0.01	60	52					52	58	46
			0.015	57	48					48	50	39
			0.02	53	46					44	44	35
120	110/50	2	0.015	40	35	31	28	0.015	44	34	29	24
			0.02	39	33	29	27	0.02	40	31	25	22
			0.03	35	31	27	25	0.03	34	26	22	18
								0.04	30	23	19	17
	110/40	3	0.015	49	43	38	35	0.02	37	29	23	20
			0.02	47	41	36	33	0.03	32	24	20	18
			0.03	44	37	33	30	0.04	29	22	18	16
180	150/50	4	0.015			34	31	0.015			25	21
			0.02			33	30	0.02			22	19
			0.03			30	27	0.03			19	16
								0.04			17	14

注：加工可锻铸铁（150HBW）按结构碳钢 R_m=0.735GPa 的选取值乘以系数 1.39。

加工铜合金（150~200HBW）按结构碳钢 R_m=0.735GPa 的选取值乘以系数 1.47。

表 G-20　高速钢切断铣刀切断进给量

工件材料	铣刀直径/mm	切削宽度/mm	背吃刀量/mm		
			≤6	6~10	10~15
			每齿进给量 f_z/(mm/z)		
钢	60	1	0.015~0.02	0.01~0.02	
		2	0.015~0.025	0.01~0.02	
	75	1	0.015~0.02	0.01~0.02	
		2	0.015~0.025	0.01~0.02	0.01~0.02
		3	0.02~0.03	0.015~0.025	0.01~0.02
铸铁、铜合金	60	1	0.02~0.03	0.01~0.02	
		2	0.02~0.03	0.015~0.025	
	75	1	0.02~0.03	0.01~0.02	0.015~0.025
		2	0.02~0.03	0.015~0.025	0.015~0.025
		3	0.03~0.04	0.015~0.03	

表 G-21　高速钢键槽铣刀铣槽的切削用量

铣刀直径/mm	在摆动进给的键槽铣床上铣削						一次行程铣槽	
	每一行程的背吃刀量/mm						每分钟进给量	
	0.1		0.2		0.3		f_m/(mm/min)	
	v/(m/min)	f_m/(mm/min)	v/(m/min)	f_m/(mm/min)	v/(m/min)	f_m/(mm/min)	垂直	纵向
6	28	580	22	475	20	410	14	47
8	30	510	24	420	21	370	11	40
12	31	490	25	395	22	350	10	31
16	33	450	26	360	23	315	9	26
20	34	420	27	340	24	300	8	24
24	35	380	28	305	25	270	7	21

注：表内切削用量适用于加工 R_m=0.735GPa 的结构碳钢。

表 G-22 硬质合金三面刃圆盘铣刀铣槽进给量

钢 R_m/GPa	背吃刀量/mm	机床动力(铣头)/kW			
		5~10		>10	
		工件-夹具系统刚度			
		上等	中等	上等	中等
		每齿进给量 f_z/(mm/z)			
≤0.882	≤30	0.1~0.12	0.08~0.1	0.12~0.15	0.1~0.12
	>30	0.08~0.1	0.06~0.08	0.1~0.12	0.08~0.1
>0.882	≤30	0.06~0.08	0.05~0.06	0.08~0.1	0.06~0.08
	>30	0.05~0.06	0.04~0.05	0.06~0.08	0.05~0.06

表 G-23 硬质合金三面刃圆盘铣刀铣槽切削速度 （单位：m/min）

结构碳钢、铬钢、镍铬钢 R_m=0.735GPa							
T/min	d/z	槽宽/mm	f_z/(mm/z)	槽深/mm			
				12	20	30	50
240	200/12	20	0.03	382	327	291	250
			0.06	318	273	241	204
			0.09	268	232	204	175
			0.12	241	200	182	156
			0.15	223	191	170	145

3. 钻、扩、镗、铰加工（见表 G-24~表 G-39）

表 G-24 在组合机床上用高速钢刀具钻孔切削用量

加工孔径/mm			1~6	6~12	12~22	22~50
铸铁件	160~200HBW	v/(m/min)	16~24			
		f/(mm/r)	0.07~0.12	0.12~0.20	0.20~0.40	0.40~0.80
	200~241HBW	v/(m/min)	10~18			
		f/(mm/r)	0.05~0.10	0.10~0.18	0.18~0.25	0.25~0.40
	300~400HBW	v/(m/min)	5~12			
		f/(mm/r)	0.03~0.08	0.08~0.15	0.15~0.20	0.20~0.30
钢件	R_m=0.52~0.70GPa (35、45 钢)	v/(m/min)	18~25			
		f/(mm/r)	0.05~0.10	0.10~0.20	0.20~0.30	0.30~0.60
	R_m=0.70~0.90GPa (15Cr、20Cr)	v/(m/min)	12~20			
		f/(mm/r)	0.05~0.10	0.10~0.20	0.20~0.30	0.30~0.45
	R_m=1.00~1.10GPa (合金钢)	v/(m/min)	8~15			
		f/(mm/r)	0.03~0.08	0.08~0.15	0.15~0.25	0.25~0.35

注：1. 钻孔深度与钻孔直径之比大时，取小值。

2. 采用硬质合金钻头加工铸铁件，v 一般为 20~30m/min。

表 G-25 高速钢钻头钻孔进给量

钻头直径 d_0 /mm	钢 R_m/MPa		铸铁、铜及铝合金 硬度 HDW		
	<800	800~1000	>100	≤200	>200
	进给量 f/(mm/r)				
≤2	0.05~0.06	0.04~0.05	0.03~0.04	0.09~0.11	0.05~0.07
>2~4	0.08~0.10	0.06~0.08	0.04~0.06	0.18~0.22	0.11~0.13
>4~6	0.14~0.18	0.10~0.12	0.08~0.10	0.27~0.33	0.18~0.22

（续）

钻头直径 d_0 /mm	钢 R_m/MPa		铸铁、铜及铝合金 硬度 HBW		
	<800	800~1000	>100	≤200	>200
	进给量 f/(mm/r)				
>6~8	0.18~0.22	0.13~0.15	0.11~0.13	0.36~0.44	0.22~0.26
>8~10	0.22~0.28	0.17~0.21	0.13~0.17	0.47~0.57	0.28~0.34
>10~13	0.25~0.31	0.19~0.23	0.15~0.19	0.52~0.64	0.31~0.39
>13~16	0.31~0.37	0.22~0.28	0.18~0.22	0.61~0.75	0.37~0.45
>16~20	0.35~0.43	0.26~0.32	0.21~0.25	0.70~0.86	0.43~0.53
>20~25	0.39~0.47	0.29~0.35	0.23~0.29	0.78~0.96	0.47~0.57
>25~30	0.45~0.55	0.32~0.40	0.27~0.33	0.9~1.1	0.54~0.66
>30~60	0.60~0.70	0.40~0.50	0.30~0.40	1.0~1.2	0.70~0.80

注：1. 表中所列数据适用于在大刚性零件上钻孔，公差等级在 IT13 以下（或自由公差），钻孔后还用钻头、扩孔钻或镗刀加工。在下列条件下需乘以安全系数：

1）在中等刚性零件上钻孔（箱体形状的薄壁零件、零件上薄的突出部分）时，乘以安全系数 0.75。

2）钻孔后要用铰刀加工的精确孔、低刚性零件上钻孔、斜面上钻孔、钻孔后用丝锥攻螺纹的孔，乘以安全系数 0.50。

2. 钻孔深度大于 3 倍直径 d_0 时应乘以修正系数：

孔深	$3d_0$	$5d_0$	$7d_0$	$10d_0$
修正系数 k_{lf}	1.0	0.9	0.8	0.75

3. 为避免钻头损坏，当孔刚要被钻穿时应停止进给而改用手动进给。

表 G-26 硬质合金钻头钻孔进给量

钻头直径 d_0 /mm	未淬硬的碳钢及合金钢 R_m = 550~850MPa	淬硬钢 硬度 HRC				铸铁 硬度 HBW	
		<40	40	55	64	≤170	>170
		进给量 f/(mm/r)					
≤10	0.12~0.16	0.04~0.06	0.03	0.025	0.02	0.25~0.45	0.20~0.35
>10~12	0.14~0.20					0.30~0.50	0.20~0.35
>12~16	0.16~0.22					0.35~0.60	0.25~0.40
>16~20	0.20~0.26					0.40~0.70	0.25~0.40
>20~23	0.22~0.28					0.45~0.80	0.30~0.45
>23~26	0.24~0.32					0.50~0.85	0.35~0.50
>26~29	0.26~0.35					0.50~0.90	0.40~0.60

注：1. 在大刚性零件上钻孔，公差等级在 IT13 以下（或自由公差），钻孔后还用钻头、扩孔钻继续加工的进给量取大值。在中等刚性零件上钻孔，钻孔后还要用铰刀加工的精确孔，钻孔后用丝锥攻螺纹的孔，进给量取小值。

2. 钻孔深度大于 3 倍直径 d_0 时应乘以修正系数：

孔深	$3d_0$	$5d_0$	$7d_0$	$10d_0$
修正系数 k_{lf}	1.0	0.9	0.8	0.75

3. 为避免钻头损坏，当孔刚要被钻穿时应停止进给而改用手动进给。

4. 钻削钢料时使用切削液，钻削铸铁时不使用切削液。

表 G-27 硬质合金扩孔钻扩孔进给量

扩孔钻直径/mm	钢		铸 铁			
			≤200HBW		>200HBW	
	进给量组别					
	Ⅰ	Ⅱ	Ⅰ	Ⅱ	Ⅰ	Ⅱ
	进给量 f/(mm/r)					
20	0.6~0.7	0.45~0.5	0.9~1.1	0.6~0.7	0.6~0.75	0.5~0.55
25	0.7~0.9	0.5~0.6	1.0~1.2	0.75~0.8	0.7~0.8	0.55~0.6
30	0.8~1.0	0.6~0.7	1.1~1.3	0.8~0.9	0.8~0.9	0.6~0.7
35	0.9~1.1	0.65~0.7	1.2~1.5	0.9~1.0	0.9~1.0	0.65~0.75

（续）

扩孔钻直径/mm	钢		铸铁			
			≤200HBW		>200HBW	
	进给量组别					
	Ⅰ	Ⅱ	Ⅰ	Ⅱ	Ⅰ	Ⅱ
	进给量 f/(mm/r)					
40	0.9~1.2	0.7~0.75	1.4~1.7	1.0~1.1	1.0~1.2	0.7~0.8
50	1.0~1.3	0.8~0.9	1.6~2.0	1.1~1.3	1.2~1.4	0.85~1.0
60	1.1~1.3	0.85~0.9	1.8~2.2	1.2~1.4	1.3~1.5	0.9~1.1
≥80	1.2~1.5	0.9~1.1	2.0~2.4	1.4~1.6	1.4~1.7	1.0~1.2

注：进给量选用

［Ⅰ组］1）扩无公差或12级公差的孔。

2）扩以后尚需用几个刀具来加工的孔。

3）攻螺纹前扩孔。

［Ⅱ组］1）扩有提高表面粗糙度要求的孔。

2）扩背吃刀量小的9~11级公差的孔。

3）扩以后尚需用一个刀具（铰刀、扩孔钻、镗刀）来加工的孔。

表内进给量用于加工通孔；当扩不通孔时，特别是需要同时加工孔底时，进给量应取0.3~0.6mm/r。

表G-28　硬质合金扩孔钻扩孔切削速度　（单位：m/min）

碳钢及合金钢 R_m=0.735GPa,YT15,加切削液						灰铸铁195HBW,YG8,不加切削液					
扩孔钻直径/mm		25	40	60	80	扩孔钻直径/mm		25	40	60	80
背吃刀量/mm		1.5	2	3	4	背吃刀量/mm		1.5	2	3	4
进给量 f/(mm/r)	0.4	60.4				进给量 f/(mm/r)	0.4	119.5			
	0.5	56.5	66.8	67.8	69.4		0.5	108.1	114.3		
	0.6	53.4	63.3	64.2	65.7		0.6	99.6	105.3	92.1	
	0.7	51	60.5	61.3	62.7		0.7	92.9	98.2	85.9	79.7
	0.8	49	58	59	60.3		0.8	87.5	92.5	80.9	75.1
	0.9	47.3	56	56.9	58.3		0.9	83.0	87.7	76.8	71.2
	1.0		54.3	55	56.4		1.0	79.1	83.7	73.2	67.9
	1.2		51.4	52.2	53.4		1.2	72.9	77.1	67.4	62.6

表G-29　高速钢扩孔钻在灰铸铁（190HBW）上扩孔切削速度　（单位：m/min）

进给量 f/(mm/r)	d_0=15mm 整体 a_p=1mm	d_0=20mm 整体 a_p=1mm	d_0=25mm 整体 a_p=1.5mm	d_0=25mm 套式 a_p=1.5mm
0.3	33.1	35.1	—	—
0.4	29.5	31.3	29.4	26.4
0.5	27.0	28.6	26.9	24.1
0.6	25.1	26.6	25.0	22.4
0.8	22.4	23.7	22.3	20.0
1.0	20.5	21.7	20.4	18.3
1.2	19.0	20.1	19.0	17.0
1.4	—	18.9	17.8	16.0
1.6	—	17.9	16.9	15.1
1.8	—	—	16.1	14.4

（续）

进给量 f/(mm/r)	d_0=30mm 整体 a_p=1.5mm	d_0=30mm 套式 a_p=1.5mm	d_0=35mm 整体 a_p=1.5mm	d_0=35mm 套式 a_p=1.5mm	d_0=40mm 整体 a_p=2mm
0.5	28.0	23.7	—	—	25.6
0.6	26.0	23.2	25.7	23.0	22.8
0.8	23.0	20.7	22.9	20.5	20.9
1.0	21.2	19.0	20.9	18.7	19.4
1.2	19.7	17.6	19.5	17.4	18.3
1.4	18.5	16.6	18.3	16.4	17.3
1.6	17.5	15.7	17.3	15.5	16.5
1.8	16.7	15.0	16.5	14.8	15.8
2.0	16.0	14.4	15.9	14.2	14.7
2.4	—	—	14.7	12.4	13.8
2.8	—	—	—	—	—

注：使用条件改变时的修正系数参见相关手册。

表 G-30 高速钢及硬质合金铰刀铰孔进给量 （单位：mm/r）

铰刀直径/mm	高速钢铰刀				硬质合金铰刀			
	钢		铸铁		钢		铸铁	
	R_m≤900MPa	R_m>900MPa	≤170HBW 铸铁、铜及铝合金	>170HBW	未淬硬钢	淬硬钢	≤170HBW	>170HBW
≤5	0.2~0.5	0.15~0.35	0.6~1.2	0.4~0.8	—	—	—	—
>5~10	0.4~0.9	0.35~0.7	1.0~2.0	0.65~1.3	0.35~0.5	0.25~0.35	0.9~1.4	0.7~1.1
>10~20	0.65~1.4	0.55~1.2	1.5~3.0	1.0~2.0	0.4~0.6	0.30~0.40	1.0~1.5	0.8~1.2
>20~30	0.8~1.8	0.65~1.5	2.0~4.0	1.3~2.6	0.5~0.7	0.35~0.45	1.2~1.8	0.9~1.4
>30~40	0.95~2.1	0.8~1.8	2.5~5.0	1.6~3.2	0.6~0.8	0.40~0.50	1.3~2.0	1.0~1.5
>40~60	1.3~2.8	1.0~2.3	3.2~6.4	2.1~4.2	0.7~0.9	—	1.6~2.4	1.25~1.8
>60~80	1.5~3.2	1.2~2.6	3.75~7.5	2.6~5.0	0.9~1.2	—	2.0~3.0	1.5~2.2

注：1. 表内进给量用于加工通孔，加工不通孔时进给量应取为 0.2~0.5mm/r。
2. 最大进给量用于钻或扩孔之后，精铰之前的粗铰孔。
3. 中等进给量用于：①粗铰之后精铰 IT7 级公差等级的孔；②精镗之后精铰 IT7 级公差等级的孔；③对于硬质合金铰刀，用于精铰 IT8~IT9 级公差等级的孔。
4. 最小进给量用于：①抛光或珩磨之前的精铰孔；②用一把铰刀铰 IT8~IT9 级公差等级的孔；③对于硬质合金铰刀，用于精铰 IT7 级公差等级的孔。

表 G-31 高速钢铰刀铰削碳钢、合金钢及铝合金切削速度 （单位：m/min）

精铰		
公差等级	加工表面粗糙度 Ra	切削速度
7~8	2.5~1.25μm	2~3
	5~2.5μm	4~5

粗铰										
d/mm		10	15	20	25	30	40	50	60	80
a_p/mm		0.075	0.1	0.125	0.125	0.125	0.15	0.15	0.2	0.25
f/(mm/r)	0.8	14.0	11.4	11.9	10.7	11.4	10.6	10.0	9.4	8.6
	1.0	12.1	9.8	10.2	9.3	9.9	9.2	8.7	8.1	7.5
	1.2	10.8	8.7	9.1	8.3	8.7	8.0	7.7	7.2	6.6
	1.4		8.1	8.2	7.5	7.8	7.4	7.0	6.5	6.0
	1.6		7.2	7.6	6.9	7.2	6.6	6.4	6.0	5.5
	1.8		6.8	7.0	6.3	6.7	6.3	5.9	5.5	5.1
	2.0		8.2	6.5	5.9	6.2	5.9	5.5	5.2	4.8
	2.2					5.8	5.5	5.2	4.8	4.5
	2.5					5.5	5.0	4.8	4.5	4.1

注：1. 表内粗铰切削用量能得到 9~11 级公差及表面粗糙度 Ra 为 5μm。
2. 精铰切削速度的上限用于铰正火钢，而下限用于铰韧性钢。

表 G-32　高速钢铰刀精铰切削速度

工件材料	表面粗糙度 Ra/μm	
	5~2.5	2.5~1.25
	允许的最大切削速度 v/(m/min)	
灰铸铁	8	4
可锻铸铁	15	8
铜合金	15	8

注：精铰切削用量能得到 7 级公差等级的孔。

表 G-33　高速钢铰刀粗铰灰铸铁（195HBW）切削速度　　（单位：m/min）

d/mm		5	10	15	20	25	30	40	50	60	80
a_p/mm		0.05	0.075	0.1	0.125	0.125	0.125	0.15	0.15	0.2	0.25
f/(mm/r)	0.8	14.9	14.1	12.6	13.1	11.6	12.1	11.5	11.5	10.7	10.0
	1.0	13.3	12.6	11.2	11.7	10.4	10.8	10.3	10.0	9.6	8.9
	1.2	12.2	11.5	10.3	10.7	9.5	9.8	9.4	9.2	8.7	8.1
	1.4	11.3	10.7	9.5	9.9	8.8	9.1	8.7	8.5	8.1	7.5
	1.6	10.6	10.0	8.9	9.2	8.2	8.5	8.1	7.9	7.6	7.1
	1.8	9.9	9.4	8.4	8.7	7.7	8.0	7.6	7.6	7.1	6.7
	2.0	9.4	8.9	8.0	8.3	7.4	7.6	7.3	7.1	6.8	6.3
	2.5				7.4	6.6	6.8	6.5	6.3	6.1	5.6
	5						4.8	4.6	4.5	4.3	4.0

注：表内粗铰切削用量能得到 9~11 级公差及表面粗糙度 Ra 为 5μm。

表 G-34　硬质合金铰刀切削用量

加工直径/mm	铸　铁		钢(铸钢)	
	v/(m/min)	f/(mm/r)	v/(m/min)	f/(mm/r)
6~10	50~80	0.5~1.5	60~90	0.5~1.0
10~20	50~75	0.8~2.0	65~85	0.8~1.5
20~40	45~75	1.0~3.0	60~80	1.0~2.0
40~60	40~65	1.5~4.0	55~75	1.5~3.0
>60	40~60	2.0~5.0	50~70	2.0~4.0

表 G-35　在组合机床上用高速钢铰刀铰孔切削用量

加工直径/mm	铸铁		钢(铸钢)	
	v/(m/min)	f/(mm/r)	v/(m/min)	f/(mm/r)
6~10	2~6	0.30~0.5	1.2~5	0.30~0.40
10~15		0.50~1.0		0.40~0.50
15~40		0.80~1.50		0.40~0.60
40~60		1.20~1.80		0.50~0.60

表 G-36　高速钢及硬质合金锪钻加工切削用量

加工材料	高速钢锪钻		硬质合金锪钻	
	进给量 f/(mm/r)	切削速度 v/(m/min)	进给量 f/(mm/r)	切削速度 v/(m/min)
铝	0.13~0.38	120~245	0.15~0.30	150~245
黄铜	0.13~0.25	45~90	0.15~0.30	120~210
软铸铁	0.13~0.18	37~43	0.15~0.30	90~107
软钢	0.08~0.13	23~26	0.10~0.20	75~90
合金钢及工具钢	0.08~0.13	12~24	0.10~0.20	55~60

表 G-37　用高速钢锪钻锪端面切削用量

被加工端面直径/mm	工件材料		
	钢 R_m≤0.588GPa、铜及黄铜	钢 R_m>0.588GPa	铸铁、青铜、铝合金
	进给量 f/(mm/r)		
15	0.08~0.12	0.05~0.08	0.10~0.15
20	0.08~0.15	0.05~0.10	0.10~0.15
30	0.10~0.15	0.06~0.10	0.12~0.20
40	0.12~0.20	0.08~0.12	0.15~0.25
50	0.12~0.20	0.08~0.15	0.15~0.25
60	0.15~0.25	0.10~0.18	0.20~0.30

工件材料	钢 R_m≤0.588GPa、铜及黄铜	钢 R_m>0.588GPa	铝合金	铸铁及青铜
	加切削液			不加切削液
切削速度 v/(m/min)	10~18	7~12	40~60	12~25

注：刀具材料为 9CrSi 钢时，切削速度应乘以系数 0.6~0.7；用碳素工具钢刀具加工，切削速度应乘以系数 0.5。

表 G-38　拉削进给量（单面齿升量）　(单位：mm/z)

拉刀形式	钢 R_m/GPa			铸铁	
	≤0.49	0.49~0.735	>0.735	灰铸铁	可锻铸铁
圆柱拉刀	0.01~0.02	0.015~0.08	0.01~0.025	0.03~0.08	0.05~0.1
三角形及渐开线花键拉刀	0.03~0.05	0.04~0.06	0.03~0.05	0.04~0.08	0.05~0.08
键槽拉刀	0.05~0.15	0.05~0.2	0.05~0.12	0.06~0.2	0.06~0.2
直角及平面拉刀	0.03~0.12	0.05~0.15	0.03~0.12	0.06~0.2	0.05~0.15
型面拉刀	0.02~0.05	0.03~0.06	0.02~0.05	0.03~0.08	0.05~0.1
正方形及六角形拉刀	0.015~0.08	0.02~0.15	0.015~0.12	0.03~0.15	0.05~0.15

表 G-39　拉削速度　(单位：mm/min)

拉削速度组	圆柱孔		花键孔		外表面及键槽		其他类型表面
	Ra 为 2.5μm 或 7 级公差	Ra 为 5~10μm 或 9 级公差	Ra 为 2.5μm 或 7 级公差	Ra 为 5~10μm 或 9 级公差	Ra 为 2.5μm 或公差值 0.03~0.05mm	Ra 为 5~10μm 或公差值 >0.05mm	Ra 为 1.25~0.63μm
Ⅰ	6~4	8~5	5~4	8~5	7~4	10~8	4~2.5
Ⅱ	5~3.5	7~5	4.5~3.5	7~5	6~4	8~6	3~2
Ⅲ	4~3	6~4	3.5~3	6~4	5~3.5	7~5	2.5~2
Ⅳ	3~2.5	4~3	2.5~2	4~3	3.5~3	4~3	2

注：拉削速度的选择：当选用 CrWMn 及 9CrWMn 钢拉刀时取小值；用 W18Cr4V 钢拉刀时取大值。

4. 磨削加工（见表 G-40、表 G-41）

表 G-40　在圆台平面磨床上用砂轮端面粗磨平面切削用量

工件的运动速度 v/(m/min)	折合的磨削宽度/mm						
	20	30	50	80	120	200	300
	工作台的磨削深度进给量 f/(mm/r)						
10	0.065	0.048	0.033	0.023	0.017	0.012	0.0086
12	0.054	0.040	0.027	0.019	0.014	0.0097	0.0071
15	0.044	0.032	0.022	0.015	0.011	0.0077	0.0057
20	0.033	0.024	0.016	0.012	0.0086	0.0058	0.0043
25	0.026	0.019	0.013	0.0093	0.0068	0.0046	0.0034
30	0.022	0.016	0.011	0.0078	0.0057	0.0039	0.0028
40	0.016	0.012	0.0083	0.0058	0.0043	0.0029	0.0021

注：磨削非淬火钢及铸铁工件时，v 取 10~20m/min；磨削淬火钢工件时，v 取 25~40m/min。

表 G-41　在圆台平面磨床上用砂轮端面精磨平面的切削用量

工件的运动速度 v/(m/min)	折合的磨削宽度/mm						
	20	30	50	80	120	200	300
	工作台的磨削深度进给量 f/(mm/r)						
10	0.024	0.020	0.015	0.012	0.010	0.0077	0.0062
15	0.016	0.013	0.010	0.0081	0.0065	0.0052	0.0042
20	0.012	0.010	0.0076	0.0061	0.0049	0.0039	0.0030
25	0.0097	0.0078	0.0061	0.0048	0.0039	0.0030	0.0024
30	0.0081	0.0065	0.0051	0.0040	0.0032	0.0025	0.0020
40	0.0061	0.0049	0.0038	0.0030	0.0024	0.0019	0.0015

注：1. 磨削非淬火钢工件时，v 取 10~25m/min；磨削淬火钢及铸铁工件时，v 取 15~40m/min。

2. 精磨进给量不应超过粗磨的进给量。

5. 齿轮及螺纹加工（见表 G-42~表 G-45）

表 G-42　滚齿进给量

加工性质			工件材料	齿轮模数/mm	滚齿机的电动机功率 P_m/kW				
					1.5~2.8	3~4	5~9	10~14	15~22
					进给量 f/(mm/r)				
粗加工			45 钢 170~207HBW	1.5	0.8~1.2	1.4~1.8	1.6~1.8	—	—
				2.5	1.2~1.6	2.4~2.8	2.4~2.8	2.4~2.8	—
				4	1.6~2.0	2.6~3.0	1.8~3.2	2.8~3.2	—
				6	1.2~1.4	2.2~2.6	2.4~2.8	2.6~3.0	2.6~3.0
				8	—	2.0~2.2	2.2~2.6	2.4~2.8	2.4~2.8
				12	—	—	2.0~2.4	2.2~2.6	2.4~2.8
			灰铸铁 170~210HBW	1.5	0.9~1.3	1.6~2.2	1.8~2.2	—	—
				2.5	1.3~1.8	2.9~3.0	2.6~3.0	2.6~3.2	—
				4	1.8~2.2	2.8~3.2	3.0~3.5	3.0~3.5	—
				6	1.3~1.6	2.4~3.0	2.6~3.0	2.8~3.3	2.8~3.3
				8	—	2.2~2.4	2.5~2.8	2.6~3.0	2.6~3.0
				12	—	—	2.2~2.6	2.4~2.8	2.6~3.0
精加工	实体材料	*Ra* 为 6.3~3.2μm	45 钢 170~207HBW	1.5~2	—	—	1.0~1.2	—	—
				3	—	—	1.2~1.8	—	—
		Ra 为 1.6μm		1.5~2	—	—	0.5~0.8	—	—
				3	—	—	0.8~1.0	—	—
		Ra 为 6.3~3.2μm	灰铸铁 170~210HBW	1.5~2	—	—	1.2~1.4	—	—
				3	—	—	1.4~1.8	—	—
		Ra 为 1.6μm		1.5~2	—	—	0.5~0.8	—	—
				3	—	—	0.8~1.0	—	—
	粗加工后	*Ra* 为 6.3~3.2μm	钢及灰铸铁	≤12	—	—	2.0~2.5	—	—
				>12	—	—	3.0~4.0	—	—
		Ra 为 1.6μm		≤12	—	—	0.7~0.9	—	—
				>12	—	—	1.0~1.2	—	—

表 G-43 滚齿切削用量（碳钢及合金）

加工性质	进给量/(mm/r)	v/(m/s) P_m/kW	滚齿模数/mm 1.5~3	4	6	8	12
粗滚齿	0.8	v	0.95	0.95	0.833	0.683	0.583
		P_m	—	0.7	0.8	0.9	1.4
	1.1	v	0.8	0.8	0.7	0.583	0.5
		P_m	—	0.8	0.9	1.1	1.6
	1.5	v	0.7	0.7	0.6	0.5	0.425
		P_m	—	0.9	1.0	1.2	1.8
	2.0	v	0.6	0.6	0.533	0.433	0.366
		P_m	—	1.1	1.2	0.5	2.0
	2.8	v	0.508	0.508	0.45	0.366	0.311
		P_m	—	1.2	1.4	1.6	2.3

加工性质			进给量/(mm/r)	滚齿模数/mm 1.5~3	1.5~12
				v/(m/s)	
精滚齿	加工实体齿坯		≤0.7	1	—
			0.9	0.8	—
			1.1	0.683	—
			1.3	0.583	—
			1.6	0.483	—
			2.0	0.408	—
			2.5	0.333	—
	齿顶先滚出	Ra 为 6.3μm Ra 为 3.2μm	2.0~2.5	—	0.333~0.4
		Ra 为 1.6μm	0.7~0.9	—	0.333~3.3

滚刀的中等使用寿命					
滚齿模数		4	6	8	12
耐磨时间/min	粗滚	240	360	480	720
	精滚	240	240	240	360

表 G-44 攻螺纹的切削用量

螺纹直径/mm	螺距/mm	丝锥类型及材料				
		高速钢螺母丝锥 W18Cr4V		高速钢机动丝锥 W18Cr4V		
		工件材料				
		碳钢 R_m = 0.49~0.78GPa	碳钢、镍铬钢 R_m = 0.735GPa	碳钢 R_m = 0.49~0.78GPa	碳钢、镍铬钢 R_m = 0.735GPa	灰铸铁 190HBW
		切削速度 v/(m/min)				
5	0.5	12.5	11.3	9.4	8.5	10.2
	0.8			6.3	5.7	6.8
6	0.75	15.0	13.5	8.3	7.5	8.9
	1.0			6.4	5.8	6.9
8	1.0	20.0	18.0	9.0	8.2	9.8
	1.25			7.4	6.7	8.0
10	1.0	25.0	22.5	11.8	10.7	12.8
	1.5			8.2	7.4	8.9
12	1.25	26.6	24.0	12.0	10.8	12.1
	1.75	23.4	21.1	8.9	8.0	9.6
14	1.5	27.4	24.7	12.6	11.3	12.5
	2.0	23.7	21.4	9.7	8.7	10.2
16	1.5	29.4	26.4	15.1	13.6	15.5
	2.0	25.4	22.9	11.7	10.5	12.0
20	1.5	33.2	29.4	19.3	17.3	20.3
	2.0	28.4	25.5	14.9	13.4	15.7
	2.5	25.8	22.6	12.1	10.9	12.8
24	1.5	35.8	32.1	24.0	21.6	25.2
	2.0	31.1	27.9	18.6	16.7	19.5
	2.5	27.8	24.8	15.1	13.6	15.9

表 G-45 在组合机床上加工螺纹切削速度

工件材料	铸铁	钢及合金钢	铝及铝合金
v/(m/min)	5~10	3~8	10~20

附录 H 常用定位元件

表 H-1 支承钉（摘自 JB/T 8029.2—1999） （单位：mm）

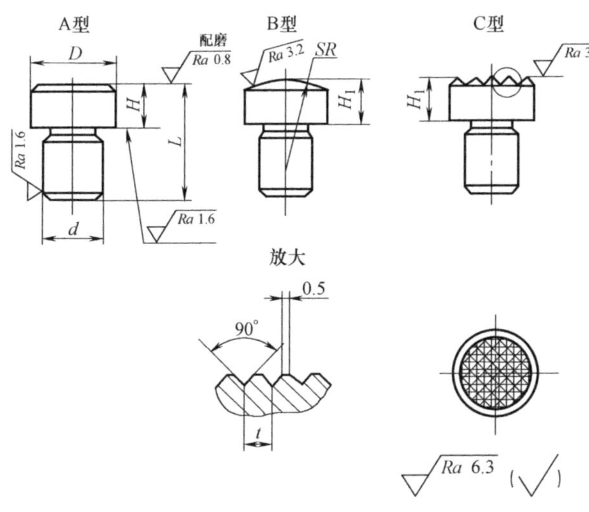

（1）材料：T8 按 GB/T 1299—2014 的规定

（2）热处理：55～60HRC

（3）其他技术条件按 JB/T 8044—1999 的规定

标记示例：

D=16mm、H=8mm 的 A 型支承钉：

支承钉 A16×8 JB/T 8029.2—1999

D	H	H_1		L	d		SR	t
		公称尺寸	极限偏差 h11		公称尺寸	极限偏差 r6		
5	2	2	0 -0.060	6	3	+0.016 +0.010	5	1
	5	5	0 -0.075	9				
6	3	3		8	4	+0.023 +0.015	6	
	6	6		11				
8	4	4		12	6		8	1.2
	8	8	0 -0.090	16				
12	6	6	0 -0.075		8	+0.028 +0.019	12	
	12	12	0 -0.110	22				
16	8	8	0 -0.090	20	10		16	1.5
	16	16	0 -0.110	28				
20	10	10	0 -0.090	25	12	+0.034 +0.023	20	
	20	20	0 -0.130	35				
25	12	12	0 -0.110	32	16		25	2
	25	25	0 -0.130	45				
30	16	16	0 -0.110	42	20	+0.041 +0.028	32	
	30	30	0 -0.130	55				
40	20	20		50	24		40	
	40	40	0 -0.160	70				

表 H-2　支承板（摘自 JB/T 8029.1—1999）　　（单位：mm）

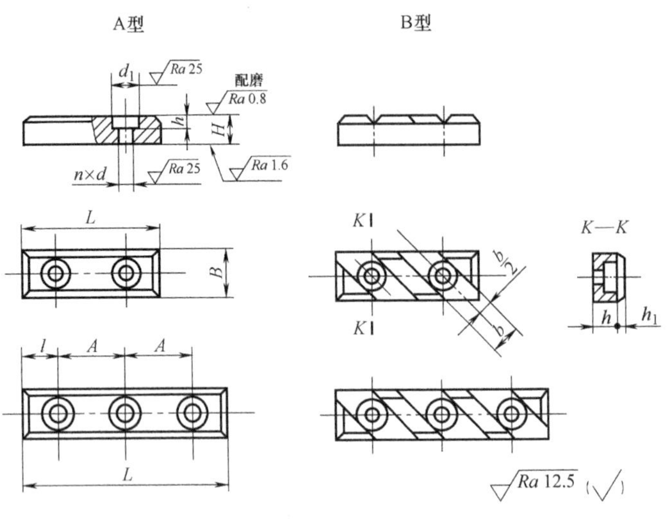

（1）材料：T8 按 GB/T 1299—2014 的规定

（2）热处理：55～60HRC

（3）其他技术条件按 JB/T 8044—1999 的规定

标记示例：

H=16mm、L=100mm 的 A 型支承板：

支承板 A16×100　JB/T 8029.1—1999

<table>
<tr><th>H</th><th>L</th><th>B</th><th>b</th><th>l</th><th>A</th><th>d</th><th>d1</th><th>h</th><th>h1</th><th>孔数 n</th></tr>
<tr><td rowspan="2">6</td><td>30</td><td rowspan="2">12</td><td rowspan="4">—</td><td rowspan="2">7.5</td><td rowspan="2">15</td><td rowspan="2">4.5</td><td rowspan="2">8</td><td rowspan="2">3</td><td rowspan="4">—</td><td>2</td></tr>
<tr><td>45</td><td>3</td></tr>
<tr><td rowspan="2">8</td><td>40</td><td rowspan="2">14</td><td rowspan="2">10</td><td rowspan="2">20</td><td rowspan="2">5.5</td><td rowspan="2">10</td><td rowspan="2">3.5</td><td>2</td></tr>
<tr><td>60</td><td>3</td></tr>
<tr><td rowspan="2">10</td><td>60</td><td rowspan="2">16</td><td rowspan="2">14</td><td rowspan="2">15</td><td rowspan="2">30</td><td rowspan="2">6.6</td><td rowspan="2">11</td><td rowspan="2">4.5</td><td rowspan="6">1.5</td><td>2</td></tr>
<tr><td>90</td><td>3</td></tr>
<tr><td rowspan="2">12</td><td>80</td><td rowspan="2">20</td><td rowspan="4">17</td><td rowspan="4">20</td><td rowspan="2">40</td><td rowspan="4">9</td><td rowspan="4">15</td><td rowspan="4">6</td><td>2</td></tr>
<tr><td>120</td><td>3</td></tr>
<tr><td rowspan="2">16</td><td>100</td><td rowspan="2">25</td><td rowspan="4">60</td><td>2</td></tr>
<tr><td>160</td><td>3</td></tr>
<tr><td rowspan="2">20</td><td>120</td><td rowspan="2">32</td><td rowspan="4">20</td><td rowspan="4">30</td><td rowspan="4">11</td><td rowspan="4">18</td><td rowspan="4">7</td><td rowspan="4">2.5</td><td>2</td></tr>
<tr><td>180</td><td>3</td></tr>
<tr><td rowspan="2">25</td><td>140</td><td rowspan="2">40</td><td rowspan="2">80</td><td>2</td></tr>
<tr><td>220</td><td>3</td></tr>
</table>

表 H-3　六角头支承（摘自 JB/T 8026.1—1999）　　（单位：mm）

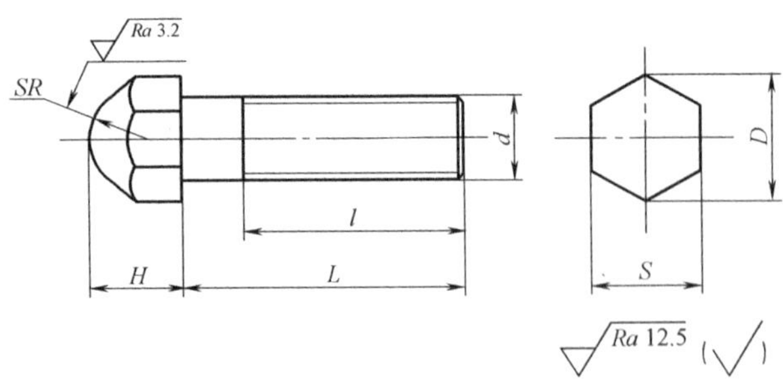

（1）材料：45 钢按 GB/T 699—2015 的规定

（2）热处理 L≤50mm 全部 40～55HRC；L>50mm 头部 40～50HRC

（3）其他技术条件按 JB/T 8044—1999 的规定

标记示例：

d=M10、L=25mm 的六角头支承：

支承 M10×25　JB/T 8026.1—1999

d	M8	M10	M12	M16	M20
D≈	12.7	14.2	17.59	23.35	31.2
H	10	12	14	16	20
SR	5				12

（续）

S		11	13	17	21	27
	公称尺寸	11	13	17	21	27
	极限偏差	0 -0.270			0 -0.330	
L		l				
20		15				
25		20	20			
30		25	25	25		
35		30	30	30	30	
40		35	35	35	35	30
45						35
50			40	40	40	
60				45	45	40
70					50	50
80					60	60

表 H-4　调节支承（摘自 JB/T 8026.4—1999）　　（单位：mm）

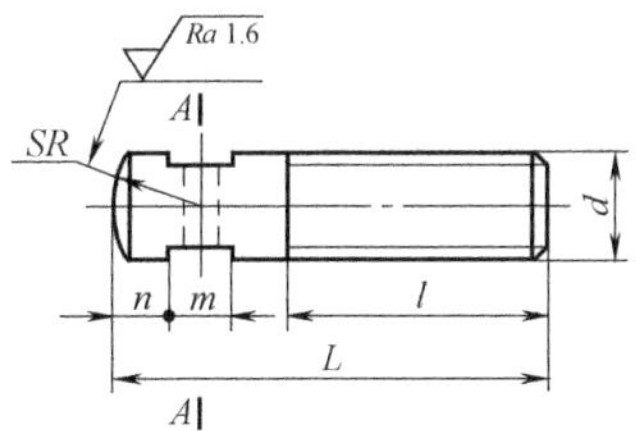

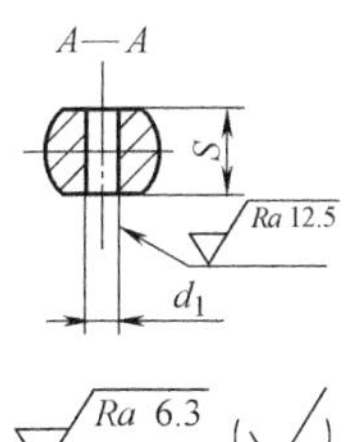

(1)材料:45 钢按 GB/T 699—2015 的规定

(2)热处理 $L \leqslant 50$mm 全部 40~50HRC;
$L>50$mm 头部 40~45HRC

(3)其他技术条件按 JB/T 8044—1999 的规定

标记示例:

d=M12、L=50mm 的调节支承:

支承 M12×50　JB/T 8026.4—1999

d		M8	M10	M12	M16	M20
n		3	4	5	6	8
m		5	8		10	12
S	公称尺寸	5.5	8	10	13	16
	极限偏差	0 -0.180	0 -0.220		0 -0.270	
d_1		3	3.5	4	5	—
SR		8	10	12	16	20
L		l				
25		12				
30		16	14			
35		18	16			
40		20	20	18		
45		25	25	20		
50		30	30	25	25	
60				30	30	
70				35	40	35
80					50	45

表 H-5 固定式定位销（摘自 JB/T 8014.2—1999） （单位：mm）

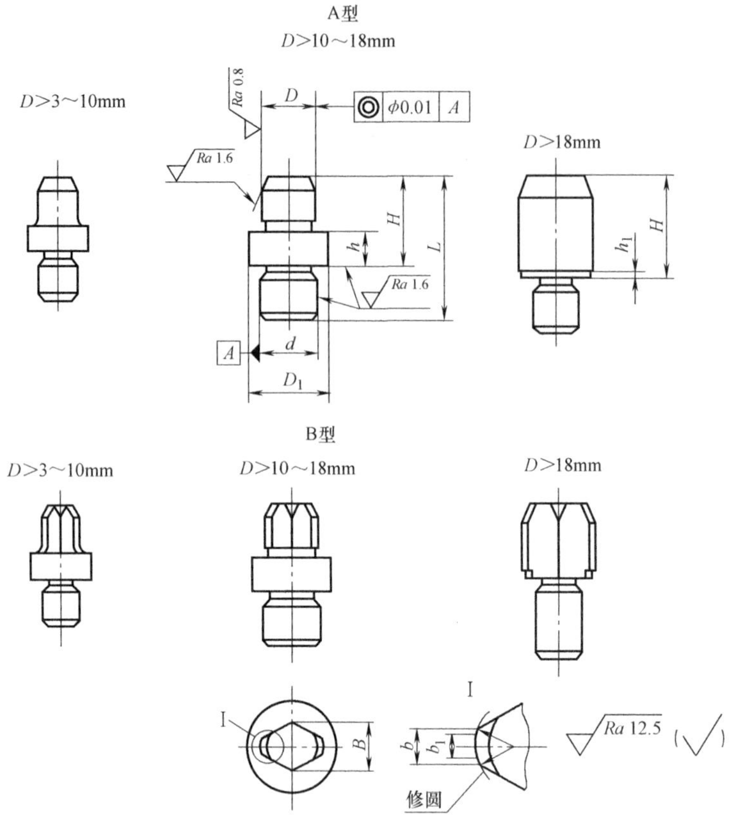

（1）材料：$D\leqslant18$mm，T8 按 GB/T 1299—2014 的规定

$D>18$mm，20 钢按 GB/T 699—2015 的规定

（2）热处理：T8 为 55～60HRC；20 钢渗碳深度 0.8～1.2mm，55～60HRC

（3）其他技术条件按 JB/T 8044—1999 的规定

标记示例：

$D=11.5$mm、公差带为 f7、$H=14$mm 的 A 型固定式定位销：

定位销 A11.5f7 × 14 JB/T 8014.2—1999

D	H	d 公称尺寸	d 极限偏差 r6	D_1	L	h	h_1	B	b	b_1
>6～8	10	8	+0.028 +0.019	14	20	3	—	$D-1$	3	2
	18				28	7				
>8～10	12	10		16	24	4		$D-2$	4	3
	22				34	8				
>10～14	14	12	+0.034 +0.023	18	26	4				
	24				36	9				
>14～18	16	15		22	30	5				
	26				40	10				
>18～20	12	12		—	26	—	1			
	18				32					
	28				42					
>20～24	14	15			30		2	$D-3$	5	
	22				38					
	32				48					
>24～30	16				36			$D-4$		
	25				45					
	34				54					

注：D 的公差带按设计要求决定。

表 H-6 可换式定位销(摘自 JB/T 8014.3—1999) (单位：mm)

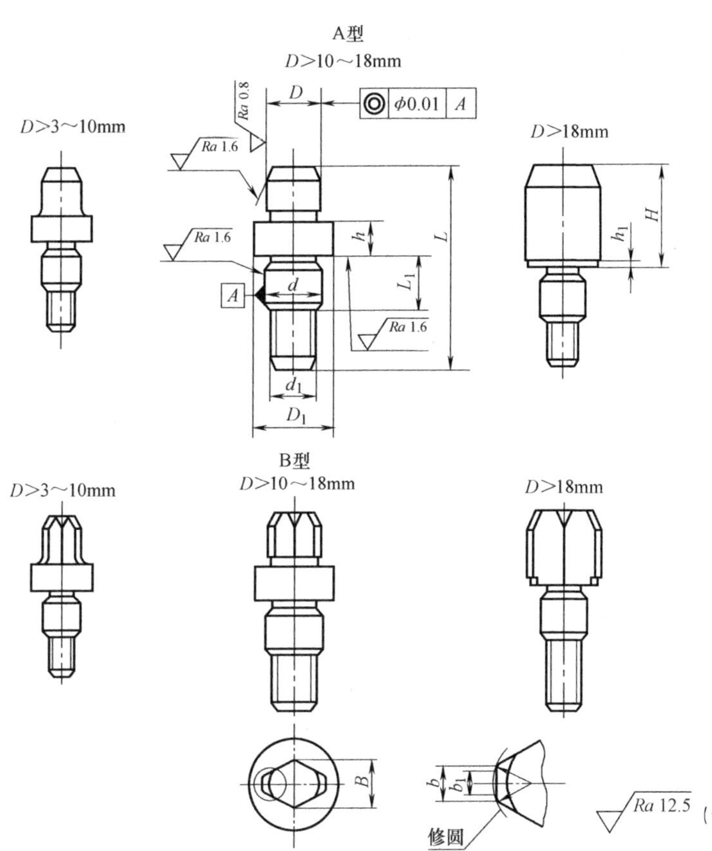

(1) 材料：$D \leqslant 18$mm，T8 按 GB/T 1299—2014 的规定

$D > 18$mm，20 钢按 GB/T 699—2015 的规定

(2) 热处理：T8 为 55～60HRC；20 钢渗碳深度 0.8～1.2mm，55～60HRC

(3) 其他技术条件按 JB/T 8044—1999 的规定

标记示例：

D = 12.5mm、公差带为 f7、H = 14mm 的 A 型可换定位销：

定位销 A12.5f7 × 14 JB/T 8014.3—1999

D	H	d 公称尺寸	d 极限偏差 h6	d_1	D_1	L	L_1	h	h_1	B	b	b_1
>6～8	10	8	0 −0.009	M6	14	28	8	3	—	D−1	3	2
	18					36		7				
>8～10	12	10		M8	16	35	10	4		D−2	4	3
	22					45		8				
>10～14	14	12	0 −0.011	M10	18	40	12	4				
	24					50		9				
>14～18	16	15		M12	22	46	14	5				
	26					56		10				
>18～20	12	12		M10	—	40		—	1			
	18					46						
	28					55						
>20～24	14	15		M12		45			2	D−3	5	
	22					53						
	32					63						
>24～30	16					50				D−4		
	25					60						
	34					68						

表 H-7 定位衬套（摘自 JB/T 8013.1—1999） （单位：mm）

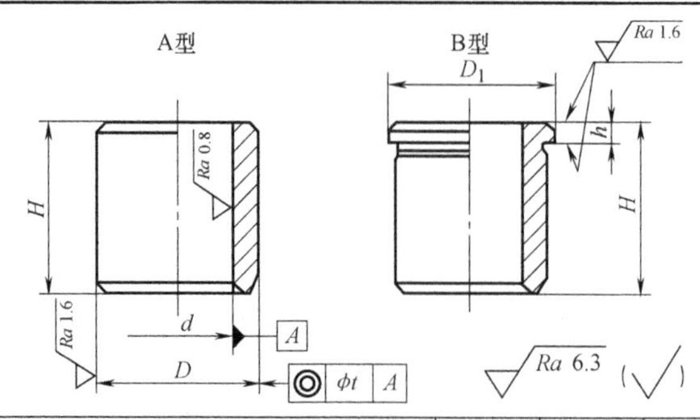

（1）材料：$d \leqslant 25$mm，T8 按 GB/T 1299—2014 的规定；$d>25$mm，20 钢按 GB/T 699—2015 的规定

（2）热处理：T8 为 55～60HRC；20 钢渗碳深度 0.8～1.2mm，55～60HRC

（3）其他技术条件按 JB/T 8044—1999 的规定

标记示例：

d = 22mm、公差带为 H6、H = 20mm 的 A 型定位衬套：

定位衬套 A22H6×20 JB/T 8013.1—1999

d			h	H	D		D_1	t	
公称尺寸	极限偏差 H6	极限偏差 H7			公称尺寸	极限偏差 n6		用于 H6	用于 H7
6	+0.008 0	+0.012 0	3	10	10	+0.019 +0.010	13	0.005	0.008
8	+0.009 0	+0.015 0			12	+0.023 +0.012	15		
10				12	15		18		
12	+0.011 0	+0.018 0	4		18		22		
15				16	22	+0.028 +0.015	26		
18					26		30	0.008	0.012
22	+0.013 0	+0.021 0	5	20	30		34		
26					35	+0.033 +0.017	39		
30				25 45	42		46		
35	+0.016 0	+0.025 0		25 45	48		52		
42				30 56	55	+0.039 +0.020	59		
48			6	30 56	62		66		

表 H-8 V形块（摘自 JB/T 8018.1—1999） （单位：mm）

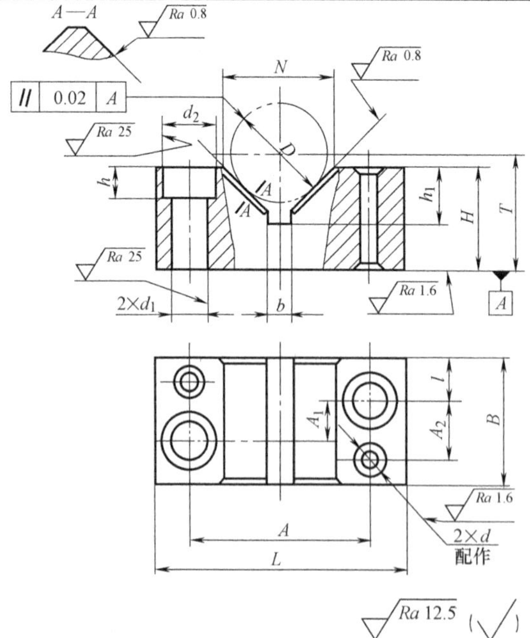

（1）材料：20 钢按 GB/T 699—2015 的规定

（2）热处理：渗碳深度 0.8～1.2mm，58～64HRC

（3）其他技术条件按 JB/T 8044—1999 的规定

标记示例：

N = 24mm 的 V 形块：

V 形块 24 JB/T 8018.1—1999

（续）

N	D	L	B	H	A	A_1	A_2	b	l	d 公称尺寸	d 极限偏差 H7	d_1	d_2	h	h_1
9	5~10	32	16	10	20	5	7	2	5.5	4	$^{+0.012}_{0}$	4.5	8	4	5
14	>10~15	38	20	12	26	6	9	4	7			5.5	10	5	7
18	>15~20	46	25	16	32	9	12	6	8	5		6.6	11	6	9
24	>20~25	55		20	40			8							11
32	>25~35	70	32	25	50	12	15	12	10	6		9	15	8	14
42	>35~45	85	40	32	64	16	19	16	12	8	$^{+0.015}_{0}$	11	18	10	18
55	>45~60	100		35	76			20							22
70	>60~80	125	50	42	96	20	25	30	15	10		13.5	20	12	25
85	>80~100	140		50	110			40							30

注：尺寸 T 按公式计算：$T=H+0.707D-0.5N$。

表 H-9　固定 V 形块（摘自 JB/T 8018.2—1999）　　（单位：mm）

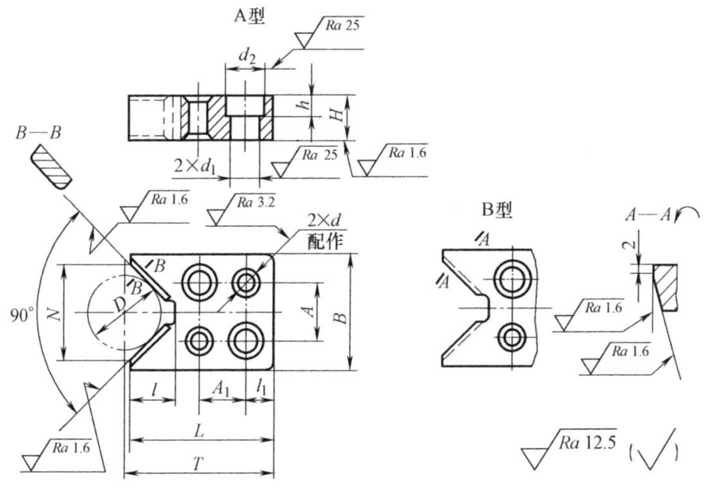

（1）材料：20 钢按 GB/T 699—2015 的规定

（2）热处理：渗碳深度 0.8~1.2mm，58~64HRC

（3）其他技术条件按 JB/T 8044—1999 的规定

标记示例：

N=18mm 的 A 型固定 V 形块

V 形块 A18　JB/T 8018.2—1999

N	D	B	H	L	l	l_1	A	A_1	d 公称尺寸	d 极限偏差 H7	d_1	d_2	h
9	5~10	22	10	32	5	6	10	13	4	$^{+0.012}_{0}$	4.5	8	4
14	>10~15	24	12	35	7	7		14	5		5.5	10	5
18	>15~20	28	14	40	10	8	12				6.6	11	6
24	>20~25	34	16	45	12	10	15	15	6				
32	>25~35	42		55	16	12	20	18	8	$^{+0.015}_{0}$	9	15	8
42	>35~45	52	20	68	20	14	26	22	10		11	18	10
55	>45~60	65		80	25	15	35	28					
70	>60~80	80	25	90	32	18	45	35	12	$^{+0.018}_{0}$	13.5	20	12

注：尺寸 T 按公式计算：$T=L+0.707D-0.5N$。

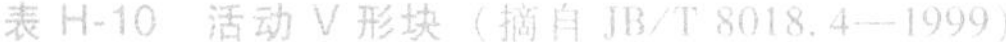

表 H-10　活动 V 形块（摘自 JB/T 8018.4—1999）　　（单位：mm）

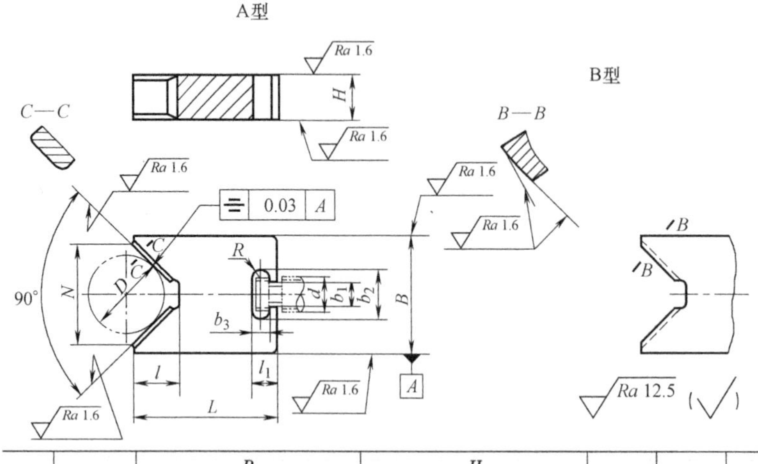

（1）材料：20 钢按 GB/T 699—2015 的规定

（2）热处理：渗碳深度 0.8～1.2mm，58～64HRC

（3）其他技术条件按 JB/T 8044—1999 的规定

标记示例：

N=18mm 的 A 型活动 V 形块：

V 形块 A18　JB/T 8018.4—1999

N	D	B		H		L	l	l_1	b_1	b_2	b_3	相配件 d
		公称尺寸	极限偏差 f7	公称尺寸	极限偏差 f9							
9	5～10	18	-0.016 -0.034	10	-0.013 -0.049	32	5	6	5	10	4	M6
14	>10～15	20	-0.020 -0.041	12	-0.016 -0.059	35	7	8	6.5	12	5	M8
18	>15～20	25		14		40	10	10	8	15	6	M10
24	>20～25	34	-0.025 -0.050	16		45	12	12	10	18	8	M12
32	>25～35	42				55	16	13	13	24	10	M16
42	>35～45	52	-0.030 -0.060	20	-0.020 -0.072	70	20					
55	>45～60	65				85	25	15	17	28	11	M20
70	>60～80	80		25		105	32					

附录 I　常用导向元件和对刀元件

1. 常用的导向元件

常用的导向元件包括各种钻套、铣床用定位键等，其具体数值见表 I-1～表 I-6。

表 I-1　钻套用衬套（摘自 JB/T 8045.4—1999）　　（单位：mm）

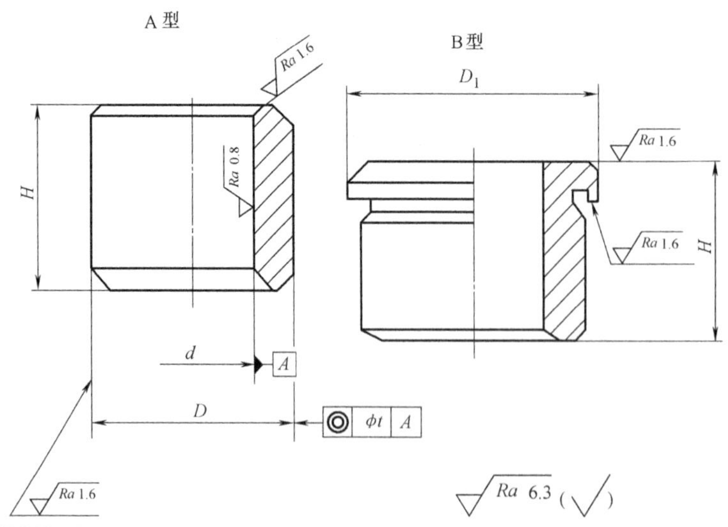

（1）材料：d≤26mm，T10A 按 GB/T 1299—2014 的规定；d>26mm，20 钢按 GB/T 699—2015 的规定

（2）热处理：T10A 为 58～64HRC；20 钢渗碳深度 0.8～1.2mm，58～64HRC

（3）其他技术条件按 JB/T 8044—1999 的规定

标记示例：

d＝18mm、H＝28mm 的 A 型钻套用衬套：

衬套 A18×28　JB/T 8045.4—1999

（续）

d 公称尺寸	d 极限偏差 F7	D 公称尺寸	D 极限偏差 n6	D_1	H			t
8	+0.028 +0.013	12	+0.023 +0.012	15	10	16	—	0.008
10		15		18	12	20	25	
12	+0.034 +0.016	18		22				
(15)		22	+0.028 +0.015	26	16	28	36	
18		26		30				0.012
22	+0.041 +0.020	30		34	20	36	45	
(26)		35	+0.033 +0.017	39				
30		42		46	25	45	56	
35	+0.050 +0.025	48		52				
(42)		55	+0.039 +0.020	59	30	56	67	
(48)		62		66				
55	+0.060 +0.030	70		74				0.040
62		78		82	35	67	78	
70		85	+0.045 +0.023	90				
78		95		100	40	78	105	
(85)	+0.071 +0.036	105		110				
95		115		120	45	89	112	
105		125	+0.052 +0.027	130				

注：因 F7 为装配后公差带，零件加工尺寸需由工艺决定（需要预留收缩量时，推荐为 0.006~0.012mm）。

表 1-2　固定钻套（摘自 JB/T 8045.1—1999）　（单位：mm）

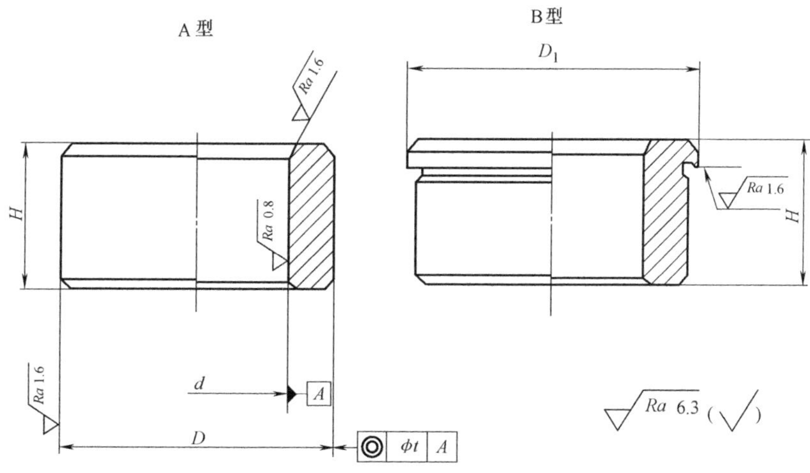

(1)材料：$d \leqslant 26$mm，T10A 按 GB/T 1299　2014 的规定；$d > 26$mm，20 钢按 GB/T 699—2015 的规定

(2)热处理：T10A 为 58~64HRC；20 钢渗碳深度 0.8~1.2mm，58~64HRC

(3)其他技术条件按 JB/T 8044—1999 的规定

标记示例：

d=18mm、H=16mm 的 A 型固定钻套：

钻套　A18×16　JB/T 8045.1—1999

（续）

d		D		D_1	H			t
公称尺寸	极限偏差 F7	公称尺寸	极限偏差 n6					
>0～1	+0.016 +0.006	3	+0.010 +0.004	6	6	9	—	0.008
>1～1.8		4	+0.016 +0.008	7				
>1.8～2.6		5		8				
>2.6～3		6		9	8	12	16	
>3～3.3	+0.022 +0.010							
>3.3～4		7	+0.019 +0.010	10				
>4～5		8		11				
>5～6		10		13	10	16	20	
>6～8	+0.028 +0.013	12	+0.023 +0.012	15				
>8～10		15		18	12	20	25	
>10～12	+0.034 +0.016	18		22				
>12～15		22	+0.028 +0.015	26	16	28	36	
>15～18		26		30				0.012
>18～22	+0.041 +0.020	30		34	20	36	45	
>22～26		35	+0.033 +0.017	39				
>26～30		42		46	25	45	56	
>30～35	+0.050 +0.025	48		52				
>35～42		55	+0.039 +0.020	59	30	56	67	
>42～48		62		66				
>48～50		70		74				0.040
>50～55	+0.060 +0.030							
>55～62		78		82	35	67	78	
>62～70		85	+0.045 +0.023	90				
>70～78		95		100	40	78	105	
>78～80		105		110				
>80～85	+0.071 +0.036							

表 1-3　可换钻套（摘自 JB/T 8045.2—1999）　　（单位：mm）

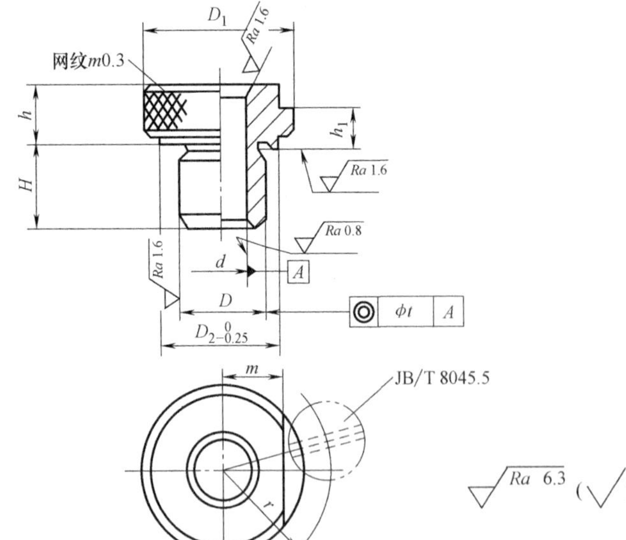

（1）材料：$d \leq 26$mm，T10A 按 GB/T 1299—2014 的规定；$d > 26$mm，20 钢按 GB/T 699—2015 的规定

（2）热处理：T10A 为 58～64HRC；20 钢渗碳深度为 0.8～1.2mm，58～64HRC

（3）其他技术条件按 JB/T 8044—1999 的规定

标记示例：

d = 12mm、公差带为 F7，D = 18mm、公差带为 k6，H = 16mm 的可换钻套：

钻套　12F7×18k6×16　JB/T 8045.2—1999

（续）

d 公称尺寸	d 极限偏差 F7	D 公称尺寸	D 极限偏差 m6	D 极限偏差 k6	D_1 滚花前	D_2	H			h	h_1	r	m	t	配用螺钉 JB/T 8045.5
>0~3	+0.016 +0.006	8	+0.015 +0.006	+0.010 +0.001	15	12	10	16	—	8	3	11.5	4.2	0.008	M5
>3~4	+0.022 +0.010														
>4~6		10			18	15	12	20	25			13	5.5		
>6~8	+0.028 +0.013	12	+0.018 +0.007	+0.012 +0.001	22	18				10	4	16	7		M6
>8~10		15			26	22	16	28	36			18	9		
>10~12	+0.034 +0.016	18			30	26						20	11		
>12~15		22	+0.021 +0.008	+0.016 +0.002	34	30	20	36	45	12	5.5	23.5	12		M8
>15~18		26			39	35						26	14.5	0.012	
>18~22	+0.041 +0.020	30			46	42	25	45	56			29.5	18		
>22~26		35	+0.025 +0.009	+0.018 +0.002	52	46						32.5	21		
>26~30		42			59	53	30	56	67			36	24.5		
>30~35	+0.050 +0.025	48			66	60				16	7	41	27		M10
>35~42		55	+0.030 +0.011	+0.021 +0.002	74	68						45	31		
>42~48		62			82	76	35	67	78			49	35		
>48~50		70			90	84						53	39	0.040	
>50~55	+0.060 +0.030														
>55~62		78			100	94	40	78	105			58	44		
>62~70		85	+0.035 +0.013	+0.025 +0.003	110	104						63	49		
>70~78		95			120	114	45	89	112			68	54		
>78~80		105			130	124						73	59		
>80~85	+0.071 +0.036														

表 I-4　快换钻套（摘自 JB/T 8045.3—1999）　（单位：mm）

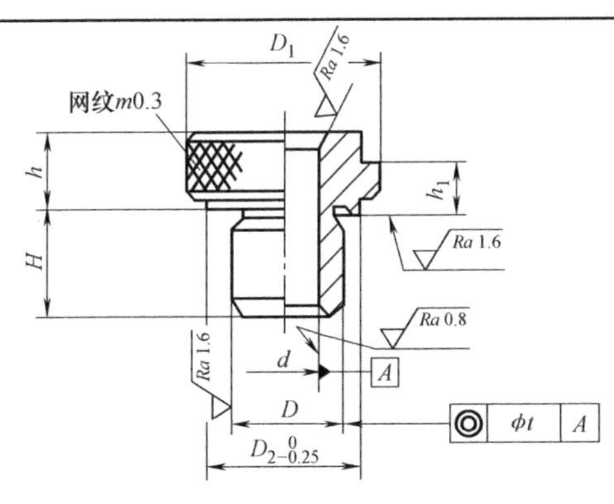

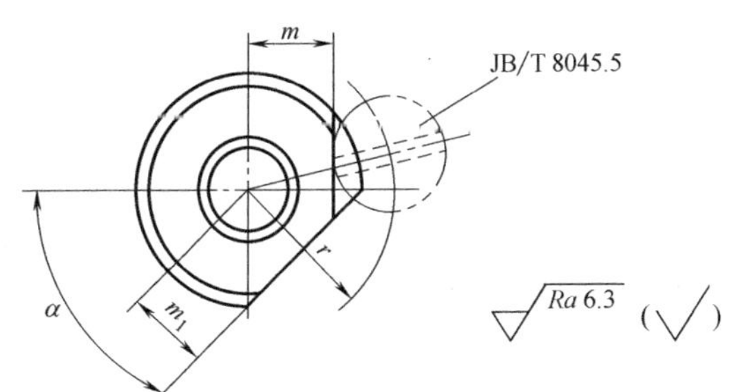

（1）材料：$d \leqslant 26$mm，T10A 按 GB/T 1299—2014 的规定；$d>26$mm，20 钢按 GB/T 699—2015 的规定

（2）热处理：T10A 为 58~64HRC；20 钢渗碳深度 0.8~1.2mm，58~64HRC

（3）其他技术条件按 JB/T 8044—1999 的规定

标记示例：

d=12mm、公差带为 F7，D=18mm、公差带为 k6，H=16mm 的快换钻套：

钻套　12F7×18k6×16　JB/T 8045.3—1999

（续）

d 公称尺寸	d 极限偏差F7	D 公称尺寸	D 极限偏差m6	D 极限偏差k6	D_1 滚花前	D_2	H			h	h_1	r	m	m_1	α	t	配用螺钉 JB/T 8045.5
>0~3	+0.016 +0.006	8	+0.015 +0.006	+0.010 +0.001	15	12	10	16	—	8	3	11.5	4.2	4.2	50°	0.008	M5
>3~4	+0.022 +0.010																
>4~6		10			18	15	12	20	25			13	6.5	5.5			
>6~8	+0.028 +0.013	12	+0.018 +0.007	+0.012 +0.001	22	18				10	4	16	7	7			M6
>8~10		15			26	22	16	28	36			18	9	9	55°		
>10~12	+0.034 +0.016	18			30	26						20	11	11			
>12~15		22	+0.021 +0.008	+0.016 +0.002	34	30	20	36	45	12	5.5	23.5	12	12			M8
>15~18		26			39	35						26	14.5	14.5		0.012	
>18~22	+0.041 +0.020	30			46	42	25	45	56			29.5	18	18			
>22~26		35	+0.025 +0.009	+0.018 +0.002	52	46						32.5	21	21			
>26~30		42			59	53	30	56	67			36	24.5	25	65°		
>30~35	+0.050 +0.025	48			66	60				16	7	41	27	28			M10
>35~42		55	+0.030 +0.011	+0.021 +0.002	74	68						45	31	32			
>42~48		62			82	76	35	67	78			49	35	36	70°		
>48~50		70			90	84						53	39	40		0.040	
>50~55	+0.060 +0.030																
>55~62		78			100	94	40	78	105			58	44	45			
>62~70		85	+0.035 +0.013	+0.025 +0.003	110	104						63	49	50			
>70~78		95			120	114	45	89	112			68	54	55	75°		
>78~80		105			130	124						73	59	60			
>80~85	+0.071 +0.036																

注：1. 当作铰（扩）套使用时，d 的公差带推荐如下：

采用 GB/T 1132—2017《直柄和莫氏锥柄机用铰刀》规定的铰刀，铰 H7 孔时，取 F7；铰 H9 孔时，取 E7。铰（扩）其他精度孔时，公差带由设计选定。

2. 铰（扩）套的标记示例：d=12mm 公差带为 E7、D=18mm 公差带为 m6、H=16mm 的快换铰（扩）套：

铰（扩）套　12E7×18m6×16　JB/T 8045.3—1999

表 1-5　钻套螺钉（摘自 JB/T 8045.5—1999）　（单位：mm）

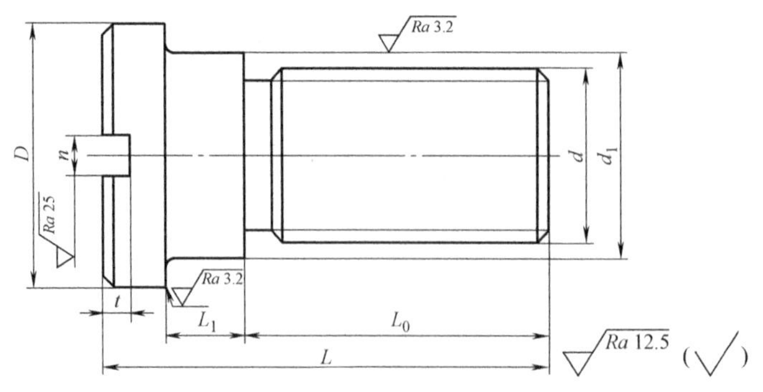

（1）材料：45 钢按 GB/T 699—2015 的规定

（2）热处理：35~40HRC

（3）其他技术条件按 JB/T 8044—1999 的规定

标记示例：

d=M10、L_1=13mm 的钻套螺钉

螺钉 M10×13　JB/T 8045.5—1999

（续）

d	L_1 公称尺寸	L_1 极限偏差	d_1 公称尺寸	d_1 极限偏差 d11	D	L	L_0	n	t	钻套内径
M5	3	+0.200 +0.050	7.5	−0.040 −0.130	13	15	9	1.2	1.7	>0~6
	6					18				
M6	4		9.5		16	18	10	1.5	2	>6~12
	8					22				
M8	5.5		12	−0.050 −0.160	20	22	11.5	2	2.5	>12~30
	10.5					27				
M10	7		15		24	32	18.5	2.5	3	>30~85
	13					38				

表 1-6 定位键（摘自 JB/T 8016—1999） （单位：mm）

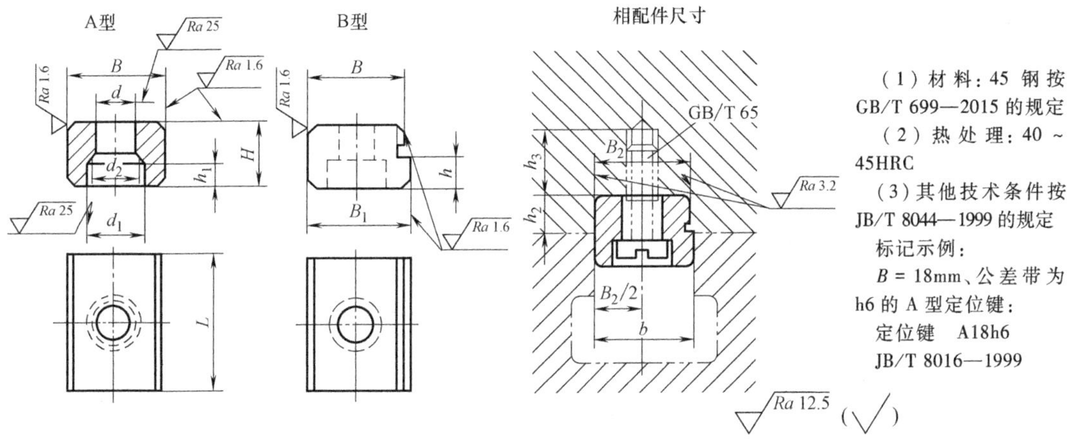

（1）材料：45 钢按 GB/T 699—2015 的规定

（2）热处理：40 ~ 45HRC

（3）其他技术条件按 JB/T 8044—1999 的规定

标记示例：

B = 18mm、公差带为 h6 的 A 型定位键：

定位键 A18h6 JB/T 8016—1999

B 公称尺寸	B 极限偏差 h6	B 极限偏差 h8	B_1	L	H	h	h_1	d	d_1	d_2	相配件 T形槽宽度 b	相配件 B_2 公称尺寸	相配件 B_2 极限偏差 H7	相配件 B_2 极限偏差 Js7	相配件 h_2	相配件 h_3	相配件 螺钉 GB/T 65
8	0 −0.009	0 −0.022	8	14	8	3	3.4	3.4	6	—	8	8	+0.015 0	±0.0045	4	8	M3×10
10			10	16			4.6	4.5	8		10	10					M4×10
12	0 −0.011	0 −0.027	12	20			5.7	5.5	10		12	12	+0.018 0	±0.0055		10	M5×12
14			14								14	14					
16			16	25	10	4	6.8	6.6	11		(16)	16			5	13	M6×16
18			18		12	5					18	18			6		
20	0 −0.013	0 −0.033	20	32							(20)	20	+0.021 0	±0.0065			
22			22								22	22					
24			24	40	14	6	9	9	15		(24)	24			7	15	M8×20
28			28		16	7					28	28			8		
36	0 −0.016	0 −0.039	36	50	20	9	13	13.5	20	16	36	36	+0.025 0	±0.008	10	18	M12×25
42			42	60	24	10					42	42			12		M12×30
48			48	70	28	12	17.5	17.5	26	18	48	48			14	22	M16×35
54	0 −0.019	0 −0.046	54	80	32	14					54	54	+0.030 0	±0.0095	16		M16×40

注：1. 尺寸 B_1 留磨量 0.5mm，按机床 T 形槽宽度配作，公差带为 h6 或 h8。

2. 括号内尺寸尽量不选用。

2. 常用的对刀元件

对刀元件主要包括铣床夹具用各种对刀块、对刀塞尺等。

(1) 圆形对刀块(摘自 JB/T 8031.1—1999) 圆形对刀块的形状与尺寸如图 I-1 所示。

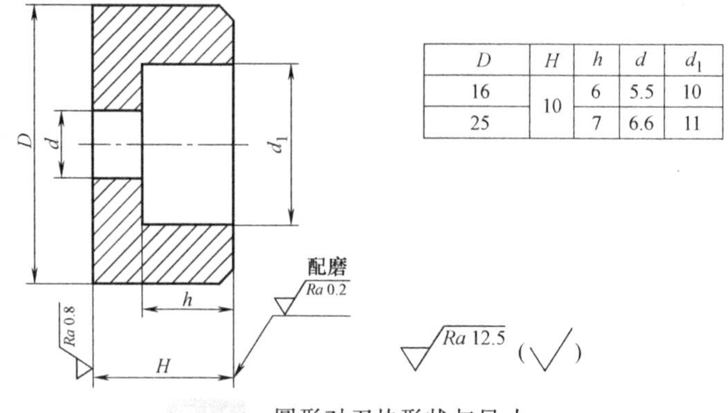

D	H	h	d	d_1
16	10	6	5.5	10
25		7	6.6	11

圆形对刀块形状与尺寸

1) 技术条件。

① 材料:20 钢按 GB/T 699—2015 的规定。

② 热处理:渗碳深度 0.8~1.2mm,58~64HRC。

③ 其他技术条件按 JB/T 8044—1999 的规定。

2) 标记示例。$D=25$mm 的圆形对刀块:

对刀块 25 JB/T 8031.1—1999

(2) 方形对刀块(摘自 JB/T 8031.2—1999) 方形对刀块形状与尺寸如图 I-2 所示。

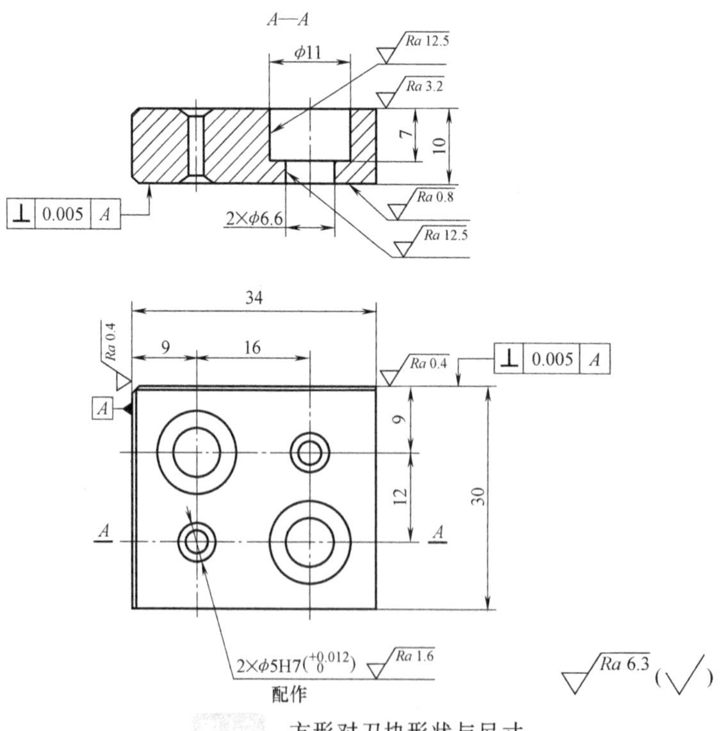

方形对刀块形状与尺寸

1）技术条件。

① 材料：20 钢按 GB/T 699—2015 的规定。

② 热处理：渗碳深度 0.8～1.2mm，58～64HRC。

③ 其他技术条件按 JB/T 8044—1999 的规定。

2）标记示例。方形对刀块：

对刀块 JB/T 8031.2—1999

（3）直角对刀块（摘自 JB/T 8031.3—1999） 直角对刀块形状与尺寸如图 I-3 所示。

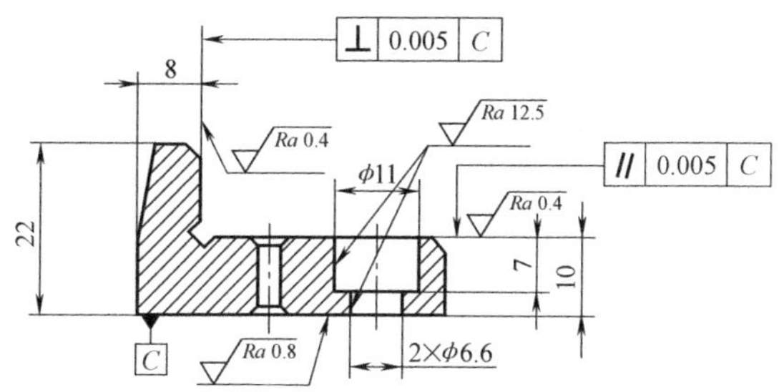

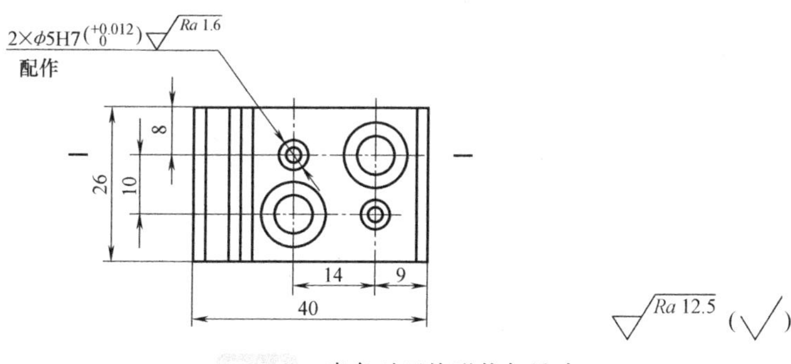

直角对刀块形状与尺寸

1）技术条件。

① 材料：20 钢按 GB/T 699—2015 的规定。

② 热处理：渗碳深度 0.8～1.2mm，58～64HRC。

③ 其他技术条件按 JB/T 8044—1999 的规定。

2）标记示例。直角对刀块：

对刀块 JB/T 8031.3—1999

（4）侧装对刀块（摘自 JB/T 8031.4—1999） 侧装对刀块形状与尺寸如图 I-4 所示。

1）技术条件。

① 材料：20 钢按 GB/T 699—2015 的规定。

② 热处理：渗碳深度 0.8～1.2mm，58～64HRC。

③ 其他技术条件按 JB/T 8044—1999 的规定。

2）标记示例。侧装对刀块：

对刀块 JB/T 8031.4—1999

（5）对刀平塞尺（摘自 JB/T 8032.1—1999） 对刀平塞尺形状与尺寸如图 I-5 和表 I-7

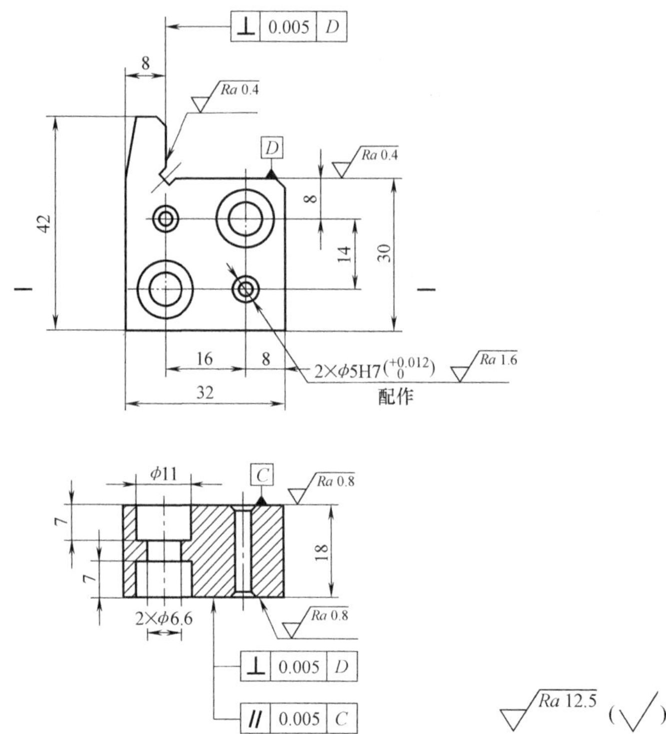

侧装对刀块形状与尺寸

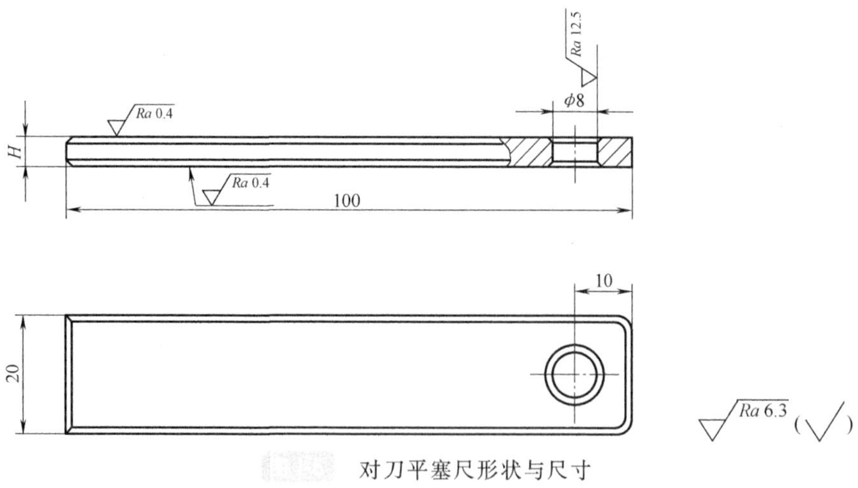

对刀平塞尺形状与尺寸

所示。

1）技术条件。

① 材料：T8 按 GB/T 1299—2014 的规定。

② 热处理：55~60HRC。

③ 其他技术条件按 JB/T 8044—1999 的规定。

2）标记示例。H=5mm 的对刀平塞尺：

塞尺 5　JB/T 8032.1—1999

表 I-7　对刀平塞尺　（单位：mm）

H	
公称尺寸	极限偏差 h8
1	0 -0.014
2	
3	
4	0 -0.018
5	

附录 J　常用夹紧元件

表 J-1　带肩六角螺母（摘自 JB/T 8004.1—1999）　（单位：mm）

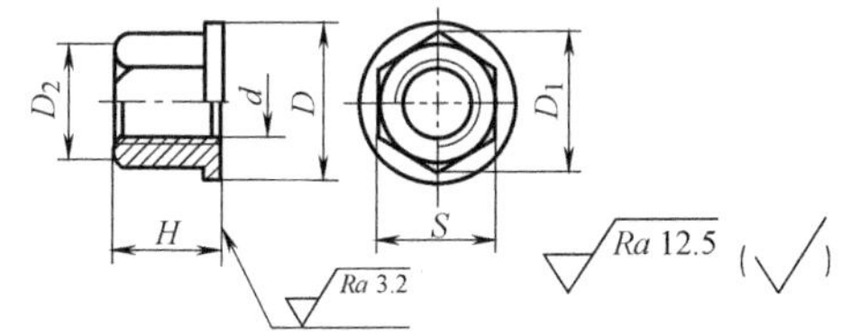

（1）材料：45 钢按 GB/T 699—2015 的规定

（2）热处理：35～40HRC

（3）细牙螺母的支承面对螺纹轴心线的垂直度按 GB/T 1184—1996 中附录 B 表 B3 规定的 9 级公差

（4）其他技术条件按 JB/T 8044—1999 的规定

标记示例：

d=M16×1.5 的带肩六角螺母：

螺母 M16×1.5　JB/T 8004.1—1999

d		*D*	*H*	*S*		D_1≈	D_2≈
普通螺纹	细牙螺纹			公称尺寸	极限偏差		
M5	—	10	8	8	0 -0.220	9.2	7.5
M6	—	12.5	10	10		11.5	9.5
M8	M8×1	17	12	13	0 -0.270	14.2	13.5
M10	M10×1	21	16	16		17.59	16.5
M12	M12×1.25	24	20	18		19.85	17
M16	M16×1.5	30	25	24	0 -0.330	27.7	23
M20	M20×1.5	37	32	30		34.6	29
M24	M24×1.5	44	38	36	0 -0.620	41.6	34
M30	M30×1.5	56	48	46		53.1	44
M36	M36×1.5	66	55	55	0 -0.740	63.5	53
M42	M42×1.5	78	65	65		75	62
M48	M48×1.5	92	75	75		86.5	72

表 J-2 球面带肩螺母（摘自 JB/T 8004.2—1999） （单位：mm）

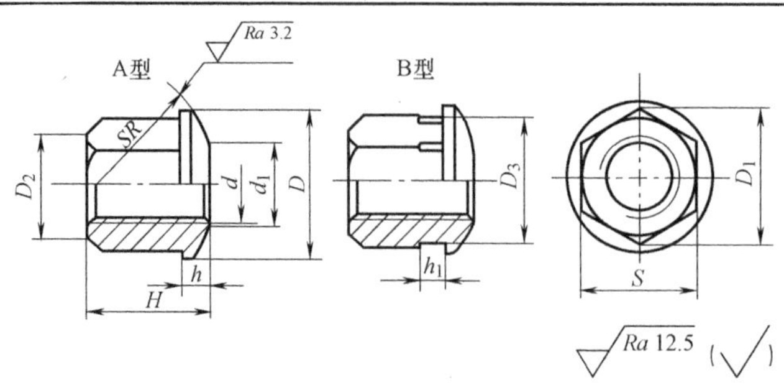

(1) 材料：45 钢按 GB/T 699—2015 的规定

(2) 热处理：35～40HRC

(3) 其他技术条件按 JB/T 8044—1999 的规定

标记示例：

d=M16 的 A 型球面带肩螺母：

螺母 AM16 JB/T 8004.2—1999

d	D	H	SR	S 公称尺寸	S 极限偏差	$D_1\approx$	$D_2\approx$	D_3	d_1	h	h_1
M6	12.5	10	10	10	0 -0.220	11.5	9.5	10	6.4	3	2.5
M8	17	12	12	13	0 -0.270	14.2	13.5	14	8.4	4	3
M10	21	16	16	16		17.59	16.5	18	10.5		3.5
M12	24	20	20	18		19.85	17	20	13	5	4
M16	30	25	25	24	0 -0.330	27.7	23	26	17	6	5
M20	37	32	32	30		34.6	29	32	21	6.6	
M24	44	38	38	36	0 -0.620	41.6	34	38	25	9.6	6
M30	56	48	48	46		53.1	44	48	31	9.8	7
M36	66	55	55	55	0 -0.740	63.5	53	58	37	12	8
M42	78	65	65	65		75	62	68	43	16	9
M48	92	75	70	76		86.5	72	78	50	20	10

表 J-3 菱形螺母（摘自 JB/T 8004.6—1999） （单位：mm）

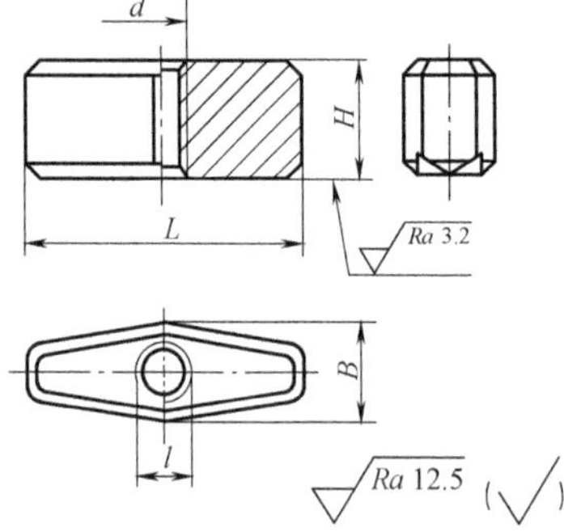

(1) 材料：45 钢按 GB/T 699—2015 的规定

(2) 热处理：35～40HRC

(3) 其他技术条件按 JB/T 8044—1999 的规定

标记示例：

d=M10 的菱形螺母：

螺母 M10 JB/T 8004.6—1999

d	L	B	H	l
M4	20	7	8	4
M5	25	8	10	5
M6	30	10	12	6
M8	35	12	16	8
M10	40	14	20	10
M12	50	16	22	12
M16	60	22	25	16

表 J-4　固定手柄压紧螺钉（摘自 JB/T 8006.3—1999）　　　（单位：mm）

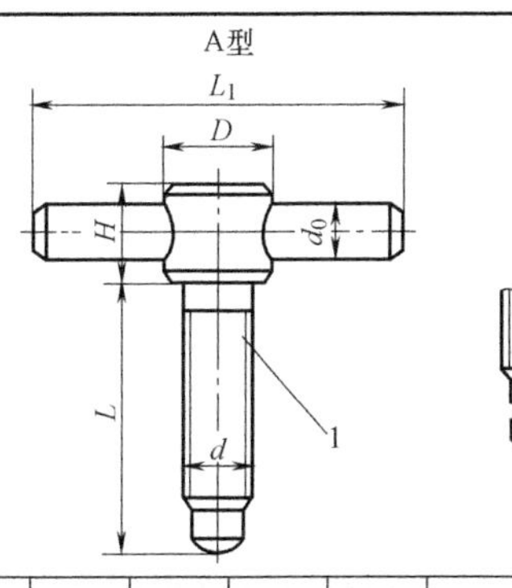

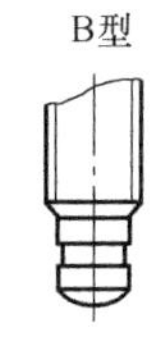

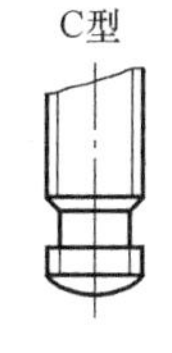

标记示例：

d=M10、L=80mm 的 A 型固定手柄压紧螺钉：

AM10×80 JB/T 8006.3—1999

<table>
<tr><th>d</th><th>d_0</th><th>D</th><th>H</th><th>L_1</th><th colspan="11">L</th></tr>
<tr><td>M6</td><td>5</td><td>12</td><td>10</td><td>50</td><td rowspan="2">30</td><td rowspan="2">35</td><td rowspan="3">40</td><td></td><td></td><td></td><td></td><td></td><td></td><td></td><td></td></tr>
<tr><td>M8</td><td>6</td><td>15</td><td>12</td><td>60</td><td rowspan="3">50</td><td rowspan="4">60</td><td></td><td></td><td></td><td></td><td></td><td></td></tr>
<tr><td>M10</td><td>8</td><td>18</td><td>14</td><td>80</td><td></td><td></td><td rowspan="4">70</td><td rowspan="4">80</td><td rowspan="4">90</td><td></td><td></td><td></td></tr>
<tr><td>M12</td><td>10</td><td>20</td><td>16</td><td>100</td><td></td><td></td><td></td><td rowspan="3">100</td><td></td><td></td></tr>
<tr><td>M16</td><td>12</td><td>24</td><td>20</td><td>120</td><td></td><td></td><td></td><td></td><td rowspan="2">120</td><td rowspan="2">140</td></tr>
<tr><td>M20</td><td>16</td><td>30</td><td>25</td><td>160</td><td></td><td></td><td></td><td></td><td></td></tr>
</table>

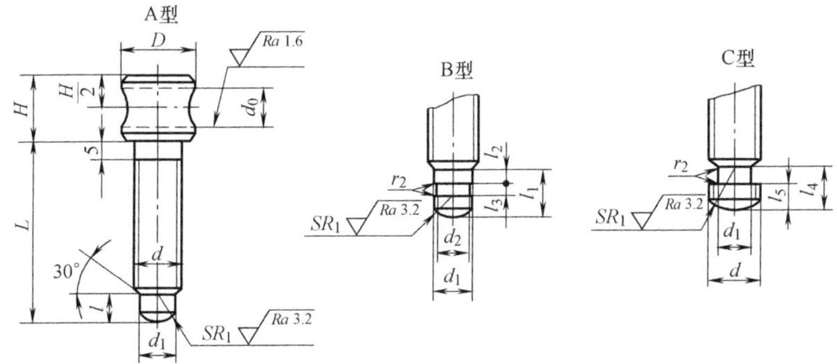

（1）材料：45 钢按 GB/T 699—2015 的规定　　（2）热处理：35～40HRC

<table>
<tr><th colspan="2">d</th><th>M6</th><th>M8</th><th>M10</th><th>M12</th><th>M16</th><th>M20</th></tr>
<tr><td colspan="2">D</td><td>12</td><td>15</td><td>18</td><td>20</td><td>24</td><td>30</td></tr>
<tr><td colspan="2">d_1</td><td>4.5</td><td>6</td><td>7</td><td>9</td><td>12</td><td>16</td></tr>
<tr><td colspan="2">d_2</td><td>3.1</td><td>4.6</td><td>5.7</td><td>7.8</td><td>10.4</td><td>13.2</td></tr>
<tr><td rowspan="2">d_0</td><td>公称尺寸</td><td>5</td><td>6</td><td>8</td><td>10</td><td>12</td><td>16</td></tr>
<tr><td>极限偏差 H7</td><td colspan="2">+0.012
0</td><td colspan="2">+0.015
0</td><td colspan="2">+0.018
0</td></tr>
<tr><td colspan="2">H</td><td>10</td><td>12</td><td>14</td><td>16</td><td>20</td><td>25</td></tr>
<tr><td colspan="2">l</td><td>4</td><td>5</td><td>6</td><td>7</td><td>8</td><td>10</td></tr>
<tr><td colspan="2">l_1</td><td>7</td><td>8.5</td><td>10</td><td>13</td><td>15</td><td>18</td></tr>
<tr><td colspan="2">l_2</td><td>2.1</td><td colspan="3">2.5</td><td>3.4</td><td>5</td></tr>
<tr><td colspan="2">l_3</td><td>2.2</td><td>2.6</td><td>3.2</td><td>4.8</td><td>6.3</td><td>7.5</td></tr>
<tr><td colspan="2">l_4</td><td>6.5</td><td>9</td><td>11</td><td>13.5</td><td>15</td><td>17</td></tr>
</table>

（续）

l_5	3	4	5	6.5	8	9
SR_1	5	6	7	9	12	16
r_2	0.5				0.7	1
L	30	30				
	35	35				
	40	40	40			
		50	50	50		
		60	60	60	60	
			70	70	70	70
			80	80	80	80
			90	90	90	90
				100	100	100
					120	120

表 J-5　阶形螺钉　（单位：mm）

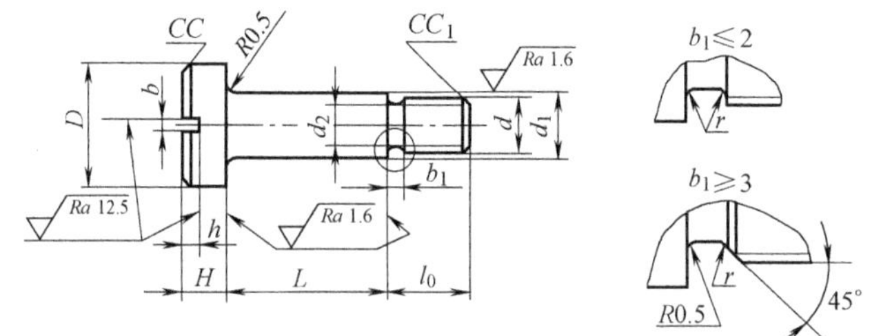

Ra 6.3 （√）

（1）材料：45 钢按 GB/T 699—2015 的规定
（2）表面发蓝或其他防锈处理
（3）热处理：33～38HRC
（4）螺钉按 7 级公差制造

d		M4	M5	M6	M8	M10	M12	M16	M20
D		8	10	13	16	20	24	28	35
H		3	4	5	6	7	8	10	
b		1	1.2	1.5	2	2.5	3	4	
h		1.4	1.7	2	2.5	3	3.5	4	5
d_1	公称尺寸	6	7	8	10	13	16	20	24
	极限偏差	-0.030 -0.105	-0.040 -0.130			-0.050 -0.160		-0.065 -0.195	
d_2		3	3.8	4.5	6.2	7.8	9.5	13	16.4
b_1		1.5		2		3	4		5
C_1		0.7	0.8	1	1.2	1.5	1.8	2	2.5
l_0		6	8	10	12	15	18	24	30
C		0.5			1			1.5	
r		0.5				1			1.5
L 公称（系列值）		5,6,8,10,12(14),16,20,25,30,35,40,45,50,(55),60,70,80							

表 J-6　内六角圆柱头螺钉（摘自 GB/T 70.1—2008）　　（单位：mm）

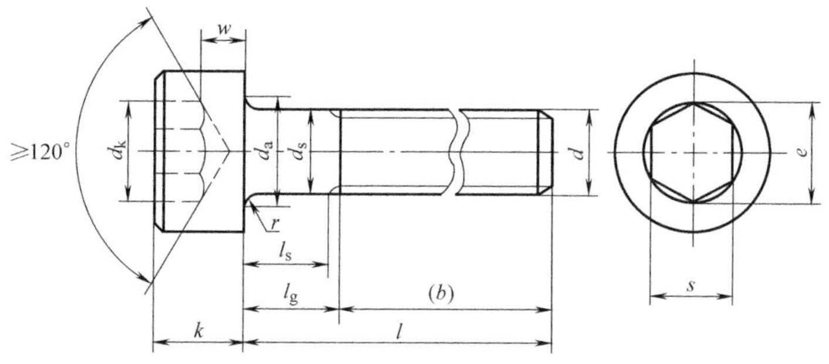

（1）材料：45 钢按 GB/T 699—2015 的规定
（2）热处理：35~40HRC
（3）其他技术条件按 JB/T 8044—1999 的规定
标记示例：
螺纹规格 d=M5、公称长度 l=20mm 的内六角圆柱头螺钉：
螺钉 GB/T 70.1　M5×20

螺纹规格 d		M5	M6	M8	M10	M12	M16
(b)		22	24	28	32	36	44
d_k	max	8.72	10.22	13.27	16.27	18.27	24.33
	min	8.28	9.78	12.73	15.73	17.73	23.67
d_a max		5.7	6.8	9.2	11.2	13.7	17.7
d_s	max	5.00	6.00	8.00	10.00	12.00	16.00
	min	4.82	5.82	7.78	9.78	11.73	15.73
e min		4.58	5.72	6.68	9.15	11.43	16
k	max	5.00	6.00	8.00	10.00	12.00	16.00
	min	4.82	5.70	7.64	9.64	11.57	15.57
r min		0.2	0.25	0.4	0.4	0.6	0.6
s max		4.095	5.140	6.140	8.175	10.175	14.212
w min		1.9	2.3	3.3	4	4.8	6.8

l			l_s 和 l_g											
公称	min	max	l_s min	l_g max	l_s min	l_g max	l_s min	l_g max	l_s min	l_g max	l_s min	l_g max	l_s min	l_g max
30	29.58	30.42	4	8										
35	34.5	35.5	9	13	6	11								
40	39.5	40.5	14	18	11	16	5.75	12						
45	44.5	45.5	19	23	16	21	10.75	17	5.5	13				
50	49.5	50.5	24	28	21	26	15.75	22	10.5	18				
55	54.4	55.6			26	31	20.75	27	15.5	23	10.25	19		
60	59.4	60.6			31	36	25.75	32	20.5	28	15.25	24		
65	64.4	65.6					30.75	37	25.5	33	20.25	29	11	21
70	69.4	70.6					35.75	42	30.5	38	25.25	34	16	26
80	79.4	80.6					45.75	52	40.5	48	35.25	44	26	36
90	89.3	90.7							50.5	58	45.25	54	36	46
100	99.3	100.7							60.5	68	55.25	64	46	56

表 J-7 转动垫圈（摘自 JB/T 8008.4—1999） （单位：mm）

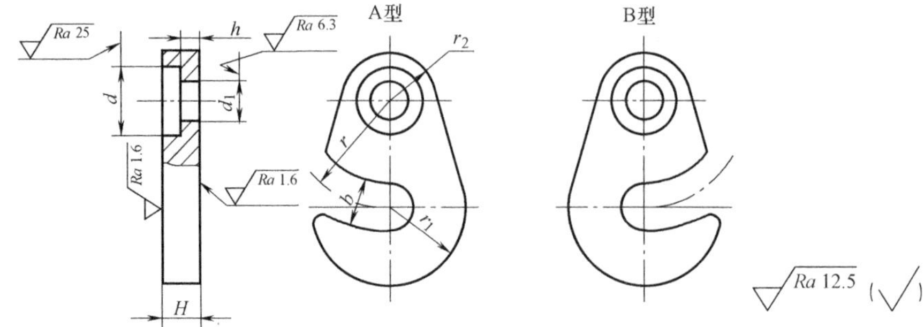

(1)材料：45 钢按 GB/T 699—2015 的规定
(2)热处理：35~40HRC
(3)其他技术条件按 JB/T 8008.4—1999 的规定
标记示例：
公称直径 = 8mm、r = 22mm 的 A 型转动垫圈：
垫圈 A8×22 JB/T 8008.4—1999

公称直径（螺纹直径）	r	r_1	H	d	d_1		h		b	r_2
					公称尺寸	极限偏差 H11	公称尺寸	极限偏差		
5	15	11	6	9	5	+0.075 0	3	0 −0.100	7	7
	20	14								
6	18	13	7	11	6				8	8
	25	18								
8	22	16	8	14	8	+0.090 0	4		10	10
	30	22								
10	26	20	10	18	10				12	13
	35	26								
12	32	25							14	
	45	32								
16	38	28	12	22	12	+0.110 0	5		18	15
	50	36								
20	45	32	14				6		22	
	60	42								
24	50	38	16				8		26	
	70	50								
30	60	45	18	26	16				32	18
	80	58								
36	70	55	20				10		38	
	95	70								

表 J-8 球面垫圈（摘自 GB/T 849—1988） （单位：mm）

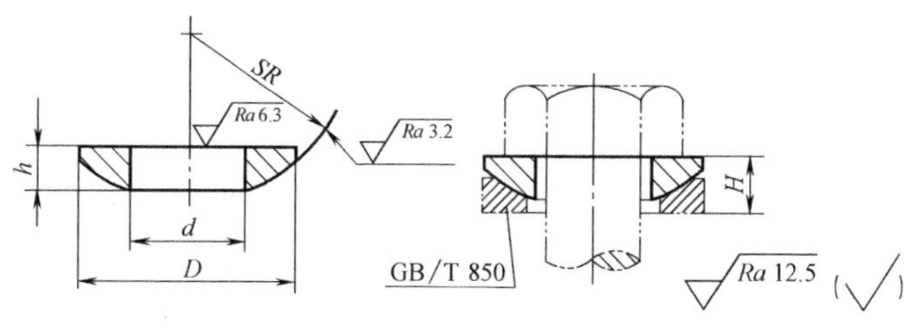

(1)材料:45 钢按 GB/T 699—2015 的规定
(2)热处理:40~48HRC
(3)垫圈应进行表面氧化处理
(4)其他技术条件按 JB/T 8044—1999 的规定
标记示例：
规格为 16mm、材料为 45 钢、热处理硬度 40~48HRC,表面氧化的球面垫圈：
垫圈 GB/T 849 16

规格（螺纹大径）	d		D		h		SR	H≈
	max	min	max	min	max	min		
8	8.60	8.40	17.00	16.57	4.00	3.70	12	5
10	10.74	10.50	21.00	20.48	4.00	3.70	16	6
12	13.24	13.00	24.00	23.48	5.00	4.70	20	7
16	17.24	17.00	30.00	29.48	6.00	5.70	25	8
20	21.28	21.00	37.00	35.38	6.60	6.24	32	10
24	25.28	25.00	44.00	43.38	9.60	9.24	36	13
30	31.34	31.00	56.00	55.26	9.80	9.44	40	16

表 J-9 锥面垫圈（摘自 GB/T 850—1988） （单位：mm）

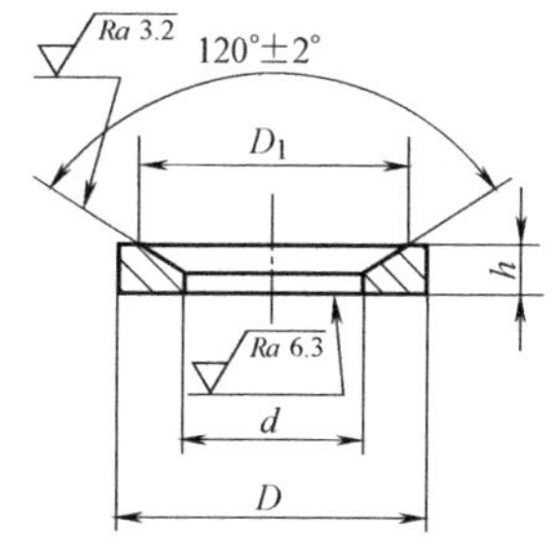

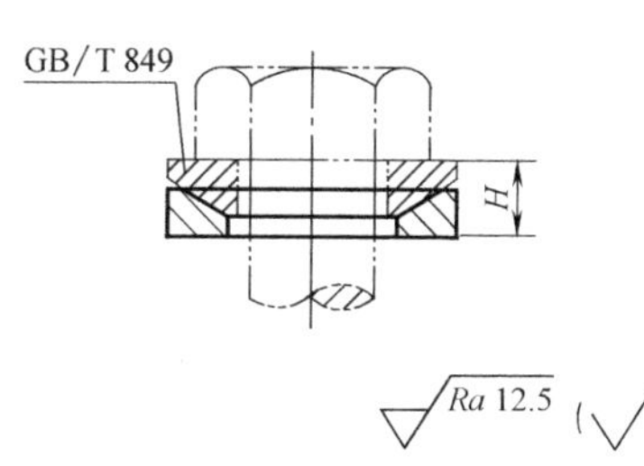

Ra 12.5 (√)

(1)材料:45 钢按 GB/T 699—2015 的规定
(2)热处理:40~48HRC
(3)垫圈应进行表面氧化处理
标记示例：
规格为 16mm、材料为 45 钢、热处理硬度 40~48HRC,表面氧化的锥面垫圈：
垫圈 GB/T 850 16

规格（螺纹大径）	d		D		h		D_1	H≈
	max	min	max	min	max	min		
8	10.36	10	17	16.57	3.2	2.90	16	5
10	12.93	12.5	21	20.48	4	3.70	18	6
12	16.43	16	24	23.48	4.7	4.40	23.5	7
16	20.52	20	30	29.48	5.1	4.80	29	8
20	25.52	25	37	36.38	6.6	6.24	34	10
24	30.52	30	44	43.38	6.8	6.44	38.5	13
30	36.62	36	56	55.26	8.9	9.54	45.2	16

表 J-10　快换垫圈（摘自 JB/T 8008.5—1999）　　（单位：mm）

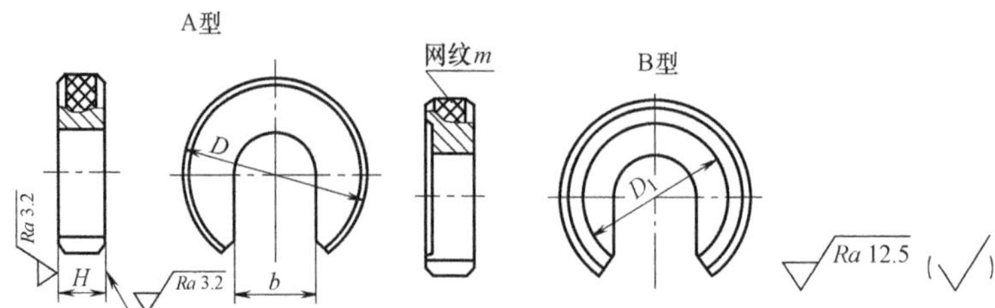

(1)材料:45 钢按 GB/T 699—2015 的规定

(2)热处理:35~40HRC

(3)其他技术条件按 JB/T 8044—1999 的规定

标记示例:

公称直径 = 6mm、D = 30mm 的 A 型快换垫圈:

垫圈　A6×30　JB/T 8008.5—1999

<table>
<tr><td>公称直径
（螺纹直径）</td><td>5</td><td>6</td><td>8</td><td>10</td><td>12</td><td>16</td><td>20</td><td>24</td><td>30</td><td>36</td></tr>
<tr><td>b</td><td>6</td><td>7</td><td>9</td><td>11</td><td>13</td><td>17</td><td>21</td><td>25</td><td>31</td><td>37</td></tr>
<tr><td>D1</td><td>13</td><td>15</td><td>19</td><td>23</td><td>26</td><td>32</td><td>42</td><td>50</td><td>60</td><td>72</td></tr>
<tr><td>m</td><td colspan="4">0.3</td><td colspan="6">0.4</td></tr>
<tr><td>D</td><td colspan="10">H</td></tr>
<tr><td>16</td><td rowspan="4">4</td><td></td><td></td><td></td><td></td><td></td><td></td><td></td><td></td><td></td></tr>
<tr><td>20</td><td rowspan="2">5</td><td></td><td></td><td></td><td></td><td></td><td></td><td></td><td></td></tr>
<tr><td>25</td><td rowspan="2">6</td><td></td><td></td><td></td><td></td><td></td><td></td><td></td></tr>
<tr><td>30</td><td rowspan="2">6</td><td rowspan="2">7</td><td></td><td></td><td></td><td></td><td></td><td></td></tr>
<tr><td>35</td><td></td><td rowspan="3">7</td><td rowspan="3">8</td><td></td><td></td><td></td><td></td><td></td></tr>
<tr><td>40</td><td></td><td></td><td rowspan="3">8</td><td rowspan="4">10</td><td></td><td></td><td></td><td></td></tr>
<tr><td>50</td><td></td><td></td><td rowspan="3">10</td><td></td><td></td><td></td></tr>
<tr><td>60</td><td></td><td></td><td></td><td rowspan="3">10</td><td rowspan="4">12</td><td></td><td></td></tr>
<tr><td>70</td><td></td><td></td><td></td><td></td><td rowspan="4">14</td><td></td></tr>
<tr><td>80</td><td></td><td></td><td></td><td></td><td rowspan="3">12</td><td rowspan="3">12</td><td></td></tr>
<tr><td>90</td><td></td><td></td><td></td><td></td><td></td><td rowspan="2">16</td></tr>
<tr><td>100</td><td></td><td></td><td></td><td></td><td></td><td rowspan="2">14</td></tr>
<tr><td>110</td><td></td><td></td><td></td><td></td><td></td><td></td><td>14</td><td>16</td><td>—</td></tr>
</table>

表 J-11 移动压板（摘自 JB/T 8010.1—1999） （单位：mm）

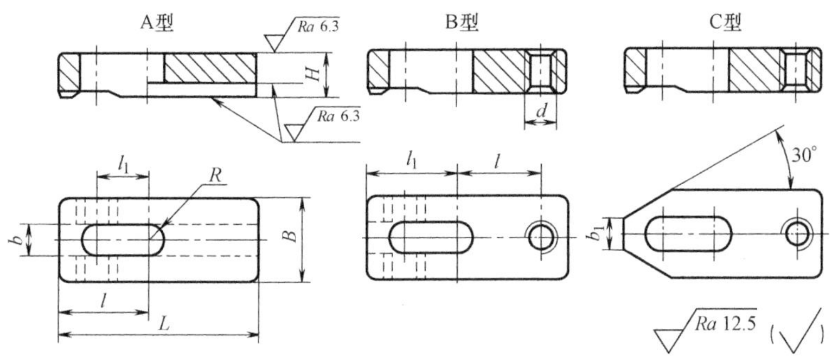

(1)材料:45 钢按 GB/T 699—2015 的规定

(2)热处理:35~40HRC

(3)其他技术条件按 JB/T 8044—1999 的规定

标记示例:

公称直径=6mm、L=45mm 的 A 型移动压板:压板 A6×45 JB/T 8010.1—1999

<table>
<tr><th rowspan="2">公称直径
(螺纹直径)</th><th colspan="3">L</th><th rowspan="2">B</th><th rowspan="2">H</th><th rowspan="2">l</th><th rowspan="2">l_1</th><th rowspan="2">b</th><th rowspan="2">b_1</th><th rowspan="2">d</th></tr>
<tr><th>A 型</th><th>B 型</th><th>C 型</th></tr>
<tr><td rowspan="3">6</td><td>40</td><td>—</td><td>40</td><td>18</td><td>6</td><td>17</td><td>9</td><td rowspan="3">6.6</td><td rowspan="3">7</td><td rowspan="3">M6</td></tr>
<tr><td colspan="2">45</td><td>—</td><td>20</td><td>8</td><td>19</td><td>11</td></tr>
<tr><td colspan="3">50</td><td>22</td><td>12</td><td>22</td><td>14</td></tr>
<tr><td rowspan="3">8</td><td>45</td><td>—</td><td>—</td><td>20</td><td>8</td><td>18</td><td>8</td><td rowspan="3">9</td><td rowspan="3">9</td><td rowspan="3">M8</td></tr>
<tr><td colspan="3">50</td><td>22</td><td>10</td><td>22</td><td>12</td></tr>
<tr><td rowspan="2">60</td><td colspan="2">60</td><td rowspan="2">25</td><td>14</td><td rowspan="2">27</td><td>17</td></tr>
<tr><td rowspan="3">10</td><td>—</td><td>—</td><td>10</td><td>14</td><td rowspan="3">11</td><td rowspan="3">10</td><td rowspan="3">M10</td></tr>
<tr><td colspan="3">70</td><td>28</td><td>12</td><td>30</td><td>17</td></tr>
<tr><td colspan="3">80</td><td>30</td><td>16</td><td>36</td><td>23</td></tr>
<tr><td rowspan="4">12</td><td>70</td><td>—</td><td>—</td><td rowspan="2">32</td><td>14</td><td>30</td><td>15</td><td rowspan="4">14</td><td rowspan="4">12</td><td rowspan="4">M12</td></tr>
<tr><td colspan="3">80</td><td>16</td><td>35</td><td>20</td></tr>
<tr><td colspan="3">100</td><td rowspan="3">36</td><td>18</td><td>45</td><td>30</td></tr>
<tr><td colspan="3">120</td><td>22</td><td>55</td><td>43</td></tr>
<tr><td rowspan="4">16</td><td>80</td><td>—</td><td>—</td><td>18</td><td>35</td><td>15</td><td rowspan="4">18</td><td rowspan="4">16</td><td rowspan="4">M16</td></tr>
<tr><td colspan="3">100</td><td>40</td><td>22</td><td>44</td><td>24</td></tr>
<tr><td colspan="3">120</td><td rowspan="3">45</td><td>25</td><td>54</td><td>36</td></tr>
<tr><td colspan="3">160</td><td>30</td><td>74</td><td>54</td></tr>
<tr><td rowspan="4">20</td><td>100</td><td>—</td><td>—</td><td>22</td><td>42</td><td>18</td><td rowspan="4">22</td><td rowspan="4">20</td><td rowspan="4">M20</td></tr>
<tr><td colspan="3">120</td><td rowspan="2">50</td><td>25</td><td>52</td><td>30</td></tr>
<tr><td colspan="3">160</td><td>30</td><td>72</td><td>48</td></tr>
<tr><td colspan="3">200</td><td>55</td><td>35</td><td>92</td><td>68</td></tr>
<tr><td rowspan="4">24</td><td>120</td><td>—</td><td>—</td><td>50</td><td>28</td><td>52</td><td>22</td><td rowspan="4">26</td><td rowspan="4">24</td><td rowspan="4">M24</td></tr>
<tr><td colspan="3">160</td><td>55</td><td>30</td><td>70</td><td>40</td></tr>
<tr><td colspan="3">200</td><td rowspan="2">60</td><td>35</td><td>90</td><td>60</td></tr>
<tr><td colspan="3">250</td><td>40</td><td>115</td><td>85</td></tr>
<tr><td rowspan="3">30</td><td>160</td><td>—</td><td rowspan="3">—</td><td rowspan="3">65</td><td rowspan="2">35</td><td>70</td><td>35</td><td rowspan="3">33</td><td rowspan="3">—</td><td rowspan="3">M30</td></tr>
<tr><td colspan="2">200</td><td>90</td><td>55</td></tr>
<tr><td colspan="2">250</td><td>40</td><td>115</td><td>80</td></tr>
</table>

表 J-12　转动压板（摘自 JB/T 8010.2—1999）　（单位：mm）

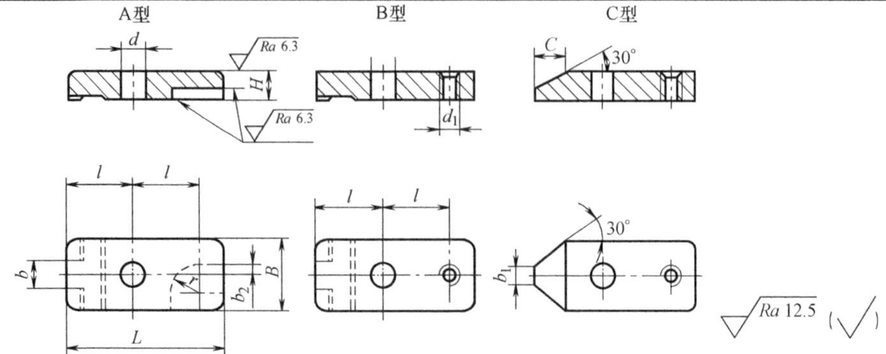

(1)材料:45 钢按 GB/T 699—2015 的规定
(2)热处理:35~40HRC
(3)其他技术条件按 JB/T 8044—1999 的规定
标记示例:
公称直径=6mm、L=45mm 的 A 型转动压板:压板　A6×45　JB/T 8010.2—1999

公称直径（螺纹直径）	L A 型	L B 型	L C 型	B	H	l	d	d_1	b	b_1	b_2	r	C
6	40	—	40	18	6	17	6.6	M6	8	6	3	8	2
	45		—	20	8	19							—
	50			22	12	22							10
8	45	—	—	20	8	18	9	M8	9	8	4	10	—
	50			22	10	22							7
	60	60		25	14	27							14
10		—	—		10		11	M10	11	10	5	12.5	—
	70			28	12	30							10
	80			30	16	36							14
12	70	—	—	32	14	30	14	M12	14	12	6	16	—
	80				16	35							14
	100			36	20	45							17
	120				22	55							21
16	80	—	—		18	35	18	M16	18	16	8	17.5	—
	100			40	22	44							14
	120			45	25	54							17
	160				30	74							21
20	100	—	—		22	42	22	M20	22	20	10	20	—
	120			45	25	52							12
	160				30	72							17
	200			55	35	92							26
24	120	—	—	50	28	52	26	M24	26	24	12	22.5	—
	160			55	30	70							17
	200			60	35	90							
	250				40	115							26
30	160	—	—	65	35	70	33	M30	33	—	15	30	—
	200					90							
	250				40	115							
36	200	—		75		85	39	—	39		18		
	250				45	110							
	320			80	50	145							

表 J-13　偏心轮用压板（摘自 JB/T 8010.7—1999）　　（单位：mm）

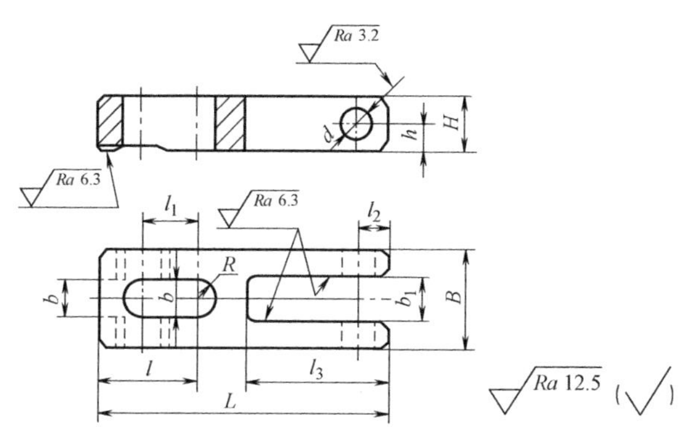

（1）材料：45 钢按 GB/T 699—2015 的规定
（2）热处理：35～40HRC
（3）其他技术条件按 JB/T 8044—1999 的规定
标记示例：
公称直径＝8mm、L＝70mm 的偏心轮用压板：
压板 8×70　JB/T 8010.7—1999

<table>
<tr><th rowspan="2">公称直径（螺纹直径）</th><th rowspan="2">L</th><th rowspan="2">B</th><th rowspan="2">H</th><th colspan="2">d</th><th rowspan="2">b</th><th colspan="2">b₁</th><th rowspan="2">l</th><th rowspan="2">l₁</th><th rowspan="2">l₂</th><th rowspan="2">l₃</th><th rowspan="2">h</th></tr>
<tr><th>公称尺寸</th><th>极限偏差 H7</th><th>公称尺寸</th><th>极限偏差 H11</th></tr>
<tr><td>6</td><td>60</td><td>25</td><td>12</td><td>6</td><td>+0.012
0</td><td>6.6</td><td>12</td><td rowspan="4">+0.110
0</td><td>24</td><td>14</td><td>6</td><td>24</td><td>5</td></tr>
<tr><td>8</td><td>70</td><td>30</td><td>16</td><td>8</td><td rowspan="2">+0.015
0</td><td>9</td><td>14</td><td>28</td><td>16</td><td>8</td><td>28</td><td>7</td></tr>
<tr><td>10</td><td>80</td><td>36</td><td>18</td><td>10</td><td>11</td><td>16</td><td>32</td><td>18</td><td>10</td><td>32</td><td>8</td></tr>
<tr><td>12</td><td>100</td><td>40</td><td>22</td><td>12</td><td rowspan="3">+0.018
0</td><td>14</td><td>18</td><td>42</td><td>24</td><td>12</td><td>38</td><td>10</td></tr>
<tr><td>16</td><td>120</td><td>45</td><td>25</td><td rowspan="2">16</td><td>18</td><td>22</td><td rowspan="2">+0.130
0</td><td>54</td><td>32</td><td>14</td><td>45</td><td>12</td></tr>
<tr><td>20</td><td>160</td><td>50</td><td>30</td><td>22</td><td>24</td><td>70</td><td>45</td><td>15</td><td>52</td><td>14</td></tr>
</table>

表 J-14　平压板（摘自 JB/T 8010.9—1999）　　（单位：mm）

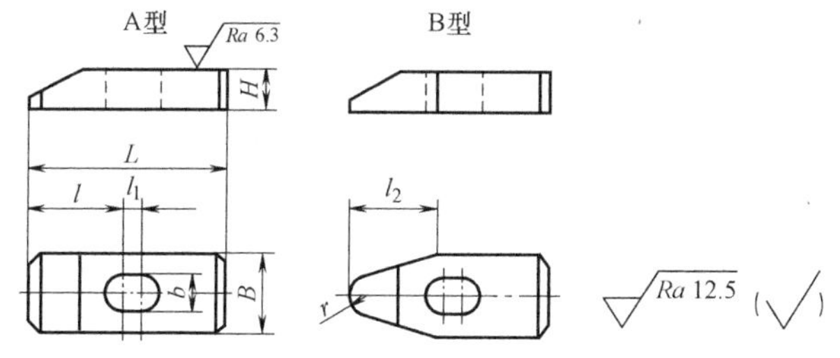

（1）材料：45 钢按 GB/T 699—2015 的规定
（2）热处理：35～40HRC
（3）其他技术条件按 JB/T 8044—1999 的规定
标记示例：
公称直径＝20mm、L＝200mm 的 A 型平压板：
压板 A20×200　JB/T 8010.9—1999

<table>
<tr><th>公称直径（螺纹直径）</th><th>L</th><th>B</th><th>H</th><th>b</th><th>l</th><th>l₁</th><th>l₂</th><th>r</th></tr>
<tr><td rowspan="2">6</td><td>40</td><td>18</td><td>8</td><td rowspan="2">7</td><td>18</td><td rowspan="8">7</td><td>16</td><td rowspan="2">4</td></tr>
<tr><td>50</td><td rowspan="2">22</td><td>12</td><td>23</td><td>21</td></tr>
<tr><td rowspan="2">8</td><td>45</td><td>10</td><td rowspan="2">10</td><td>21</td><td>19</td><td rowspan="2">5</td></tr>
<tr><td rowspan="2">60</td><td rowspan="2">25</td><td rowspan="2">12</td><td rowspan="2">28</td><td rowspan="2">26</td></tr>
<tr><td rowspan="2">10</td><td rowspan="2">12</td><td rowspan="2">6</td></tr>
<tr><td rowspan="2">80</td><td>30</td><td rowspan="2">16</td><td rowspan="2">38</td><td rowspan="2">35</td></tr>
<tr><td rowspan="2">12</td><td>32</td><td rowspan="2">15</td><td rowspan="2">8</td></tr>
<tr><td>100</td><td>40</td><td>20</td><td>48</td><td>45</td></tr>
</table>

（续）

<table>
<tr><th>公称直径(螺纹直径)</th><th>L</th><th>B</th><th>H</th><th>b</th><th>l</th><th>l_1</th><th>l_2</th><th>r</th></tr>
<tr><td rowspan="2">16</td><td>120</td><td rowspan="2">50</td><td rowspan="2">25</td><td rowspan="2">19</td><td>52</td><td>15</td><td>55</td><td rowspan="2">10</td></tr>
<tr><td>160</td><td>70</td><td rowspan="3">20</td><td>60</td></tr>
<tr><td rowspan="2">20</td><td>200</td><td>60</td><td>28</td><td rowspan="2">24</td><td>90</td><td>75</td><td rowspan="2">12</td></tr>
<tr><td rowspan="2">250</td><td>70</td><td>32</td><td rowspan="2">100</td><td>85</td></tr>
<tr><td rowspan="2">24</td><td rowspan="2">80</td><td rowspan="2">35</td><td rowspan="2">28</td><td rowspan="2">30</td><td>100</td><td rowspan="2">16</td></tr>
<tr><td rowspan="2">320</td><td rowspan="2">130</td><td rowspan="2">110</td></tr>
<tr><td rowspan="2">30</td><td rowspan="4">100</td><td rowspan="2">40</td><td rowspan="2">35</td><td rowspan="2">40</td><td rowspan="4">20</td></tr>
<tr><td>360</td><td>150</td><td>130</td></tr>
<tr><td rowspan="2">36</td><td>320</td><td rowspan="2">45</td><td rowspan="2">42</td><td>130</td><td rowspan="2">50</td><td>110</td></tr>
<tr><td>360</td><td>150</td><td>130</td></tr>
</table>

表 J-15 直压板（摘自 JB/T 8010.13—1999） （单位：mm）

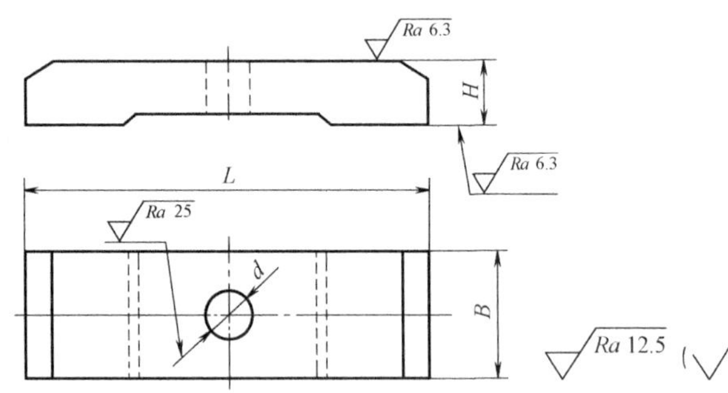

(1)材料:45 钢按 GB/T 699—2015 的规定

(2)热处理:35~40HRC

(3)其他技术条件按 JB/T 8044—1999 的规定

标记示例:

公称直径=8mm、L=80mm 的直压板:

压板 8×80 JB/T 8010.13—1999

<table>
<tr><th>公称直径(螺纹直径)</th><th>L</th><th>B</th><th>H</th><th>d</th></tr>
<tr><td rowspan="3">8</td><td>50</td><td rowspan="3">25</td><td rowspan="3">12</td><td rowspan="3">9</td></tr>
<tr><td>60</td></tr>
<tr><td>80</td></tr>
<tr><td rowspan="3">10</td><td>60</td><td rowspan="6">32</td><td rowspan="2">16</td><td rowspan="3">11</td></tr>
<tr><td>80</td></tr>
<tr><td>100</td><td rowspan="3">20</td></tr>
<tr><td rowspan="3">12</td><td>80</td><td rowspan="3">14</td></tr>
<tr><td>100</td></tr>
<tr><td>120</td><td rowspan="5">25</td></tr>
<tr><td rowspan="3">16</td><td>100</td><td rowspan="3">40</td><td rowspan="3">18</td></tr>
<tr><td>120</td></tr>
<tr><td>160</td></tr>
<tr><td rowspan="3">20</td><td>120</td><td rowspan="3">50</td><td rowspan="3">22</td></tr>
<tr><td>160</td><td rowspan="2">32</td></tr>
<tr><td>200</td></tr>
</table>

表 J-16　铰链压板（摘自 JB/T 8010.14—1999）　　（单位：mm）

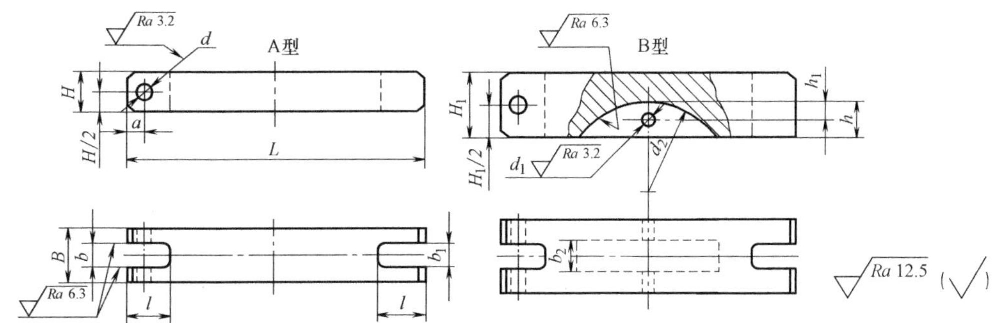

(1)材料:45 钢按 GB/T 699—2015 的规定

(2)热处理:A 型 T215,B 型 35~40HRC

(3)其他技术按 JB/T 8044—1999 的规定

标记示例:

b=80mm、L=100mm 的 A 型铰链压板:

压板　A8×100　JB/T 8010.14—1999

b 公称尺寸	b 极限偏差 H11	L	B	H	H_1	b_1	b_2	d 公称尺寸	d 极限偏差 H7	d_1 公称尺寸	d_1 极限偏差 H7	d_2	a	l	h	h_1
6	+0.075 0	70 90	16	12	—	6	—	4	+0.012 0	—	+0.010 0	—	5	12	—	—
8	+0.090 0	100 120	18 24	15	20	8	10 14	5		3		63	6	15	10	6.2
10		140		18		10	10 14	6					7	18		
12	+0.110 0	160 180	32	22	26	12	10 14 18	8	+0.015 0	4	+0.012 0	80	9	22	14	7.5
14		200 220		26	32	14	10 14 18	10		5		100	10	25	18	9.5
18		250 280	40	32	38	18	14 16 20	12	+0.018 0	6		125	14	32	20	10.5
22	+0.130 0	250 280 300	50	40	45	22	14 16 20	16		8	+0.015 0	160	18	40	26	12.5
26		320 360	60	45		26	16 20	20	+0.021 0			200	22	48		14.5

表 J-17 回转压板（摘自 JB/T 8010.15—1999） （单位：mm）

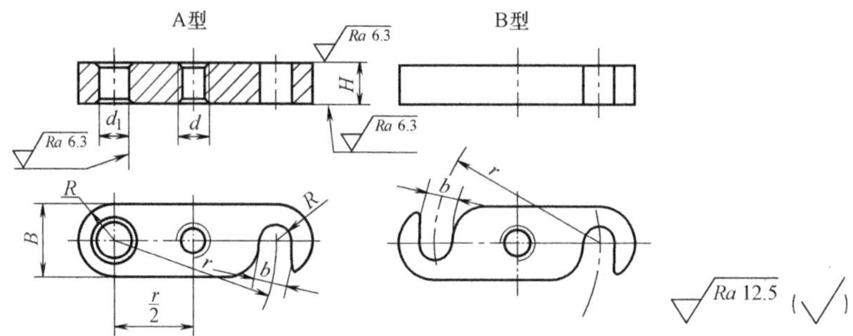

(1)材料:45 钢按 GB/T 699—2015 的规定

(2)热处理:35~40HRC

(3)其他技术条件按 JB/T 8044—1999 的规定

标记示例:

d=M10、r=50mm 的 A 型回转压板:

压板 AM10×50 JB/T 8010.15—1999

d		M5	M6	M8	M10	M12	M16
B		14	18	20	22	25	32
H	公称尺寸	6	8	10	12	16	20
	极限偏差 h11	0 -0.075	0 -0.090		0 -0.110		0 -0.130
b		5.5	6.6	9	11	14	18
d_1	公称尺寸	6	8	10	12	14	18
	极限偏差 H11	+0.075 0	+0.090 0		+0.110 0		
r		20					
		25					
		30	30				
		35	35				
		40	40	40			
			45	45			
			50	50	50		
				55	55		
				60	60	60	
				65	65	65	
				70	70	70	
					75	75	
					80	80	80
					85	85	85
					90	90	90
						100	100
							110
							112
配用螺钉 GB/T 830		M5×6	M6×8	M8×10	M10×12	M12×16①	M16×20①

① 按使用需求自行设计。

表 J-18　钩形压板（摘自 JB/T 8012.1—1999）　（单位：mm）

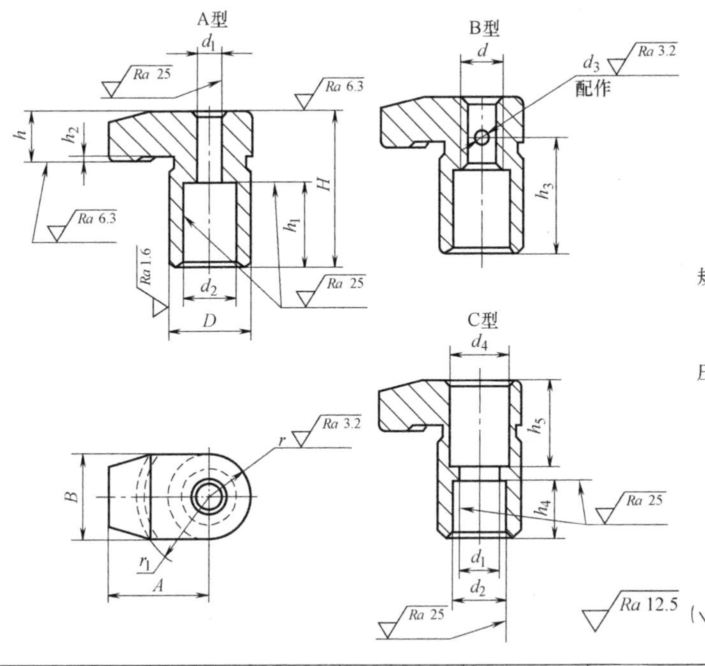

（1）材料：45 钢按 GB/T 699—2015 的规定

（2）热处理：35～40HRC

（3）其他技术条件按JB/T 8044—1999 的规定

标记示例：

公称直径＝13mm、A＝35mm 的 A 型钩形压板：

压板　A13×35　JB/T 8012.1—1999

d＝M12、A＝35mm 的 B 型钩形压板：

压板　BM12×35　JB/T 8012.1—1999

<table>
<tr><td>A 型
C 型</td><td>d_1</td><td colspan="2">6.6</td><td colspan="2">9</td><td colspan="2">11</td><td colspan="2">13</td><td colspan="2">17</td><td colspan="2">21</td><td colspan="2">25</td></tr>
<tr><td>B 型</td><td>d</td><td colspan="2">M6</td><td colspan="2">M8</td><td colspan="2">M10</td><td colspan="2">M12</td><td colspan="2">M16</td><td colspan="2">M20</td><td colspan="2">M24</td></tr>
<tr><td colspan="2">A</td><td>18</td><td colspan="2">24</td><td colspan="2">28</td><td colspan="2">35</td><td colspan="2">45</td><td colspan="2">55</td><td colspan="2">65</td><td>75</td></tr>
<tr><td colspan="2">B</td><td colspan="2">16</td><td colspan="2">20</td><td colspan="2">25</td><td colspan="2">30</td><td colspan="2">35</td><td colspan="2">40</td><td colspan="2">50</td></tr>
<tr><td rowspan="2">D</td><td>公称尺寸</td><td colspan="2">16</td><td colspan="2">20</td><td colspan="2">25</td><td colspan="2">30</td><td colspan="2">35</td><td colspan="2">40</td><td colspan="2">50</td></tr>
<tr><td>极限偏差 f9</td><td colspan="2">-0.016
-0.059</td><td colspan="6">-0.020
-0.072</td><td colspan="6">-0.025
-0.087</td></tr>
<tr><td colspan="2">H</td><td>28</td><td colspan="2">35</td><td colspan="2">45</td><td>58</td><td>55</td><td colspan="2">70</td><td>90</td><td>80</td><td>100</td><td>95</td><td>120</td></tr>
<tr><td colspan="2">h</td><td>8</td><td>10</td><td>11</td><td colspan="2">13</td><td colspan="2">16</td><td>20</td><td>22</td><td>25</td><td>28</td><td>30</td><td>32</td><td>35</td></tr>
<tr><td rowspan="2">r</td><td>公称尺寸</td><td colspan="2">8</td><td colspan="2">10</td><td colspan="2">12.5</td><td colspan="2">15</td><td colspan="2">17.5</td><td colspan="2">20</td><td colspan="2">25</td></tr>
<tr><td>极限偏差 h11</td><td colspan="4">0
-0.090</td><td colspan="6">0
-0.110</td><td colspan="4">0
-0.130</td></tr>
<tr><td colspan="2">r_1</td><td>14</td><td>20</td><td>18</td><td>24</td><td>22</td><td>30</td><td>26</td><td>36</td><td>35</td><td>45</td><td>42</td><td>52</td><td>50</td><td>60</td></tr>
<tr><td colspan="2">d_2</td><td colspan="2">10</td><td colspan="2">14</td><td colspan="2">16</td><td colspan="2">18</td><td colspan="2">23</td><td colspan="2">28</td><td colspan="2">34</td></tr>
<tr><td rowspan="2">d_3</td><td>公称尺寸</td><td colspan="2">2</td><td colspan="2">3</td><td colspan="4">4</td><td colspan="2">5</td><td colspan="4">6</td></tr>
<tr><td>极限偏差 H7</td><td colspan="4">+0.010
0</td><td colspan="10">+0.012
0</td></tr>
<tr><td colspan="2">d_4</td><td colspan="2">10.5</td><td colspan="2">14.5</td><td colspan="2">18.5</td><td colspan="2">22.5</td><td colspan="2">25.5</td><td colspan="2">30.5</td><td colspan="2">35</td></tr>
<tr><td colspan="2">h_1</td><td>16</td><td>21</td><td>20</td><td>28</td><td>25</td><td>36</td><td>30</td><td>42</td><td>40</td><td>60</td><td>45</td><td>60</td><td>50</td><td>75</td></tr>
<tr><td colspan="2">h_2</td><td colspan="8">1</td><td colspan="4">1.5</td><td colspan="2"></td></tr>
<tr><td colspan="2">h_3</td><td>22</td><td colspan="2">28</td><td colspan="2">35</td><td>45</td><td>42</td><td colspan="2">55</td><td>75</td><td>60</td><td>75</td><td>70</td><td>95</td></tr>
<tr><td colspan="2">h_4</td><td>8</td><td>14</td><td>11</td><td>20</td><td>16</td><td>25</td><td>20</td><td>30</td><td>24</td><td>40</td><td>24</td><td>40</td><td>28</td><td>50</td></tr>
<tr><td colspan="2">h_5</td><td colspan="2">16</td><td colspan="2">20</td><td colspan="2">25</td><td colspan="2">30</td><td colspan="2">40</td><td colspan="2">50</td><td colspan="2">60</td></tr>
<tr><td colspan="2">配用螺钉</td><td colspan="2">M6</td><td colspan="2">M8</td><td colspan="2">M10</td><td colspan="2">M12</td><td colspan="2">M16</td><td colspan="2">M20</td><td colspan="2">M24</td></tr>
</table>

表 J-19 钩形压板（组合）（摘自 JB/T 8012.2—1999） （单位：mm）

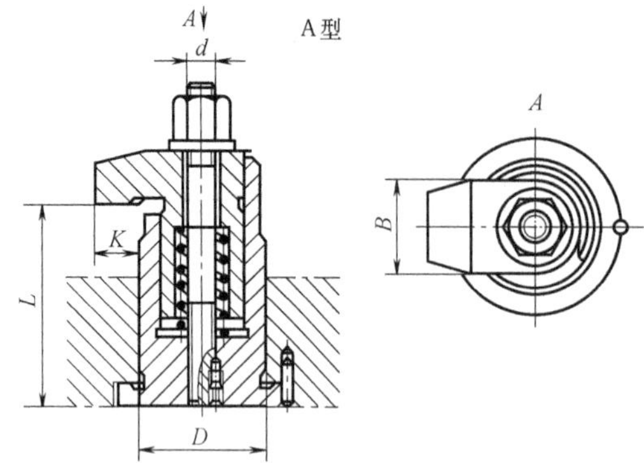

标记示例：
d = M12、K = 14mm 的 A 型钩形压板：
压板 AM12×14 JB/T 8012.2—1999

<table>
<tr><th rowspan="2">d</th><th rowspan="2">K</th><th rowspan="2">D</th><th rowspan="2">B</th><th colspan="2">L</th></tr>
<tr><th>min</th><th>max</th></tr>
<tr><td rowspan="2">M6</td><td>7</td><td rowspan="2">22</td><td rowspan="2">16</td><td>31</td><td>36</td></tr>
<tr><td>13</td><td>36</td><td>42</td></tr>
<tr><td rowspan="2">M8</td><td>10</td><td rowspan="2">28</td><td rowspan="2">20</td><td>37</td><td>44</td></tr>
<tr><td>14</td><td>45</td><td>52</td></tr>
<tr><td rowspan="2">M10</td><td>10.5</td><td rowspan="2">35</td><td rowspan="2">25</td><td>48</td><td>58</td></tr>
<tr><td>17.5</td><td>58</td><td>70</td></tr>
<tr><td rowspan="2">M12</td><td>14</td><td rowspan="2">42</td><td rowspan="2">30</td><td>57</td><td>68</td></tr>
<tr><td>24</td><td rowspan="2">70</td><td>82</td></tr>
<tr><td rowspan="2">M16</td><td>21</td><td rowspan="2">48</td><td rowspan="2">35</td><td>86</td></tr>
<tr><td>31</td><td>87</td><td>105</td></tr>
<tr><td rowspan="2">M20</td><td>27.5</td><td rowspan="2">55</td><td rowspan="2">40</td><td>81</td><td>100</td></tr>
<tr><td>37.5</td><td>99</td><td rowspan="2">120</td></tr>
<tr><td rowspan="2">M24</td><td>32.5</td><td rowspan="2">65</td><td rowspan="2">50</td><td>100</td></tr>
<tr><td>42.5</td><td>125</td><td>145</td></tr>
</table>

表 J-20 圆偏心轮（摘自 JB/T 8011.1—1999） （单位：mm）

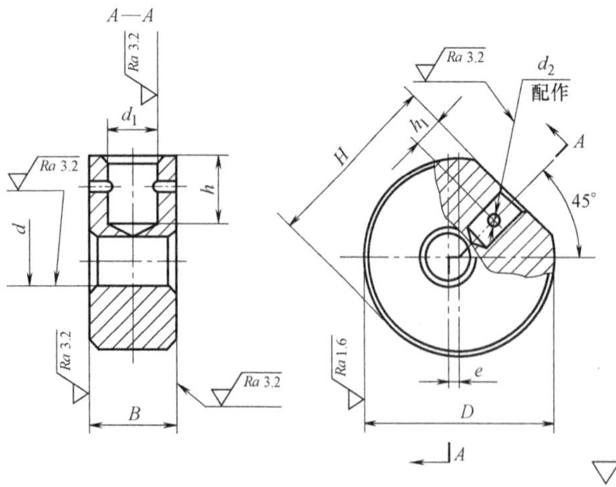

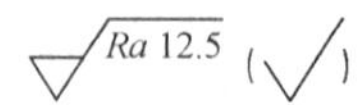

（1）材料：20 钢按 GB/T 699—2015 的规定

（2）热处理：渗碳深度 0.8～1.2mm，58～64HRC

（3）其他技术条件按 JB/T 8044—1999 的规定

标记示例：

D = 32mm 的圆偏心轮：

偏心轮 32 JB/T 8011.1—1999

（续）

D	e 公称尺寸	e 极限偏差	B 公称尺寸	B 极限偏差 d11	d 公称尺寸	d 极限偏差	d_1 公称尺寸	d_1 极限偏差	d_2 公称尺寸	d_2 极限偏差	H	h	h_1
25	1.3	±0.200	12	-0.050 -0.160	6	+0.060 +0.030	6	+0.012 0	2	+0.010 0	24	9	4
32	1.7		14		8	+0.076 +0.040	8	+0.015 0	3		31	11	5
40	2		16		10		10				38.5	14	6
50	2.5		18		12	+0.093 +0.050	12	+0.018 0	4	+0.012 0	48	18	8
60	3		22	-0.065 -0.195	16		16		5		58	22	10
70	3.5		24								68	24	

表 J-21　偏心轮用垫板（摘自 JB/T 8011.5—1999）　（单位：mm）

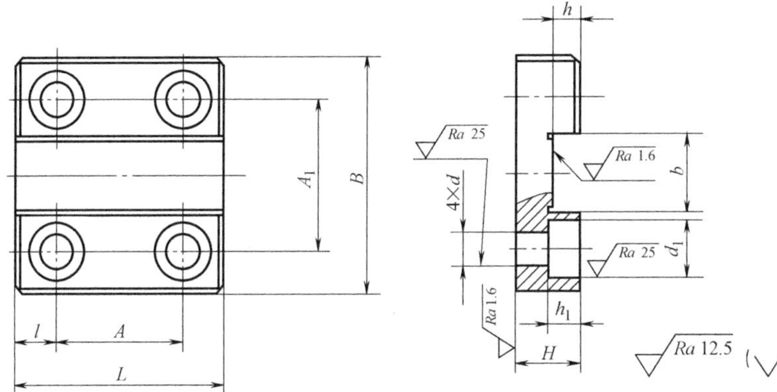

（1）材料：20 钢按 GB/T 699—2015 的规定

（2）热处理：渗碳深度 0.8～1.2mm，58～64HRC

（3）其他技术条件按 JB/T 8044—1999 的规定。

标记示例：

b＝15mm 的偏心轮用垫板：

垫板　15　JB/T 8011.5—1999

b	L	B	H	A	A_1	l	d	d_1	h	h_1
13	35	42	12	19	26	8	6.6	11	5	6
15	40	45		24	29					
17	45	56	16	25	36	10	9	15	6	8
19	50	58		30	38				8	
23	60	62	20	36	42	12				
25	70	64		46	44				10	

表 J-22　铰链支座（摘自 JB/T 8034—1999）　（单位：mm）

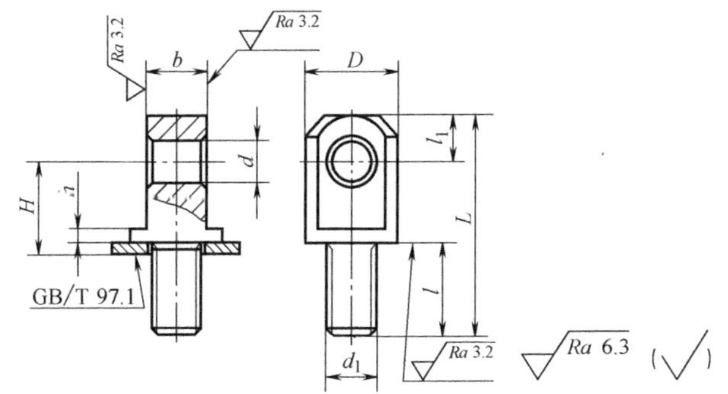

（1）材料：45 钢按 GB/T 699—2015 的规定

（2）热处理：35～40HRC

（3）其他技术条件按 JB/T 8044—2015 的规定

标记示例：

b＝12mm 的铰链支座：

支座　12　JB/T 8034—1999

（续）

b 公称尺寸	b 极限偏差 d11	D	d	d_1	L	l	l_1	$H\approx$	h
6	-0.030 -0.105	10	4.1	M5	25	10	5	11	2
8	-0.040 -0.130	12	5.2	M6	30	12	6	13.5	
10		14	6.2	M8	35	14	7	15.5	3
12	-0.050 -0.160	18	8.2	M10	42	16	9	19	
14		20	10.2	M12	50	20	10	22	4
18		28	12.2	M16	65	25	14	29	5

表 J-23　滚花把手（摘自 JB/T 8023.1—1999）　　（单位：mm）

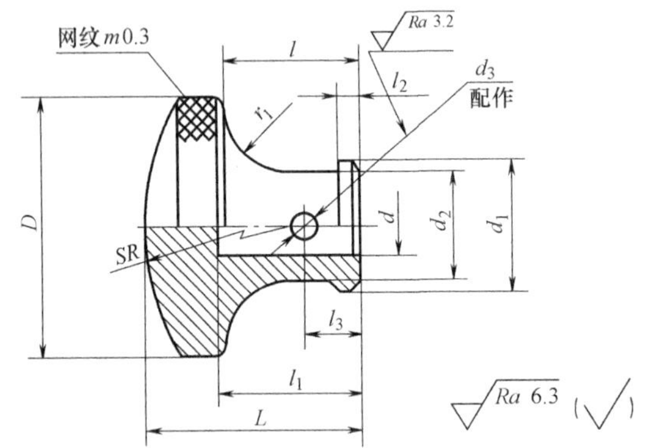

（1）材料：Q235 A 按 GB/T 700—2006 的规定

（2）其他技术条件按 JB/T 8044—1999 的规定

标记示例：

d=8mm 的滚花把手：

把手　8　JB/T 8023.1—1999

d 公称尺寸	d 极限偏差 H9	D（滚花前）	L	SR	r_1	d_1	d_2	d_3 公称尺寸	d_3 极限偏差 H7	l	l_1	l_2	l_3
6	+0.030 0	30	25	30	8	15	12	2	+0.010 0	17	18	3	6
8	+0.036 0	35	30	35		18	15	3		20	20		8
10		40	35	40	10	22	18			24	25	5	10

表 J-24　星形把手（摘自 JB/T 8023.2—1999）　　（单位：mm）

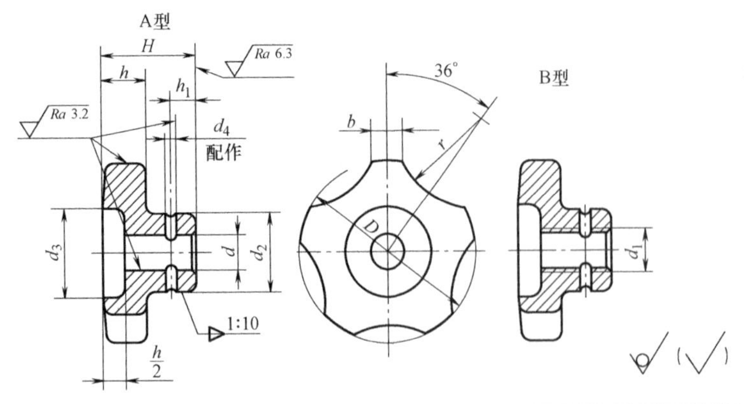

（1）材料：ZG45 按 GB/T 11352—2009 的规定

（2）零件表面应进行喷砂处理

（3）其他技术条件按 JB/T 8044—1999 的规定

标记示例：

d=10mm 的 A 型星形把手：

把手　A10　JB/T 8023.2—1999

d_1=M10 的 B 型星形把手：

把手　BM10　JB/T 8023.2—1999

（续）

d 公称尺寸	d 极限偏差 H9	d_1	D	H	d_2	d_3	d_4 公称尺寸	d_4 极限偏差 H7	h	h_1	b	r
6	+0.030 0	M6	32	18	14	14	2	+0.010 0	8	5	6	16
8	+0.036 0	M8	40	22	18	16			10	6	8	20
10		M10	50	26	22	25	3		12	7	10	25
12	+0.043 0	M12	65	35	24	32			16	9	12	32
16		M16	80	45	30	40	4	+0.012 0	20	11	15	40

表 J-25　导板（摘自 JB/T 8019—1999）　（单位：mm）

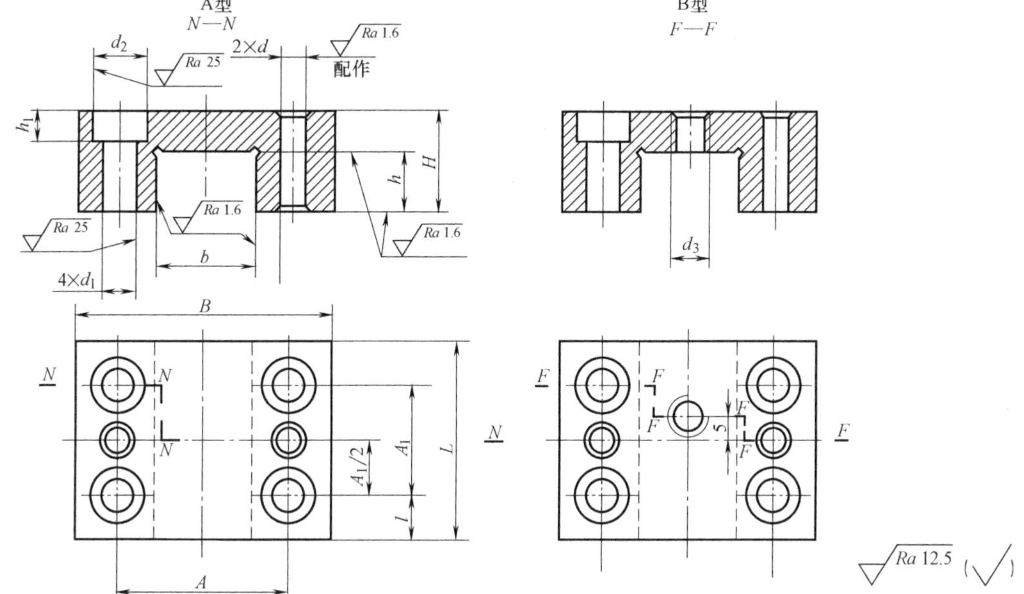

(1)材料:20 钢按 GB/T 699—2015 的规定

(2)热处理:渗碳深度 0.8~1.2mm,58~64HRC

(3)其他技术条件按 JB/T 8044—1999 的规定

标记示例:

b=20mm 的 A 型导板:

导板　A20　JB/T 8019—1999

b 公称尺寸	b 极限偏差 H7	h 公称尺寸	h 极限偏差 H8	B	L	H	A	A_1	l	h_1	d 公称尺寸	d 极限偏差 H7	d_1	d_2	d_3
18	+0.018 0	10	+0.022 0	50	38	18	34	22	8	6	5	+0.012 0	6.6	11	M8
20	+0.021 0	12	+0.027 0	52	40	20	35		9						
25		14		60	42	25	42	24			6				
34	+0.025 0	16		72	50	28	52	28	11	8			9	15	M10
42				90	60	32	65	34	13	10	8	+0.015 0	11	18	
52	+0.030 0	20	+0.033 0	104	70	35	78	40	15		10				M12
65				120	80		90	48	15.5	12			13.5	20	
80		25		140	100	40	110	66	17		12	+0.018 0			

表 J-26　铰链轴（摘自 JB/T 8033—1999）　　（单位：mm）

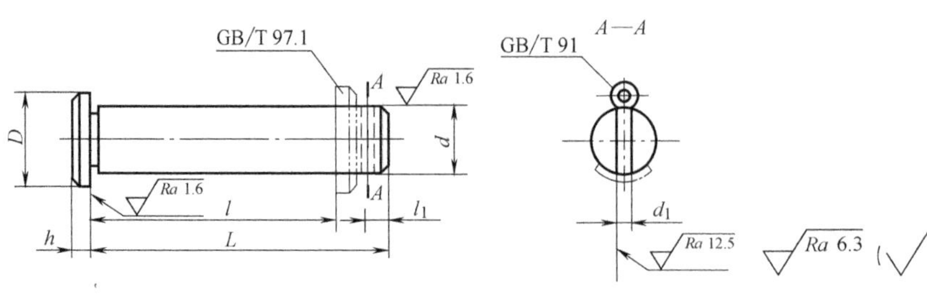

（1）材料：45 钢按 GB/T 699—2015 的规定

（2）热处理：35～40HRC

（3）其他技术条件按 JB/T 8044—1999 的规定

标记示例：

d = 10mm、偏差为 f9、L = 45mm 的铰链轴：

铰链轴　10f9×45　JB/T 8033—1999

d	公称尺寸	4	5	6	8	10	12	16	20	25
	极限偏差 h6	0 -0.008			0 -0.009		0 -0.011		0 -0.013	
	极限偏差 f9	-0.010 -0.040			-0.013 -0.049		-0.016 -0.059		-0.020 -0.072	
D		6	8	9	12	14	18	21	26	32
d_1		1		1.5		2		2.5	3	4
l		$L-4$		$L-5$		$L-7$	$L-8$	$L-10$	$L-12$	$L-15$
l_1		2		2.5		3.5	4.5	5.5	6	8.5
h		1.5	2		2.5		3		5	
L		20	20	20	20					
		20	25	25	25	25				
		30	30	30	30	30	30			
			35	35	35	35	35	35		
			40	40	40	40	40	40		
				45	45	45	45	45		
				50	50	50	50	50	50	
					55	55	55	55	55	
					60	60	60	60	60	60
					65	65	65	65	65	65
						70	70	70	70	70
						75	75	75	75	75
						80	80	80	80	80
							90	90	90	90
							100	100	100	100
								110	110	110
								120	120	120
									140	140
									160	160
									180	180
									200	200
										220
										240
相配件	垫圈 GB/T 97.1	B4	B5	B6	B8	B10	B12	B16	B20	B24
	开口销 GB/T 91	1×8		1.5×10	1.5×16	2×20		2.5×25	3×30	4×35

表 J-27　光面压块（摘自 JB/T 8009.1—1999）　　（单位：mm）

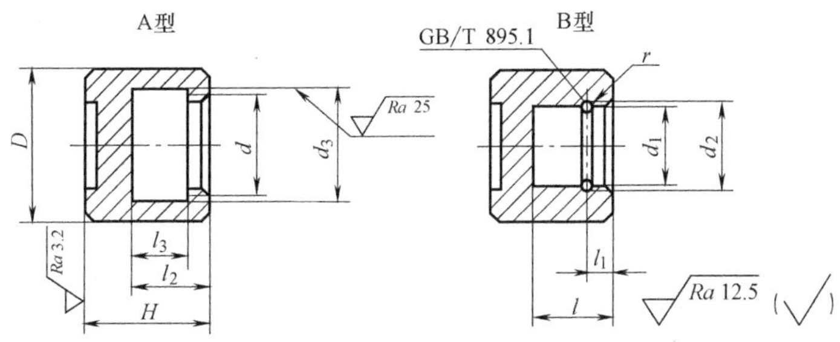

（1）材料：45 钢按 GB/T 699—2015 的规定

（2）热处理：35～40HRC

（3）其他技术条件按 JB/T 8044—1999 的规定

标记示例：

公称直径 = 12mm 的 A 型光面压块：

压块　A12　JB/T 8009.1—1999

<table>
<tr><th rowspan="2">公称直径
（螺纹直径）</th><th rowspan="2">D</th><th rowspan="2">H</th><th rowspan="2">d</th><th rowspan="2">d_1</th><th colspan="2">d_2</th><th rowspan="2">d_3</th><th rowspan="2">l</th><th rowspan="2">l_1</th><th rowspan="2">l_2</th><th rowspan="2">l_3</th><th rowspan="2">r</th><th rowspan="2">挡圈 GB/T 895.1</th></tr>
<tr><th>公称尺寸</th><th>极限偏差</th></tr>
<tr><td>4</td><td>8</td><td>7</td><td>M4</td><td rowspan="2">—</td><td rowspan="2">—</td><td rowspan="2">—</td><td>4.5</td><td rowspan="2">—</td><td rowspan="2">—</td><td>4.5</td><td>2.5</td><td rowspan="2">—</td><td rowspan="2">—</td></tr>
<tr><td>5</td><td>10</td><td rowspan="2">9</td><td>M5</td><td>6</td><td rowspan="2">6</td><td rowspan="2">3.5</td></tr>
<tr><td>6</td><td>12</td><td>M6</td><td>4.8</td><td>5.3</td><td rowspan="4">$^{+0.100}_{0}$</td><td>7</td><td>6</td><td>2.4</td><td rowspan="4">0.4</td><td>5</td></tr>
<tr><td>8</td><td>16</td><td>12</td><td>M8</td><td>6.3</td><td>6.9</td><td>10</td><td>7.5</td><td>3.1</td><td>8</td><td>5</td><td>6</td></tr>
<tr><td>10</td><td>18</td><td>15</td><td>M10</td><td>7.4</td><td>7.9</td><td>12</td><td>8.5</td><td>3.5</td><td>9</td><td>6</td><td>7</td></tr>
<tr><td>12</td><td>20</td><td>18</td><td>M12</td><td>9.5</td><td>10</td><td>14</td><td>10.5</td><td>4.2</td><td>11.5</td><td>7.5</td><td>9</td></tr>
<tr><td>16</td><td>25</td><td>20</td><td>M16</td><td>12.5</td><td>13.1</td><td rowspan="2">$^{+0.120}_{0}$</td><td>18</td><td>13</td><td>4.4</td><td>13</td><td>9</td><td>0.6</td><td>12</td></tr>
<tr><td>20</td><td>30</td><td>25</td><td>M20</td><td>16.5</td><td>17.5</td><td>22</td><td>16</td><td>5.4</td><td>15</td><td>10.5</td><td rowspan="2">1</td><td>16</td></tr>
<tr><td>24</td><td>36</td><td>28</td><td>M24</td><td>18.5</td><td>19.5</td><td>$^{+0.280}_{0}$</td><td>26</td><td>18</td><td>6.4</td><td>17.5</td><td>12.5</td><td>18</td></tr>
</table>

附录 K 机械加工工艺编制题目选编

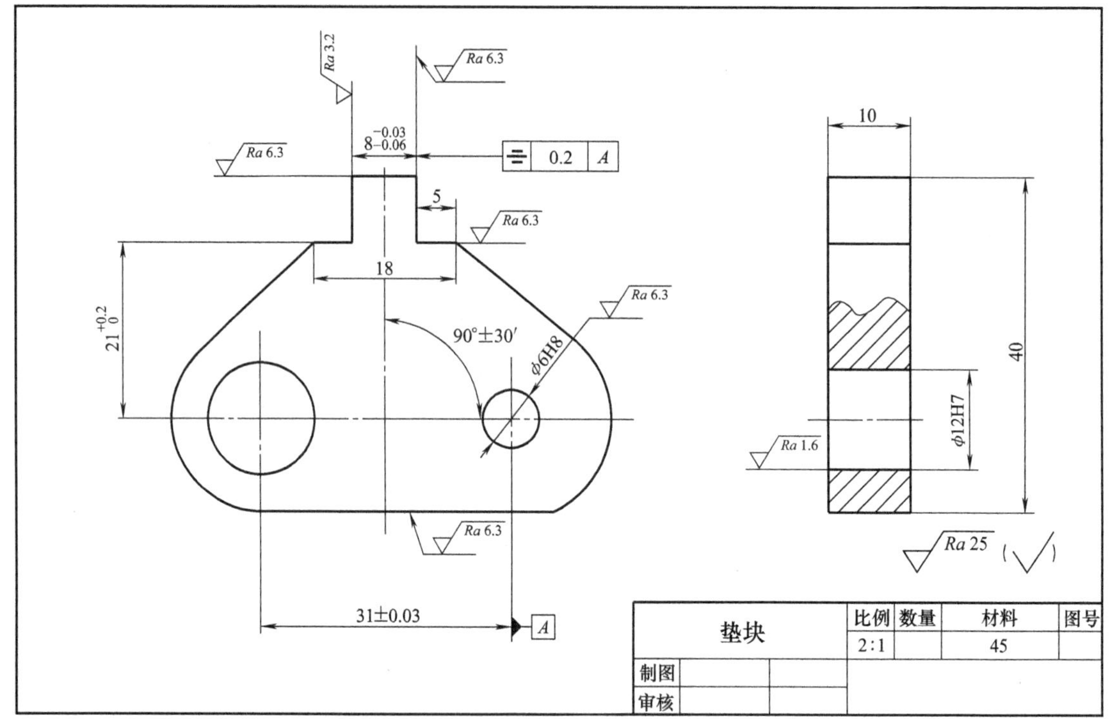

垫块	比例	数量	材料	图号
	2:1		45	
制图				
审核				

垫块零件图

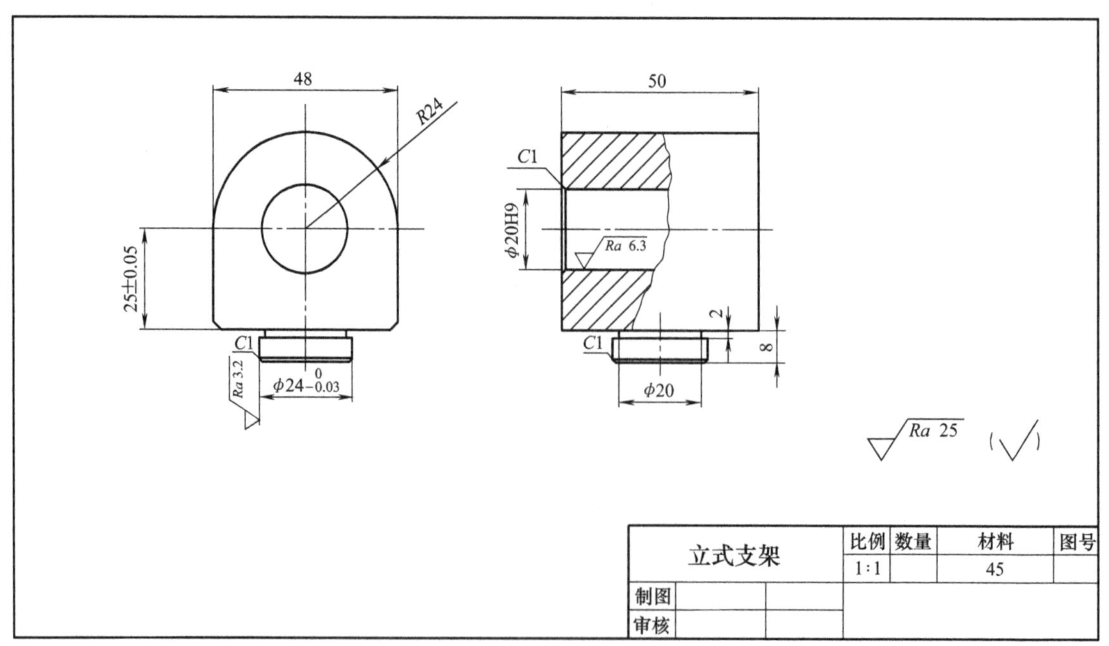

立式支架	比例	数量	材料	图号
	1:1		45	
制图				
审核				

立式支架零件图

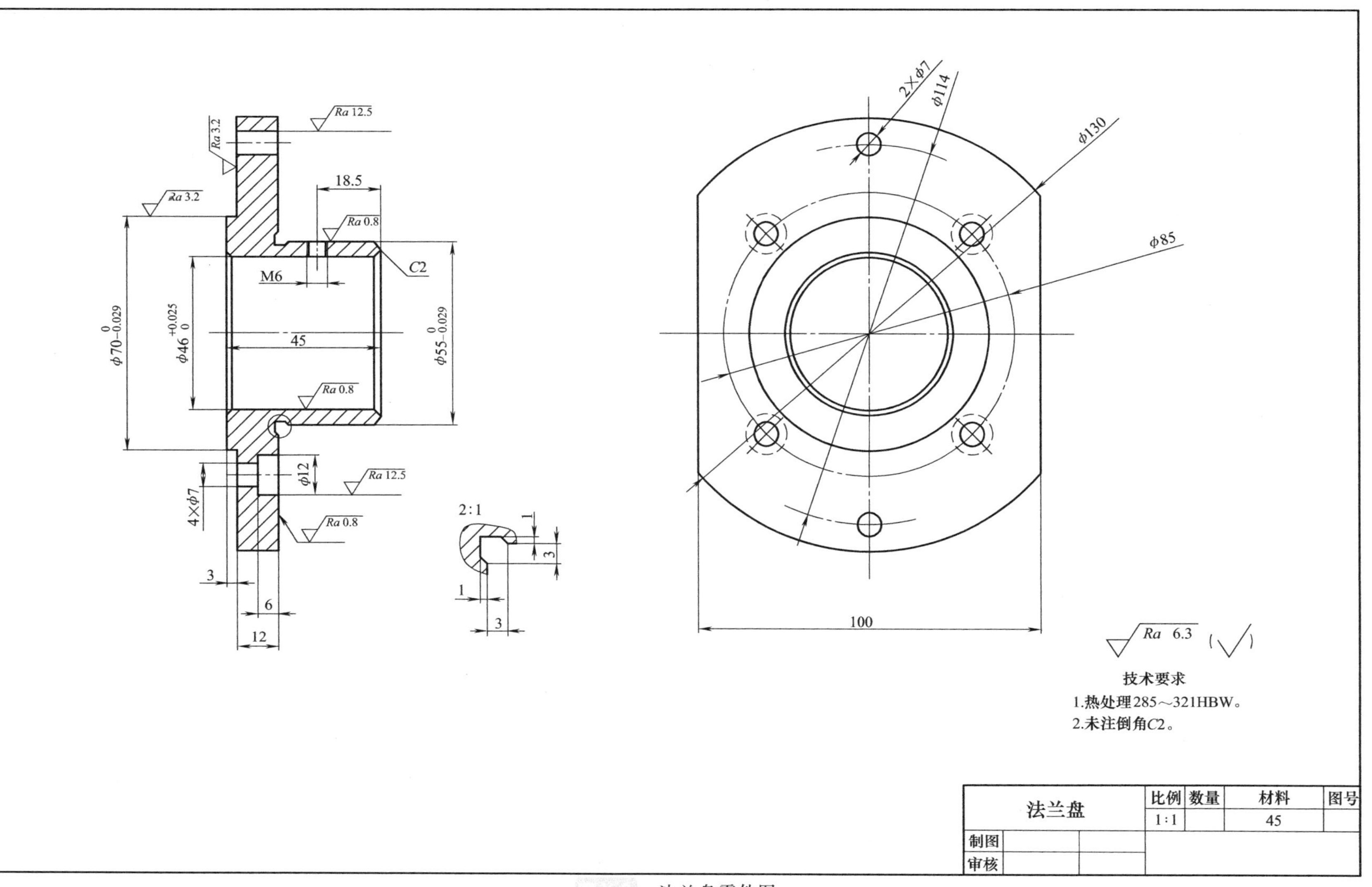

Ra 12.5
Ra 3.2
Ra 3.2
18.5
Ra 0.8
C2
M6
$\phi 70_{-0.029}^{0}$
$\phi 46_{0}^{+0.025}$
45
$\phi 55_{-0.029}^{0}$
Ra 0.8
$\phi 12$
Ra 12.5
4×φ7
Ra 0.8
3
6
12
2:1
1
3
1
3
2×φ7
φ114
φ130
φ85
100
Ra 6.3 (√)
技术要求
1.热处理285～321HBW。
2.未注倒角C2。
法兰盘
比例
数量
材料
图号
1:1
45
制图
审核

法兰盘零件图

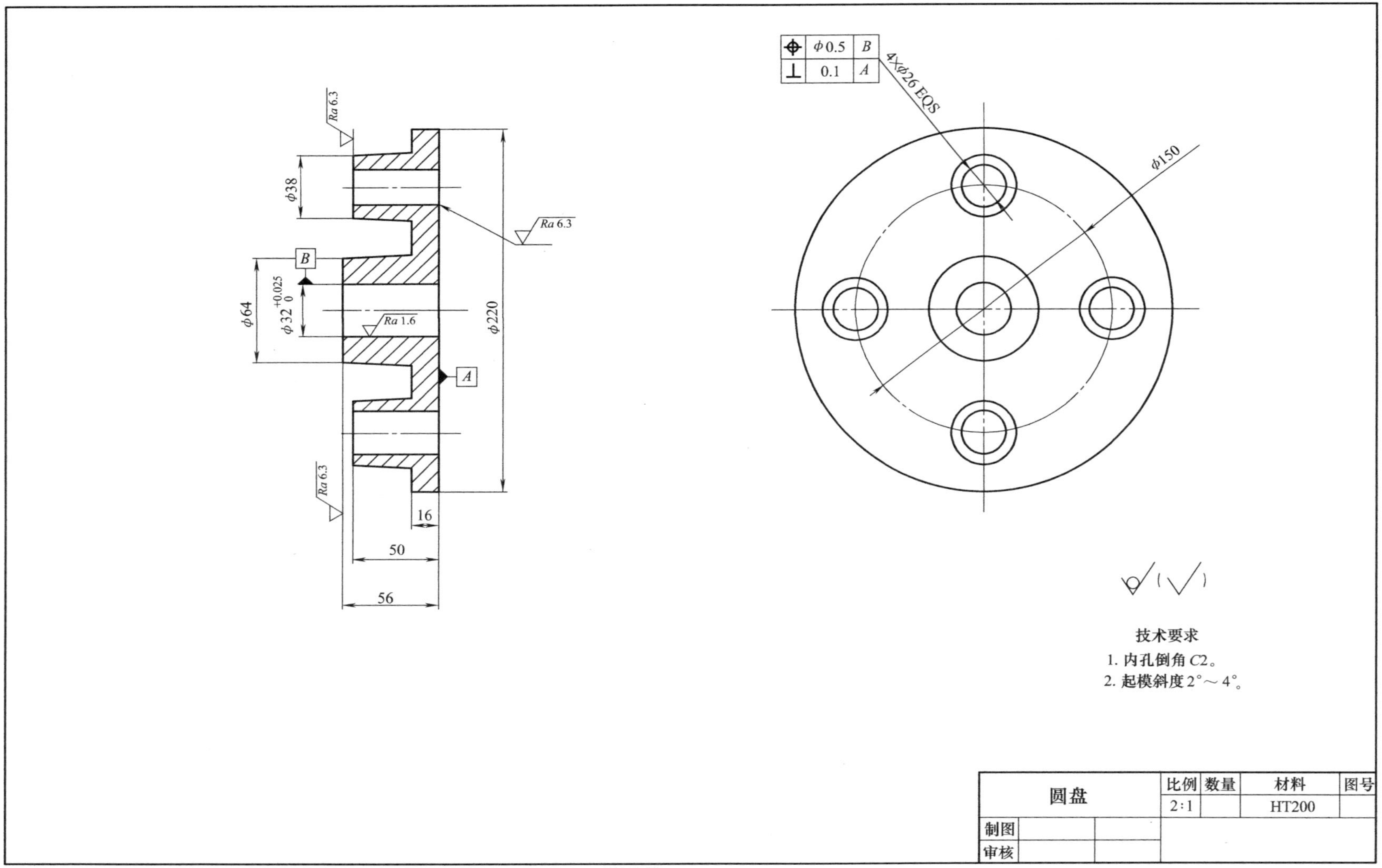

技术要求

1. 内孔倒角 C2。
2. 起模斜度 2°～4°。

圆盘		比例	数量	材料	图号
		2:1		HT200	
制图					
审核					

圆盘零件图

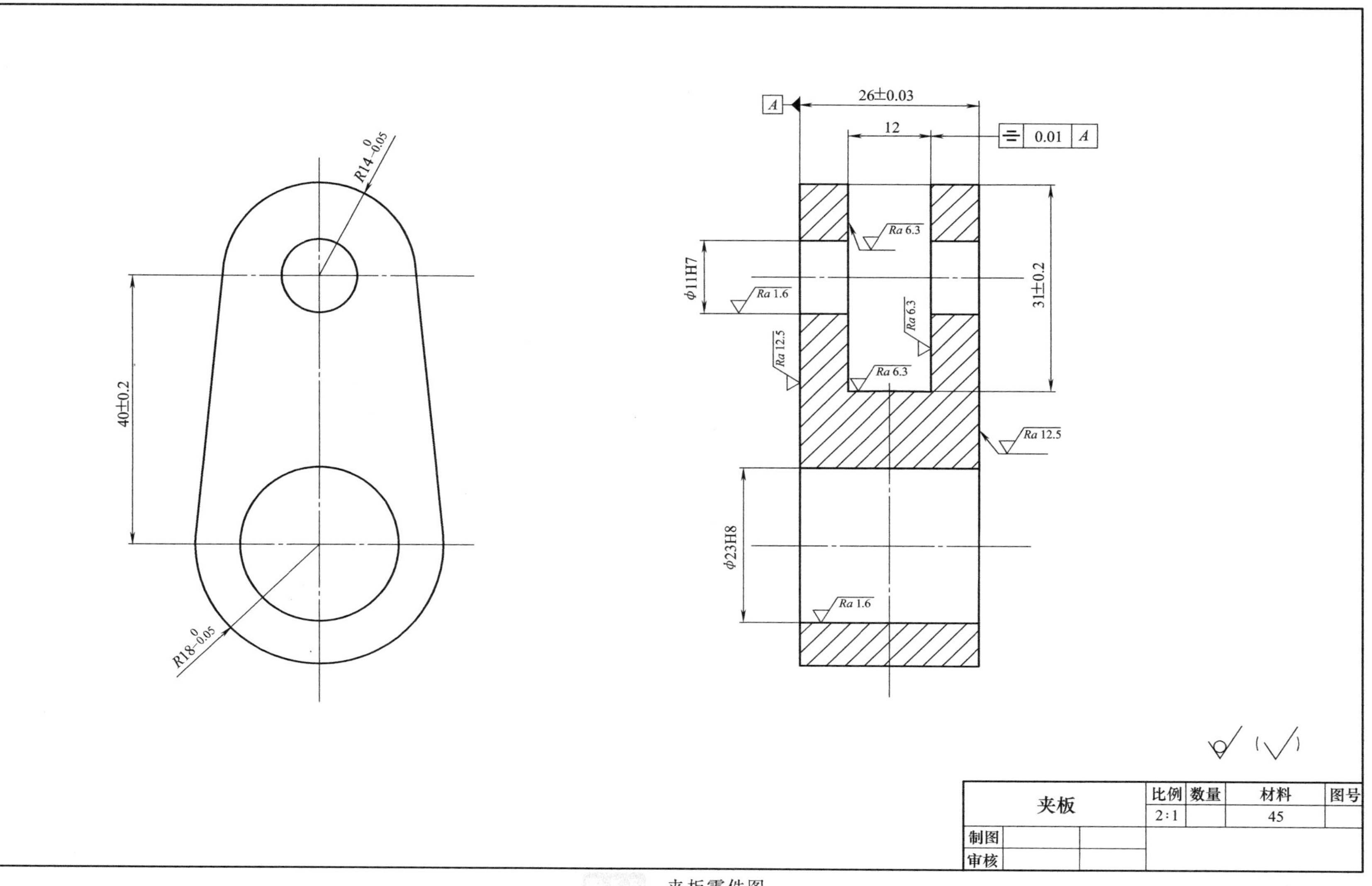

R14-0.05
R18-0.05
40±0.2
26±0.03
12
0.01
A
A
φ11H7
31±0.2
Ra 6.3
Ra 1.6
Ra 6.3
Ra 12.5
Ra 6.3
Ra 12.5
φ23H8
Ra 1.6
夹板
比例
数量
材料
图号
2:1
45
制图
审核

夹板零件图

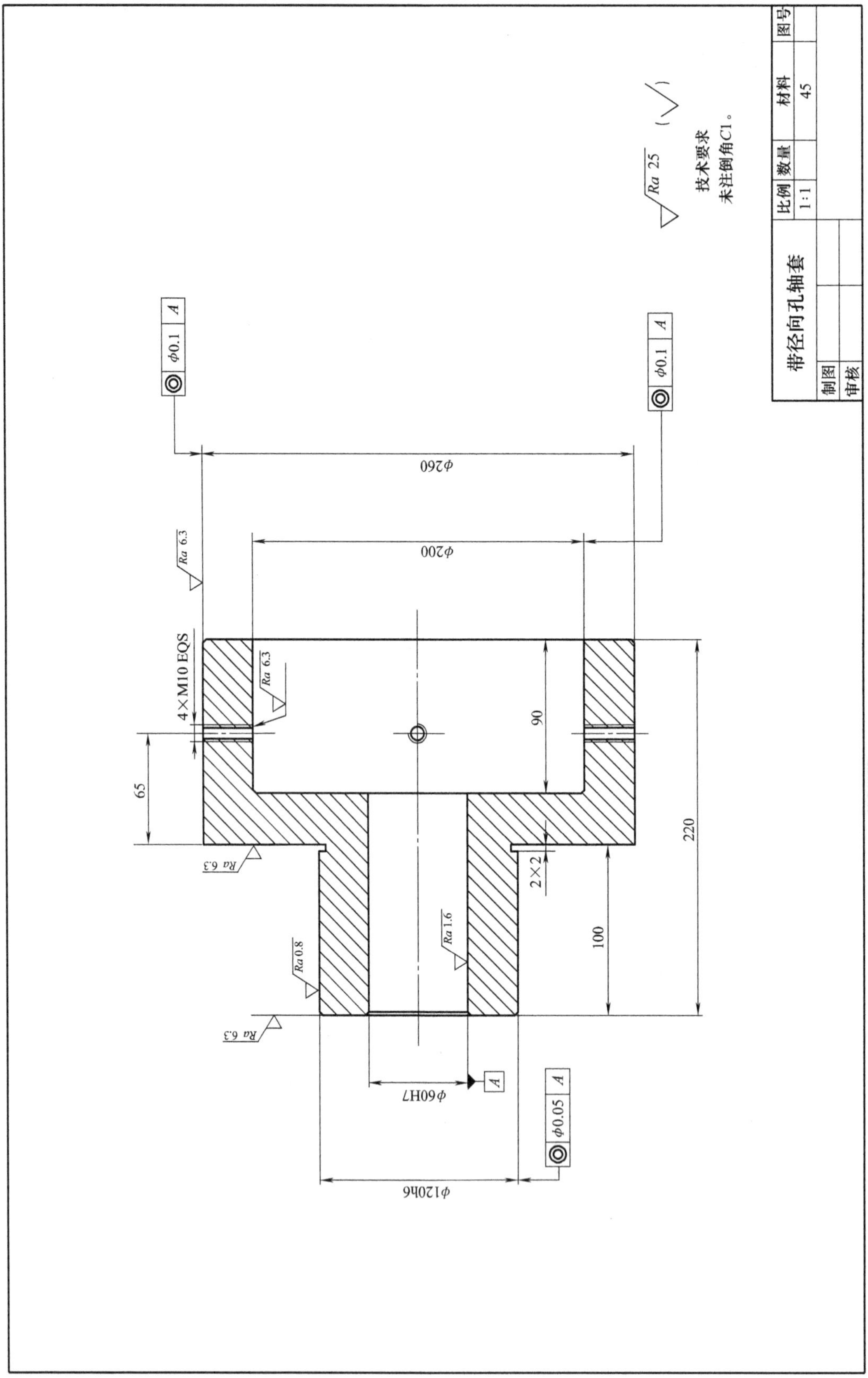

Ra 25 (√)

技术要求

未注倒角C1。

带径向孔轴套	比例	数量	材料	图号
	1:1		45	
制图				
审核				

φ260 φ200 4×M10 EQS 65 90 220 100 2×2 φ60H7 φ120h6 Ra 6.3 Ra 0.8 Ra 1.6 φ0.1 A φ0.05 A

带径向孔轴套零件图

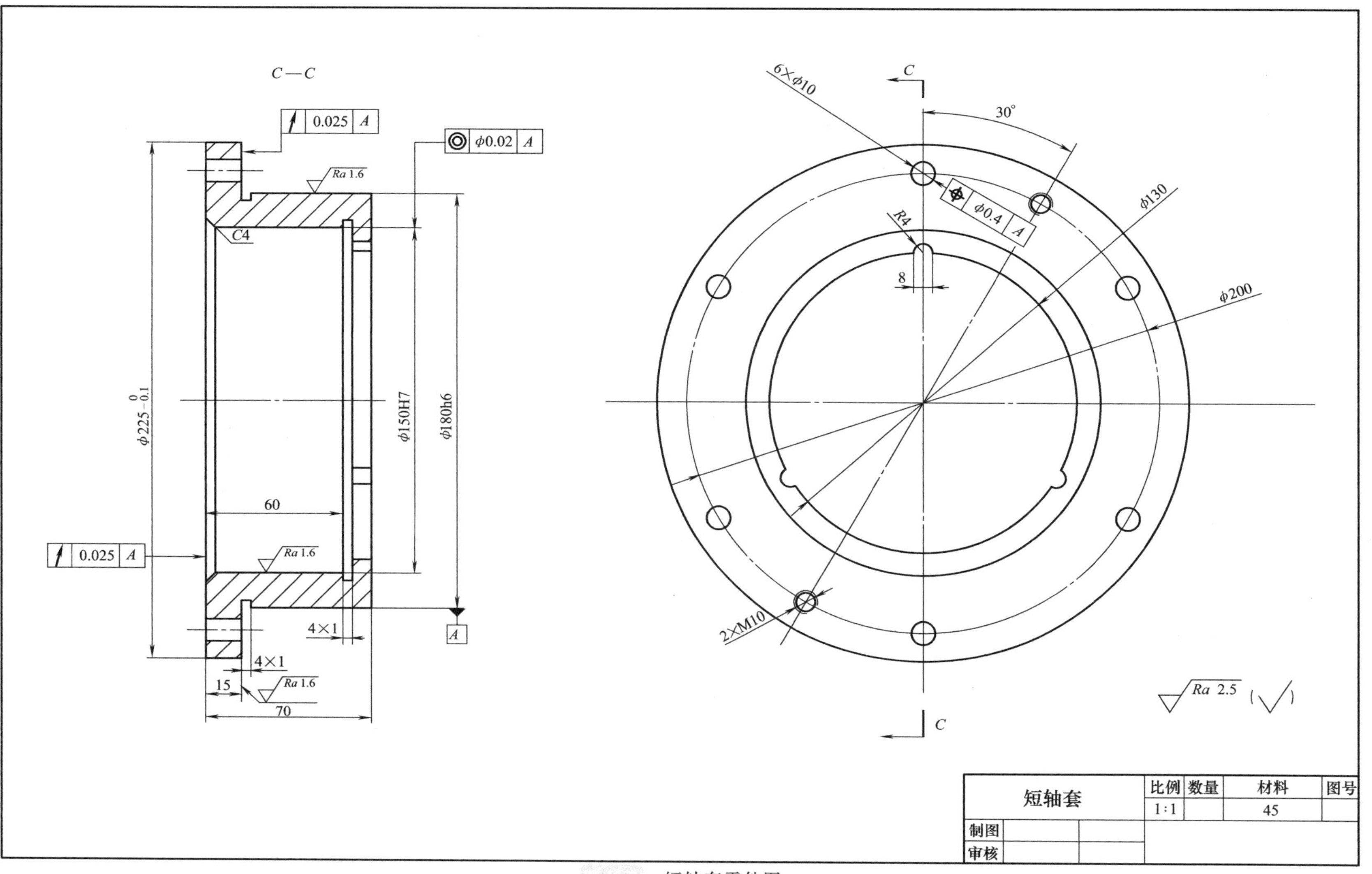
C—C
0.025 A
φ0.02 A
Ra 1.6
C4
$\phi225_{-0.1}^{\ 0}$
φ150H7
φ180h6
60
0.025 A
Ra 1.6
A
4×1
4×1
15
Ra 1.6
70
C
6×φ10
30°
φ130
φ0.4 A
R4
8
φ200
2×M10
Ra 2.5 (√)
C
短轴套
比例
数量
材料
图号
1:1
45
制图
审核

短轴套零件图

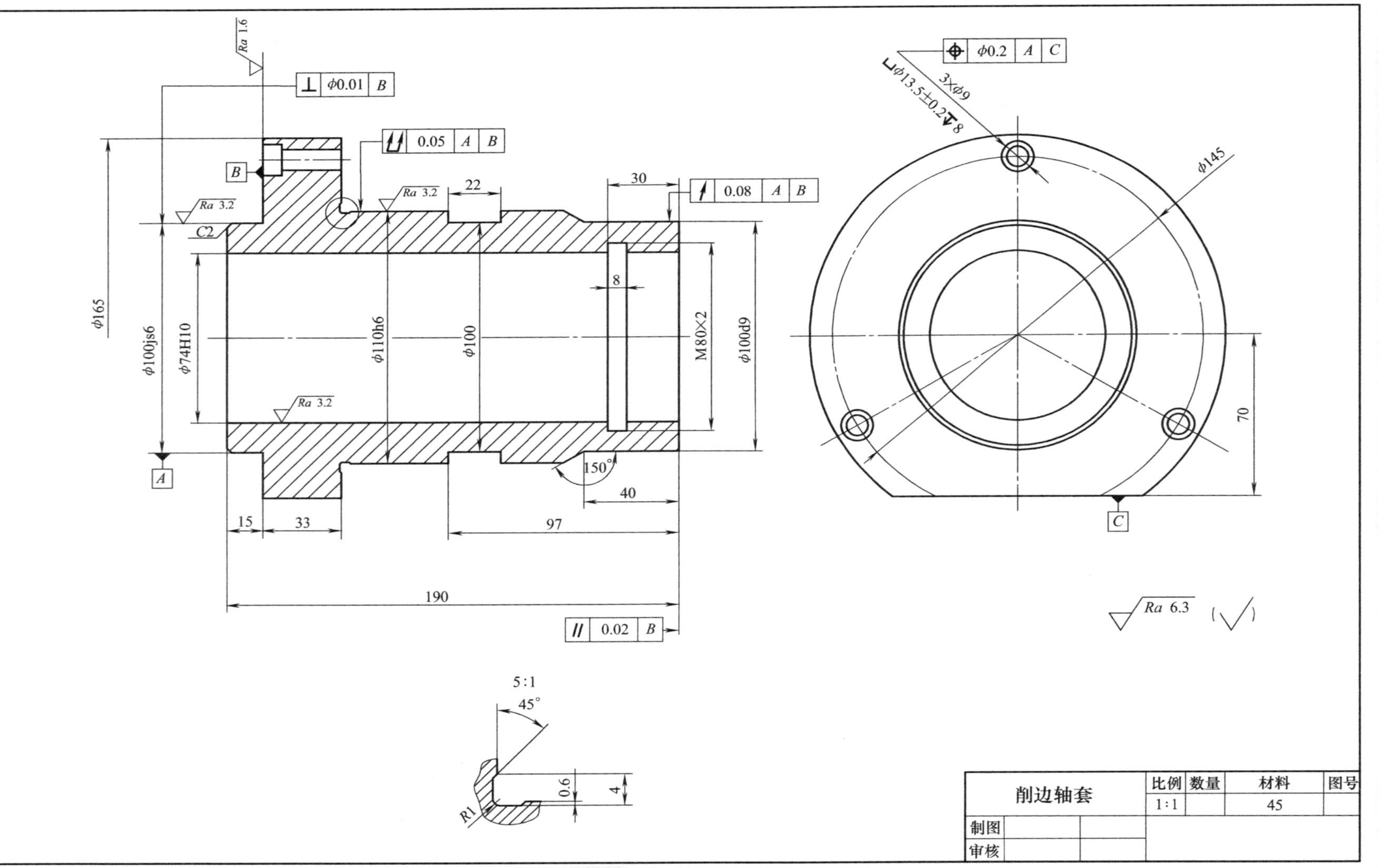
Ra 1.6
φ0.01 B
0.05 A B
Ra 3.2
22
30
0.08 A B
C2
φ165
φ100js6
φ74H10
φ110h6
φ100
8
M80×2
φ100d9
A
B
150°
40
15
33
97
190
0.02 B
φ0.2 A C
3×φ9
φ13.5±0.2 8
φ145
70
C
Ra 6.3
5:1
45°
R1
0.6
4
削边轴套
比例
1:1
数量
材料
45
图号
制图
审核

削边轴套零件图

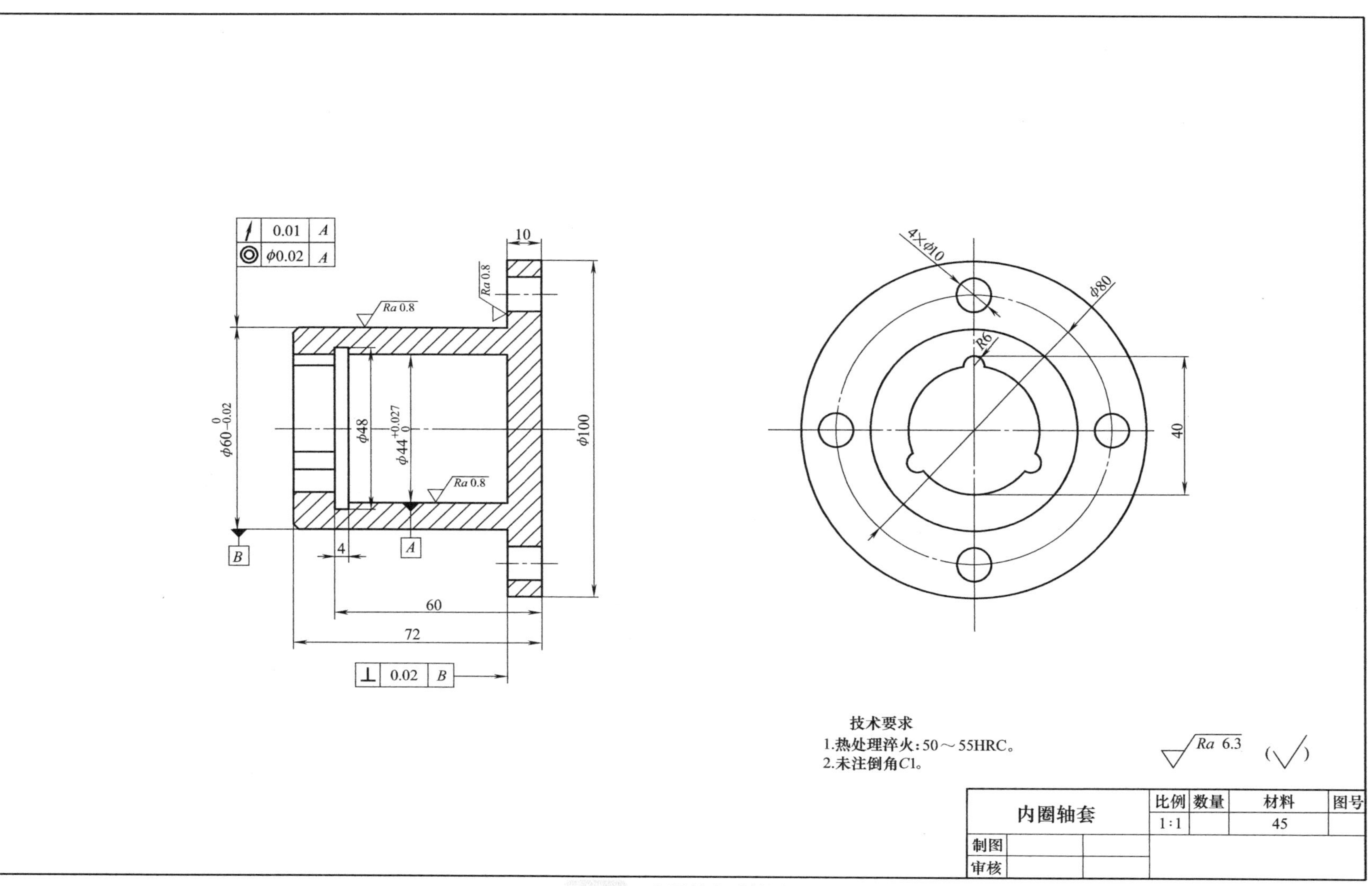
0.01 A
φ0.02 A
10
Ra 0.8
Ra 0.8
Ra 0.8
φ60 0 -0.02
φ48
φ44 +0.027 0
φ100
B
4
A
60
72
⊥ 0.02 B
4×φ10
φ80
R6
40
技术要求
1.热处理淬火:50～55HRC。
2.未注倒角C1。
Ra 6.3 (√)
内圈轴套
比例
数量
材料
图号
1:1
45
制图
审核

内圈轴套零件图

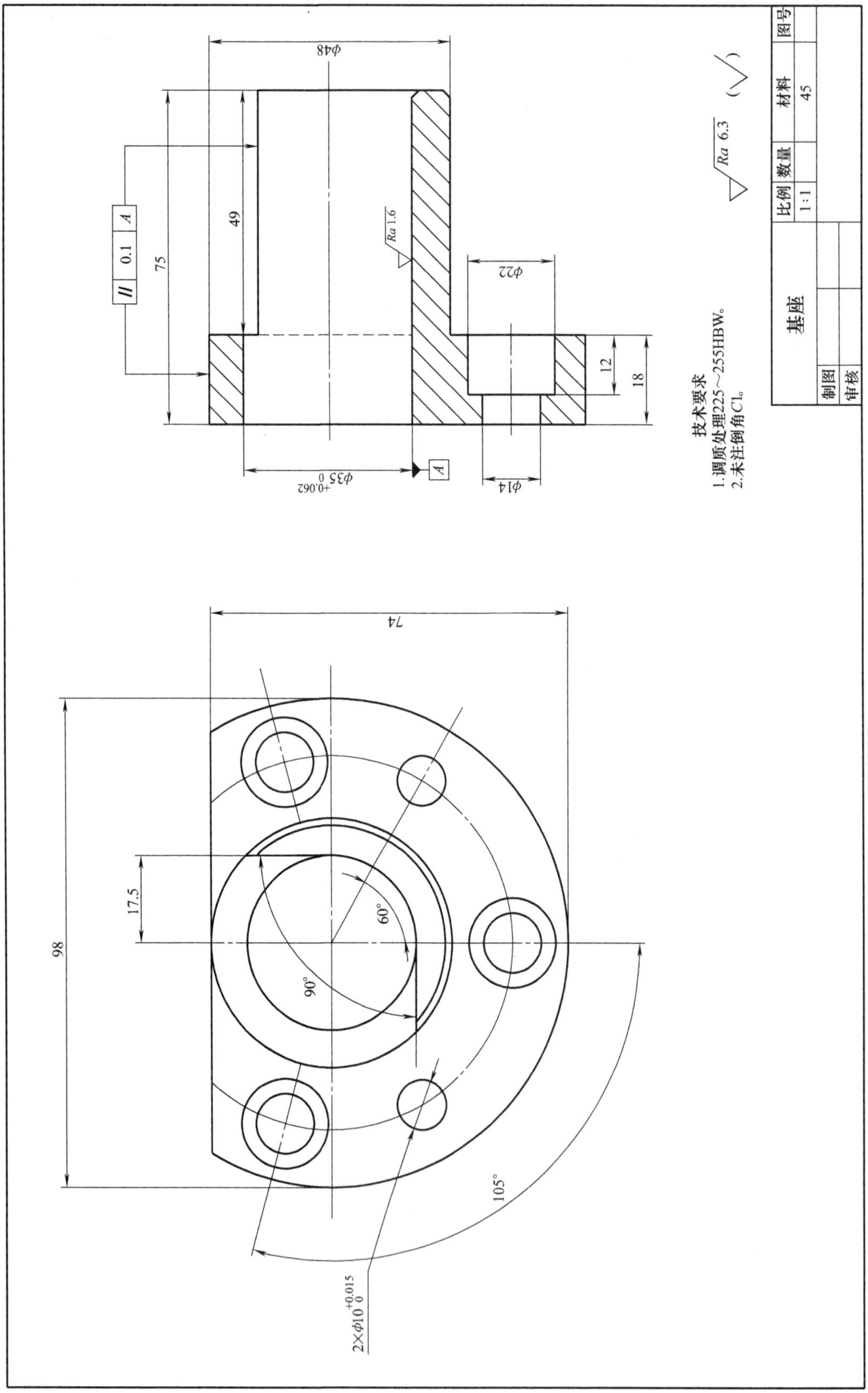

技术要求

1.调质处理225～255HBW。

2.未注倒角C1。

基座	比例	数量	材料	图号
	1:1		45	
制图				
审核				

基座零件图

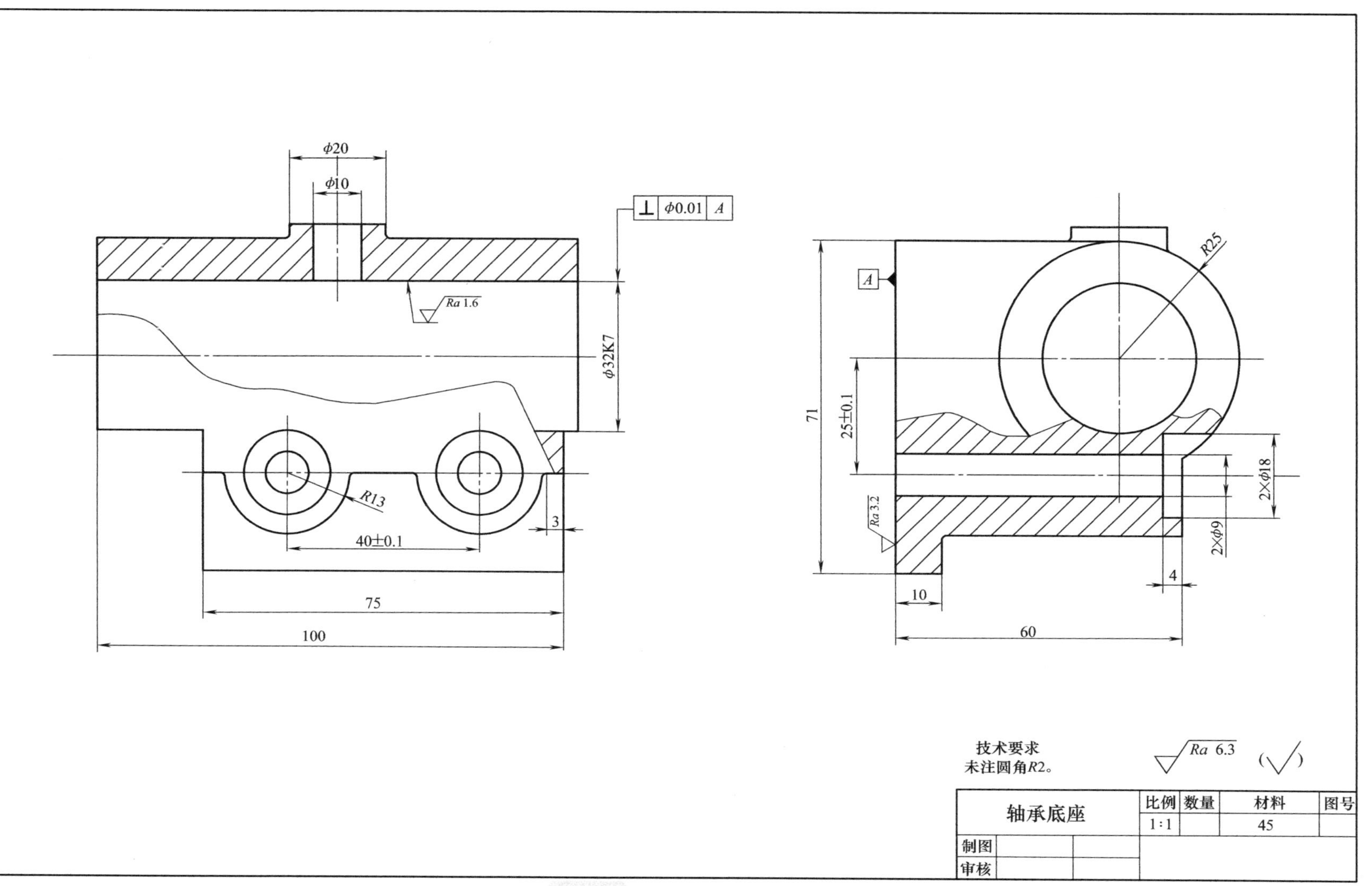

φ20
φ10
⊥ φ0.01 A
Ra 1.6
φ32K7
R13
3
40±0.1
75
100
R25
A
71
25±0.1
Ra 3.2
2×φ18
2×φ9
4
10
60
技术要求
未注圆角R2。
Ra 6.3 (√)
轴承底座
比例 1:1
数量
材料 45
图号
制图
审核

轴承底座零件图

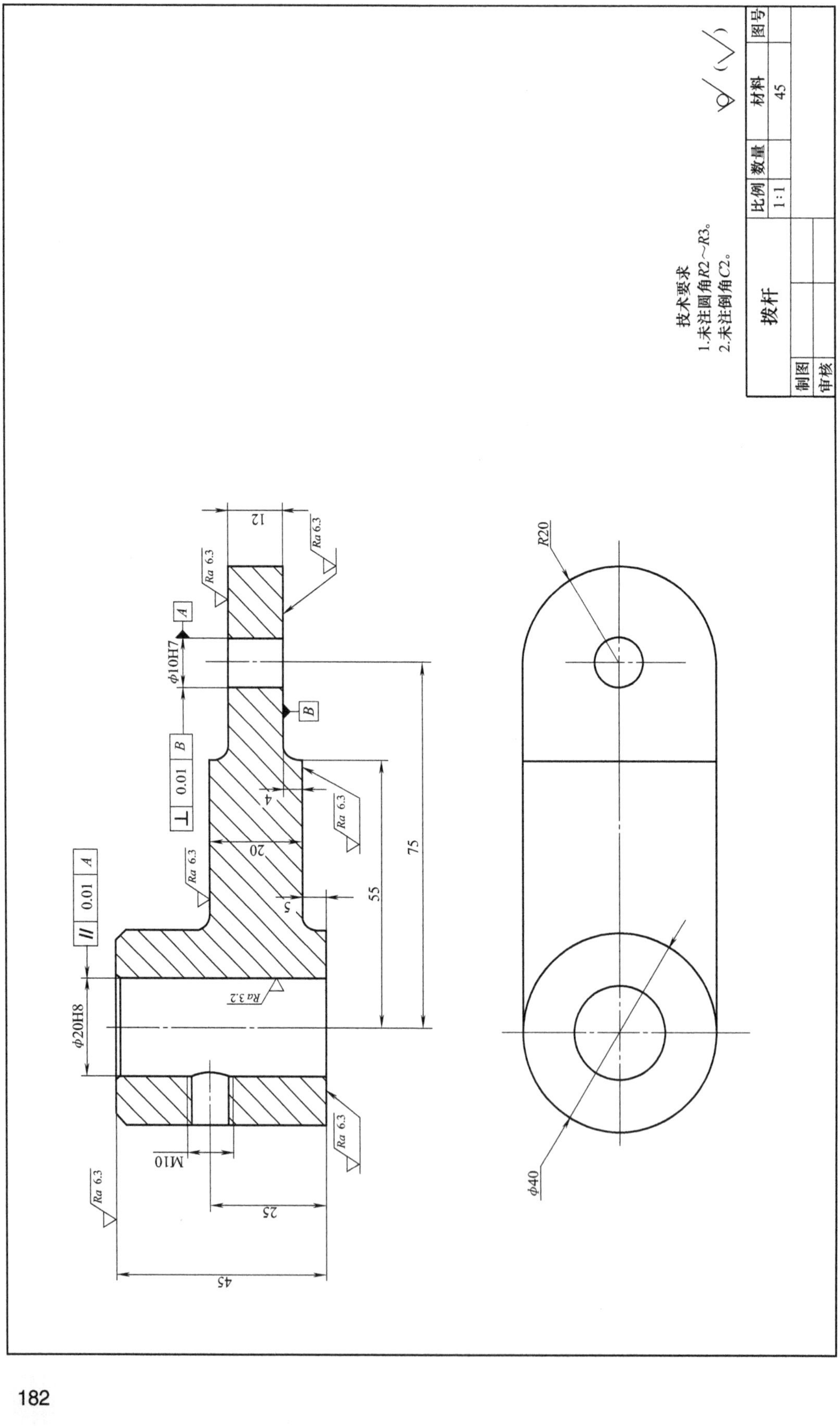

技术要求
1.未注圆角$R2\sim R3$。
2.未注倒角C2。

拨杆	比例	数量	材料	图号
	1:1		45	
制图				
审核				

φ10H7 ⊥ 0.01 B
// 0.01 A
φ20H8
Ra 6.3　Ra 3.2
12　4　20　5　55　75　25　45　M10
R20　φ40

拨杆零件图

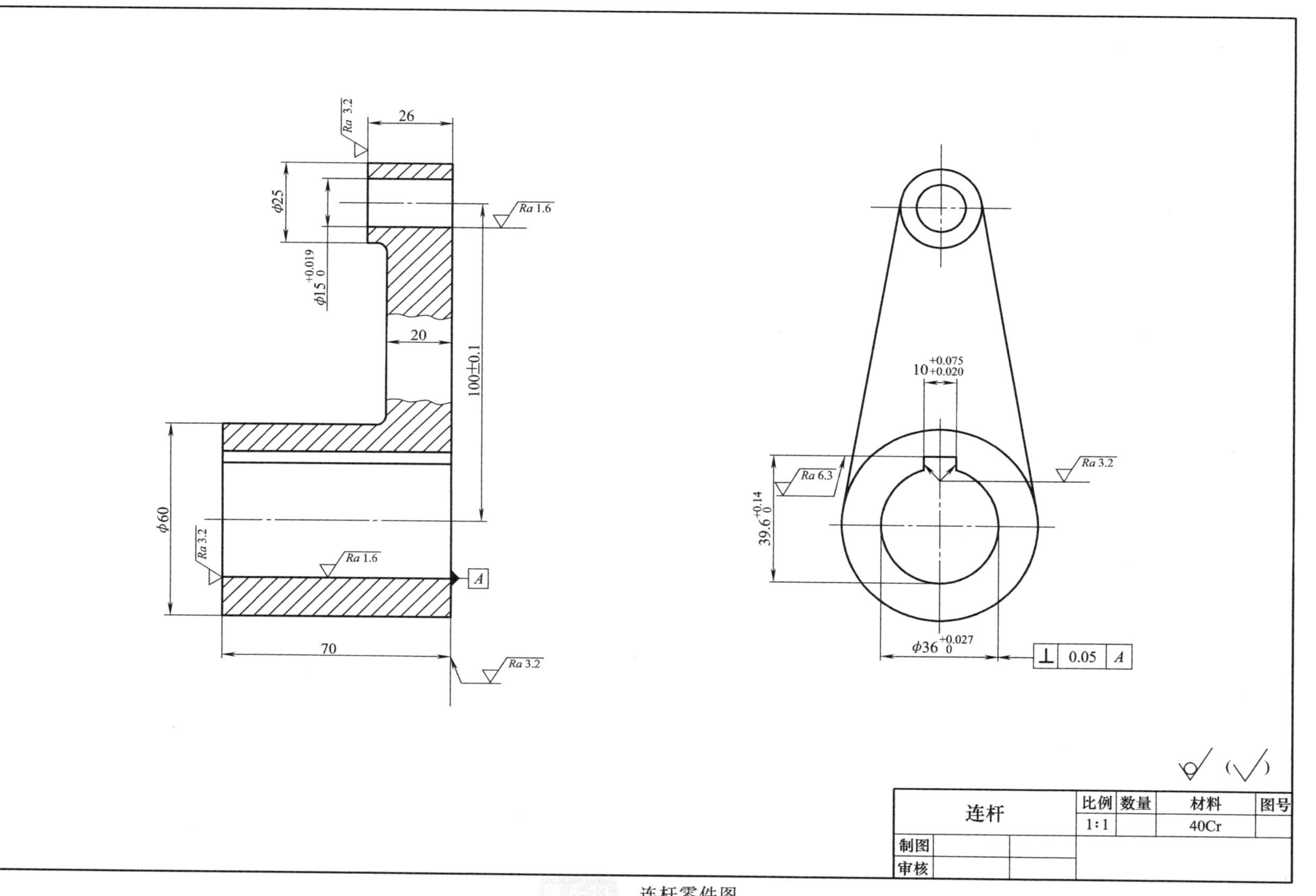
Ra 3.2
26
φ25
Ra 1.6
φ15 +0.019 0
20
100±0.1
φ60
Ra 3.2
Ra 1.6
A
70
Ra 3.2
10 +0.075 +0.020
Ra 6.3
Ra 3.2
39.6 +0.14 0
φ36 +0.027 0
⊥ 0.05 A
连杆
比例
数量
材料
图号
1:1
40Cr
制图
审核

连杆零件图

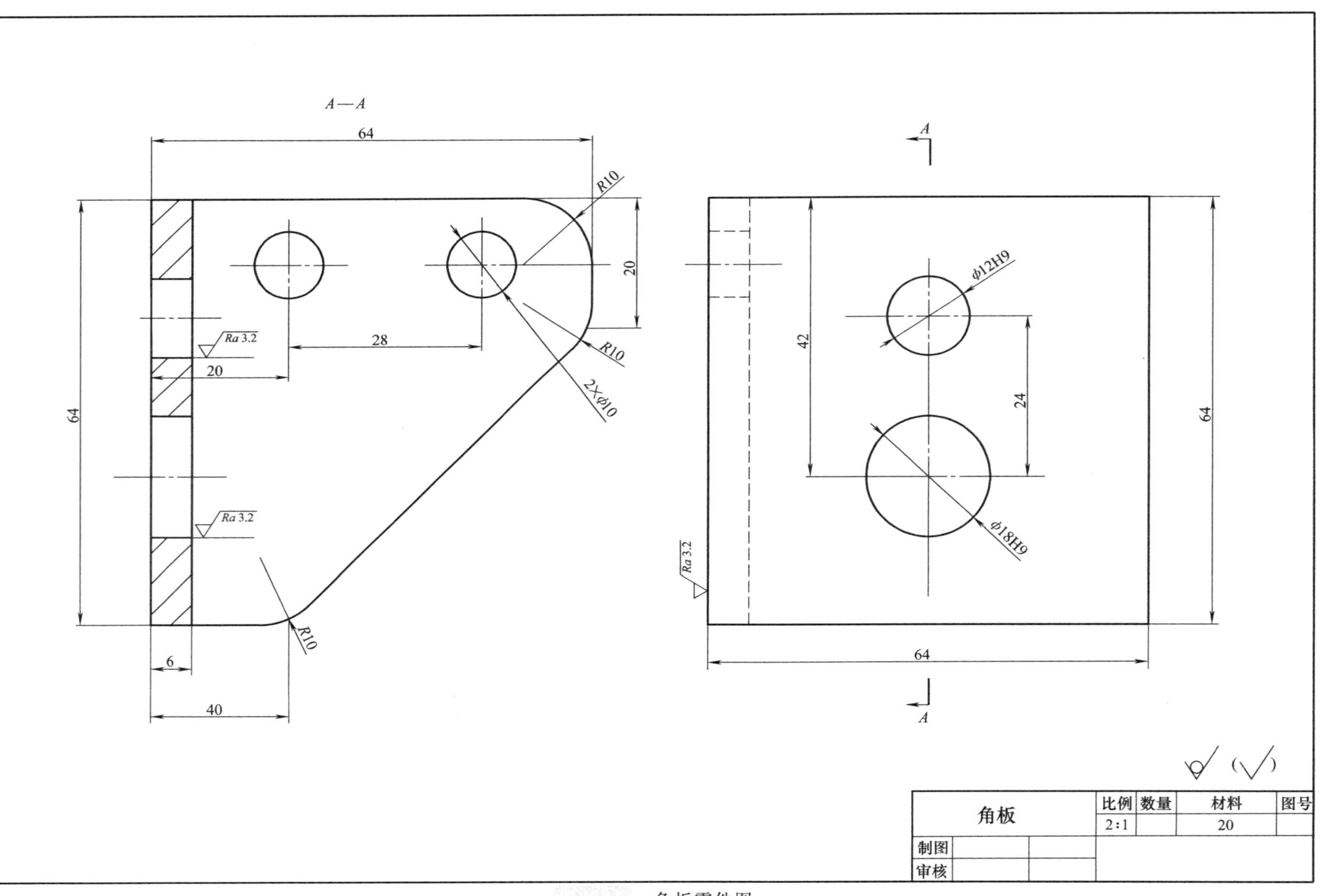

A—A
64
R10
20
Ra 3.2
28
R10
20
2×φ10
64
Ra 3.2
R10
6
40
A
φ12H9
42
24
64
φ18H9
Ra 3.2
64
A
角板
比例
数量
材料
图号
2:1
20
制图
审核

角板零件图

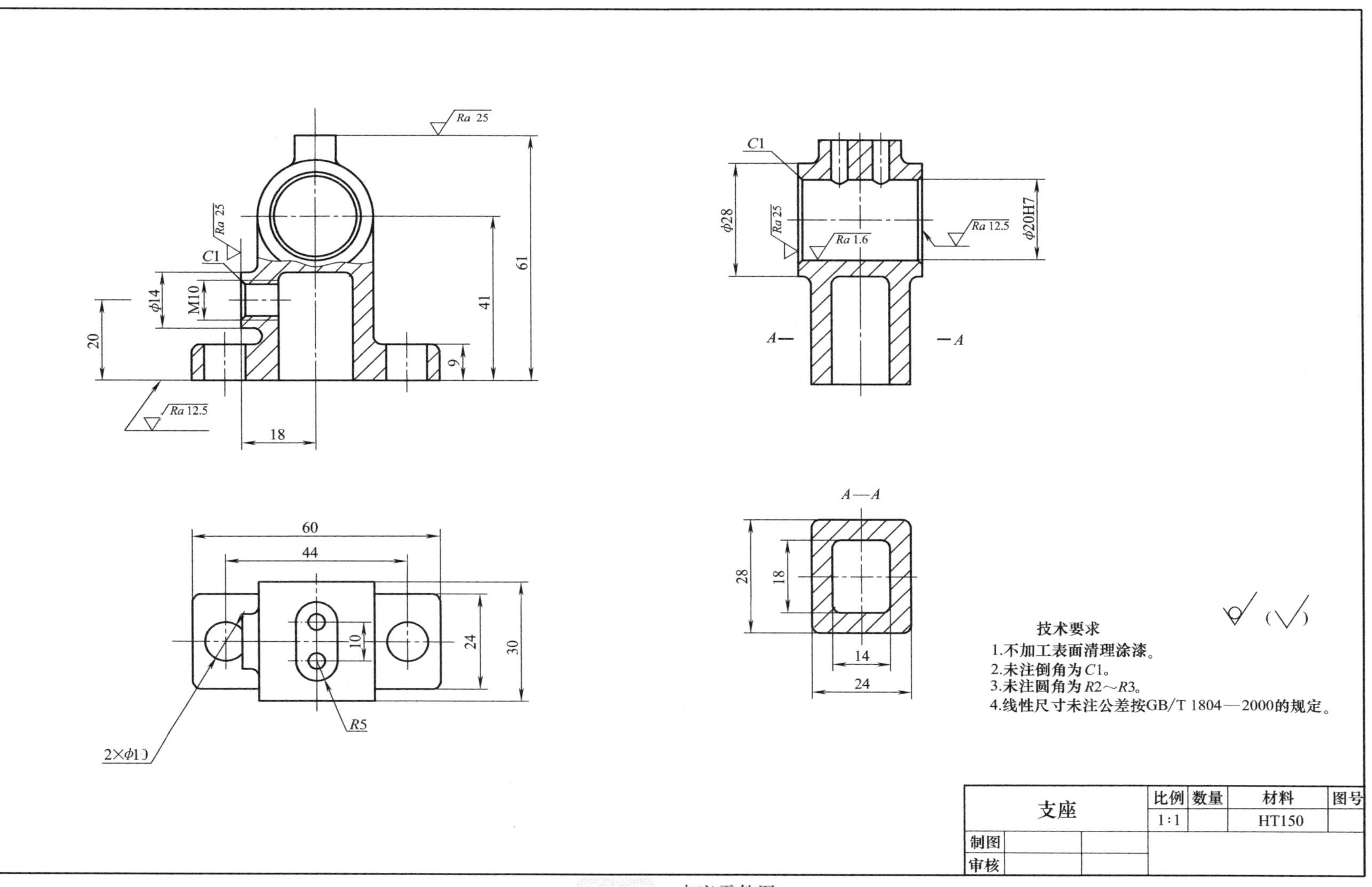
Ra 25
Ra 25
C1
φ14
M10
20
9
41
61
Ra 12.5
18
C1
φ28
Ra 25
Ra 1.6
Ra 12.5
φ20H7
A
A
60
44
10
24
30
R5
2×φ11
A—A
28
18
14
24
技术要求
1.不加工表面清理涂漆。
2.未注倒角为C1。
3.未注圆角为R2～R3。
4.线性尺寸未注公差按GB/T 1804—2000的规定。
支座
比例
数量
材料
图号
1:1
HT150
制图
审核

支座零件图

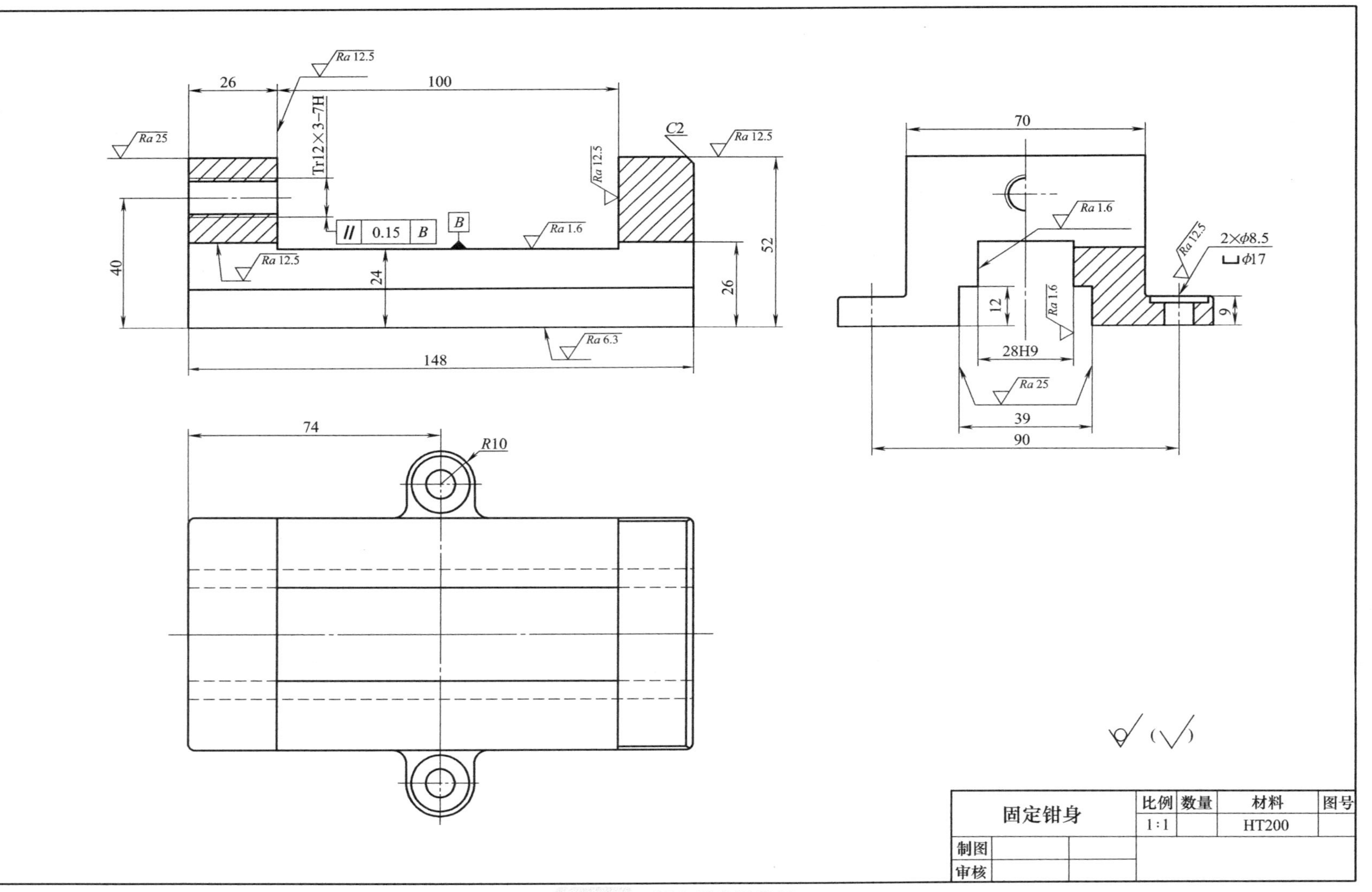

Ra 12.5
26
100
Ra 25
Tr12×3-7H
C2
Ra 12.5
Ra 12.5
0.15
B
B
Ra 1.6
Ra 12.5
40
24
26
52
Ra 6.3
148
74
R10
70
Ra 1.6
Ra 12.5
2×Φ8.5
⌴Φ17
12
Ra 1.6
6
28H9
Ra 25
39
90
固定钳身
比例
数量
材料
图号
1:1
HT200
制图
审核

固定钳身零件图

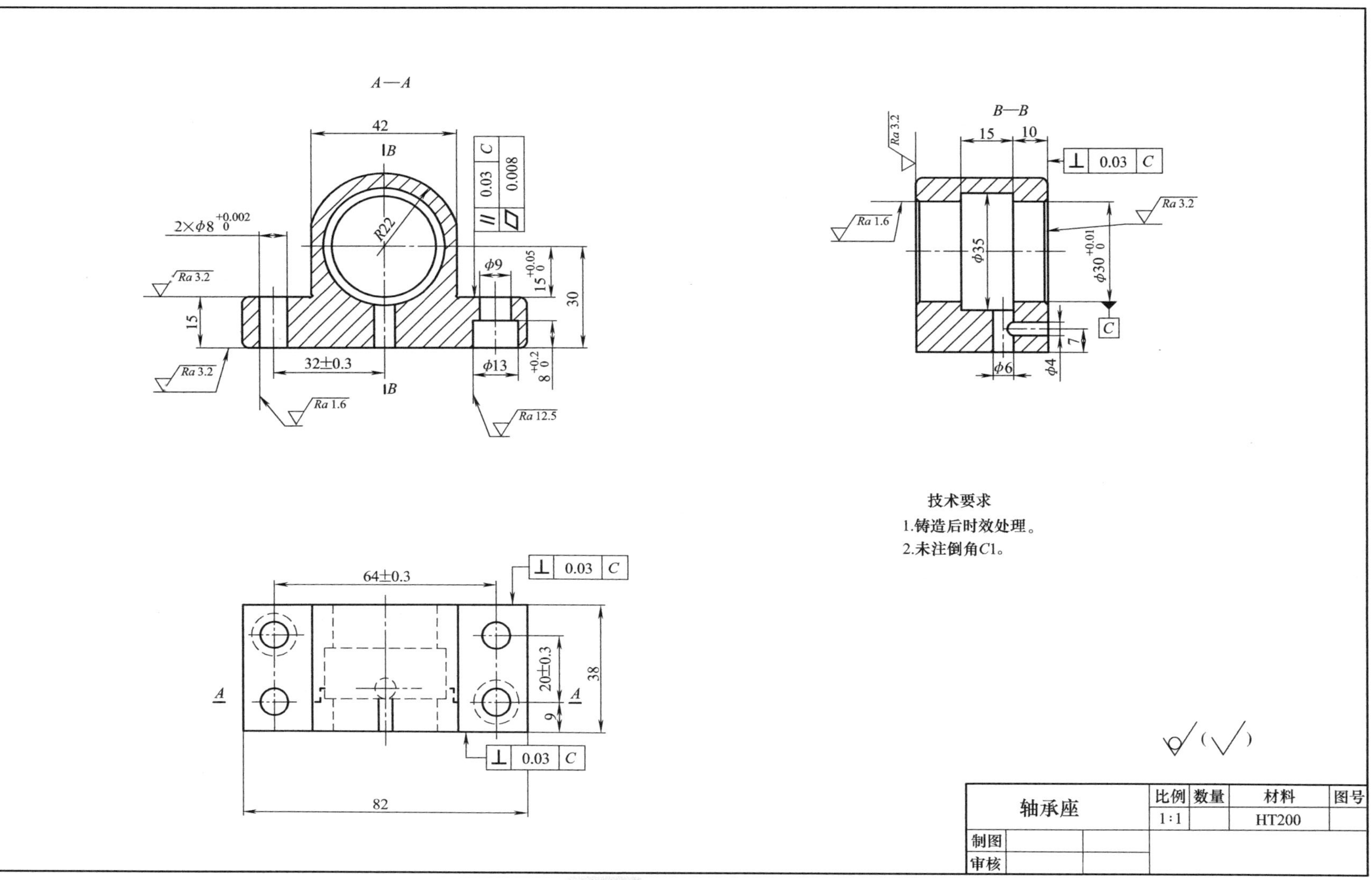
A—A
B—B
技术要求
1.铸造后时效处理。
2.未注倒角C1。
轴承座
比例
数量
材料
图号
1:1
HT200
制图
审核

轴承座零件图

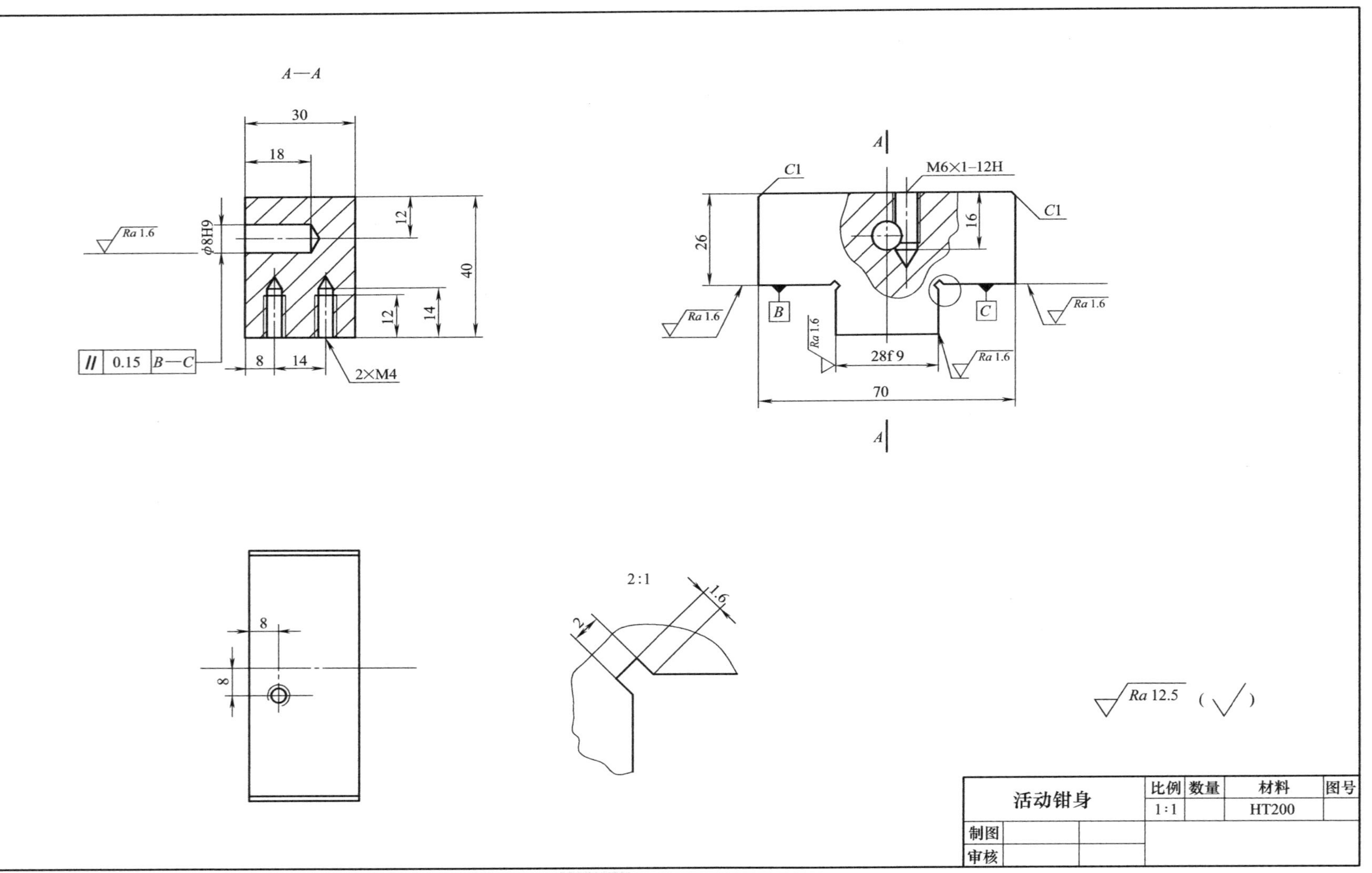

A—A
30
18
12
40
14
12
8
14
2×M4
φ8H9
Ra 1.6
0.15 B—C
A
M6×1-12H
C1
C1
26
16
B
C
Ra 1.6
28f 9
70
A
8
8
2:1
2
1.6
Ra 12.5
活动钳身
比例
数量
材料
图号
1:1
HT200
制图
审核

活动钳身零件图

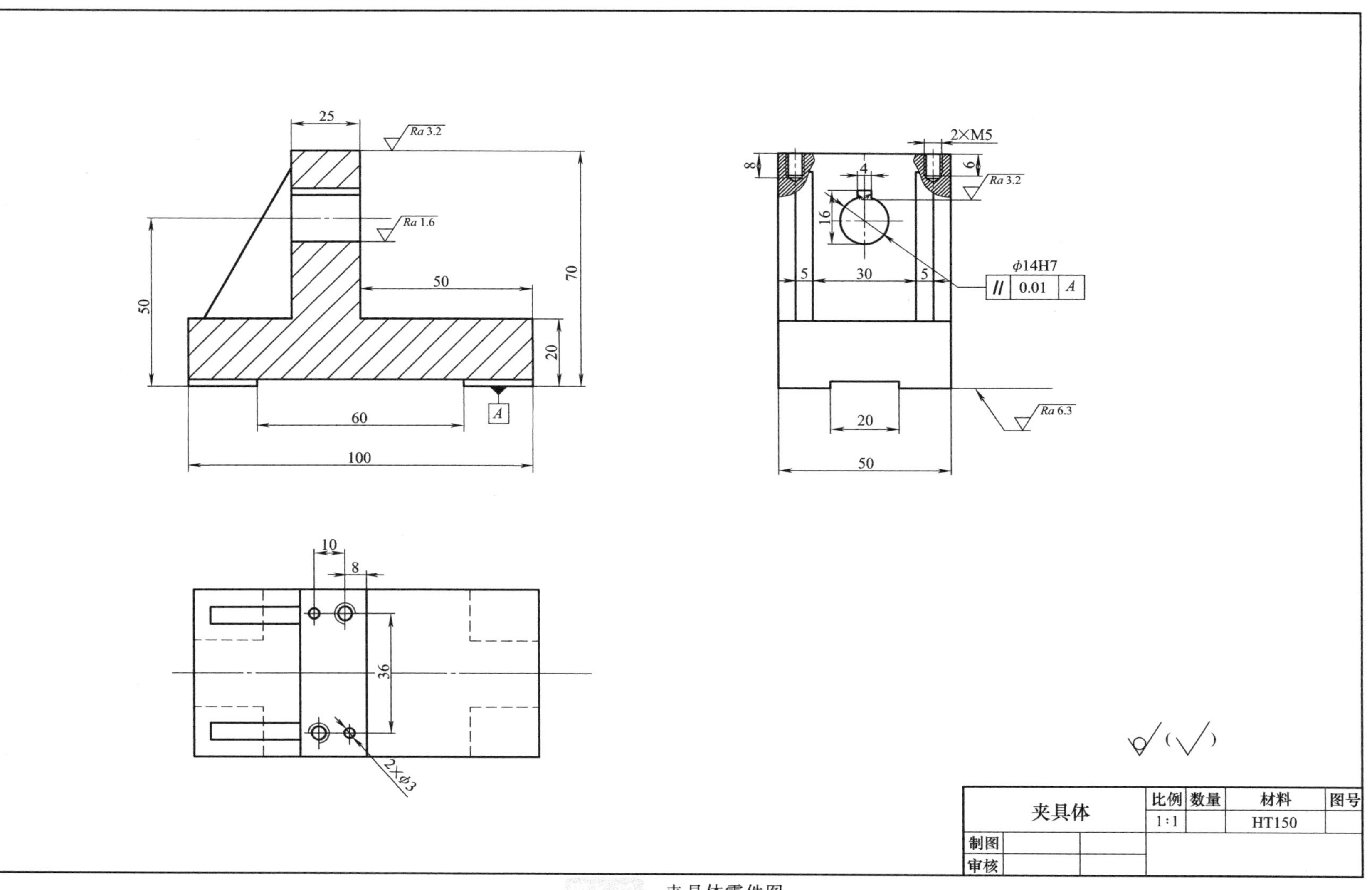

25
Ra 3.2
Ra 1.6
50
70
50
20
60
100
A
2×M5
8
4
6
Ra 3.2
16
5
30
5
ϕ14H7
// 0.01 A
20
50
Ra 6.3
10
8
36
2×ϕ3
夹具体
比例
数量
材料
图号
1:1
HT150
制图
审核

夹具体零件图

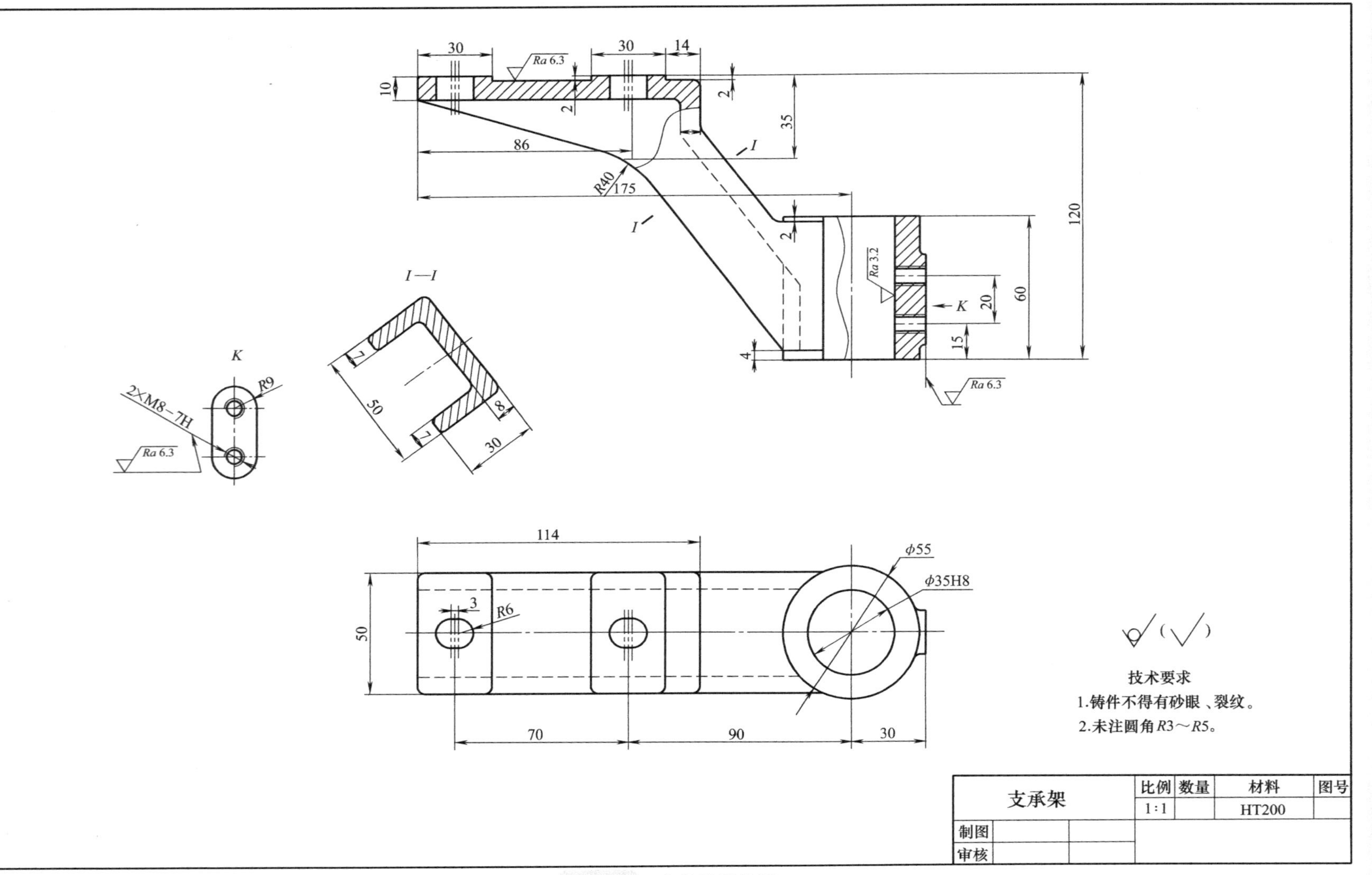
I—I
K
2×M8-7H
R9
Ra 6.3
Ra 3.2
R40
R6
φ55
φ35H8
技术要求
1.铸件不得有砂眼、裂纹。
2.未注圆角R3～R5。
支承架
比例
数量
材料
图号
1:1
HT200
制图
审核

支承架零件图

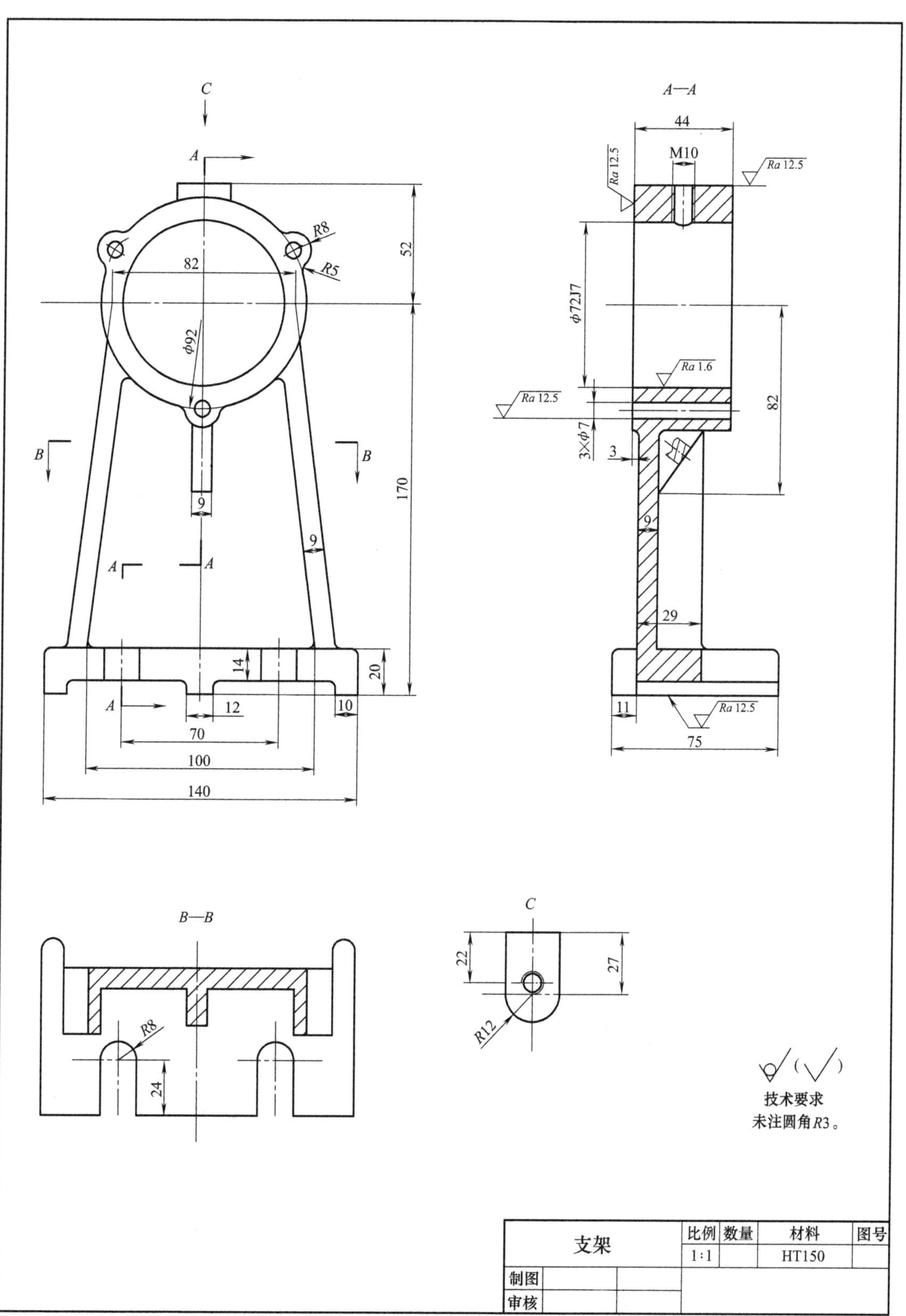
C
A
A—A
44
M10
Ra 12.5
Ra 12.5
R8
R5
82
52
φ72J7
φ92
Ra 1.6
Ra 12.5
82
3×φ7
3
B
B
9
170
9
9
A
A
29
14
20
A
12
10
11
Ra 12.5
70
75
100
140
B—B
C
R8
22
27
24
R12
技术要求
未注圆角R3。
支架
比例
数量
材料
图号
1:1
HT150
制图
审核

支架零件图

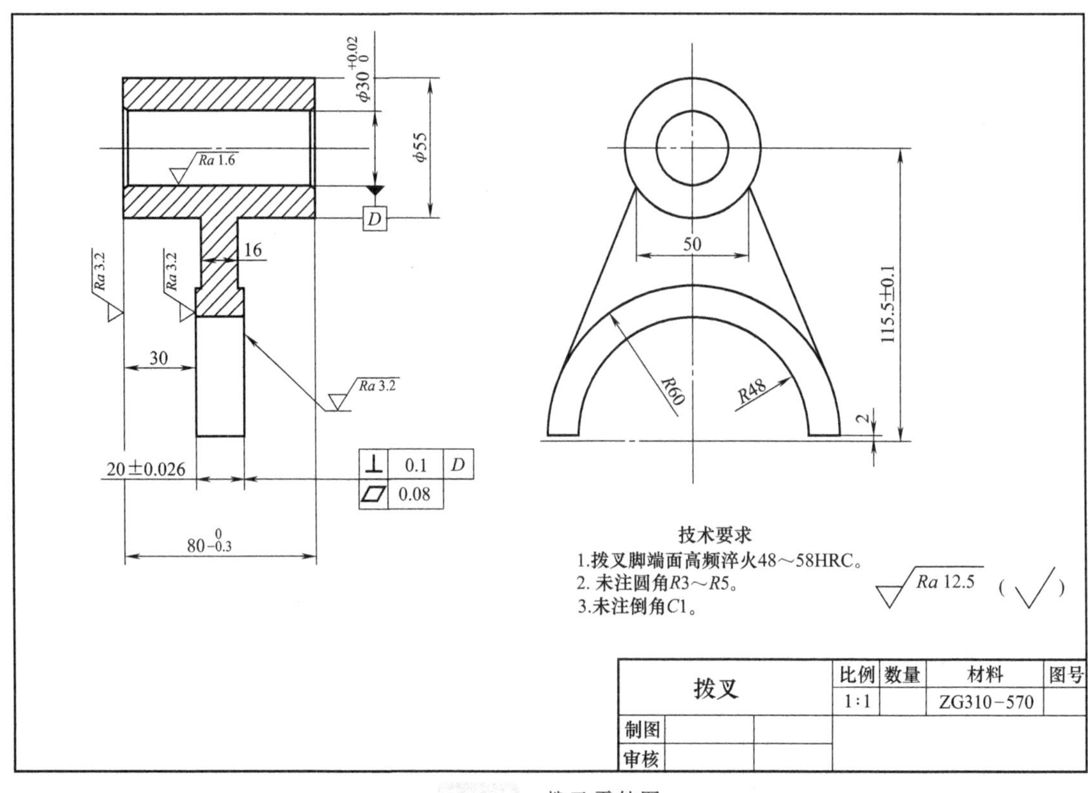

拨叉零件图

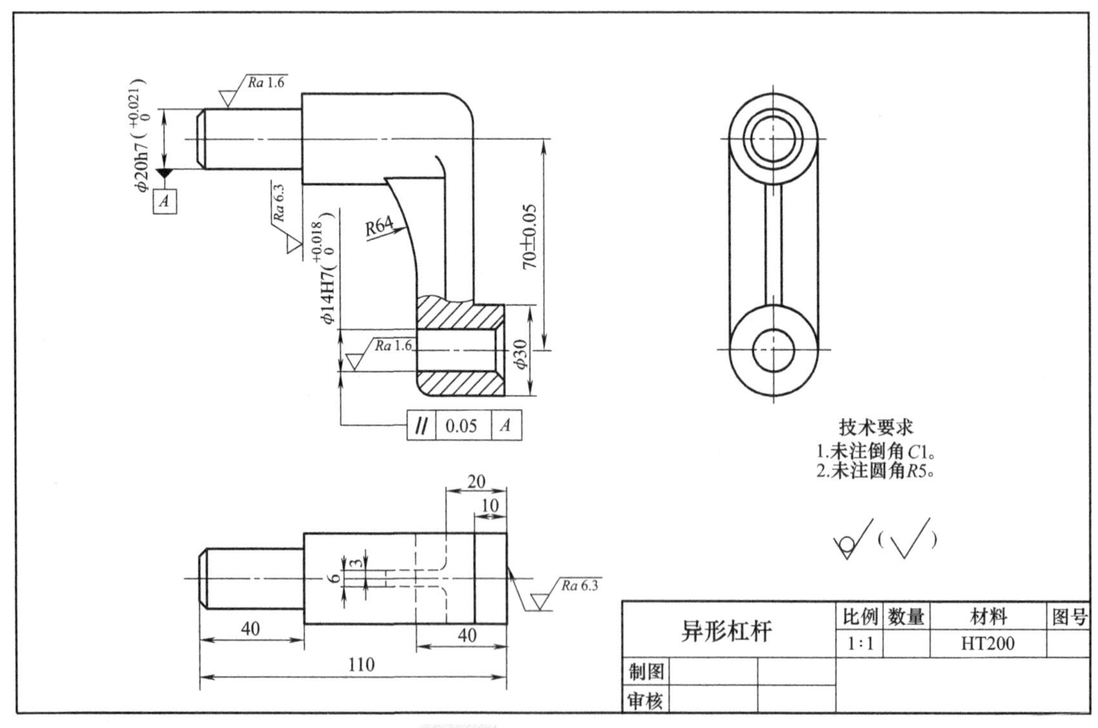

异形杠杆零件图

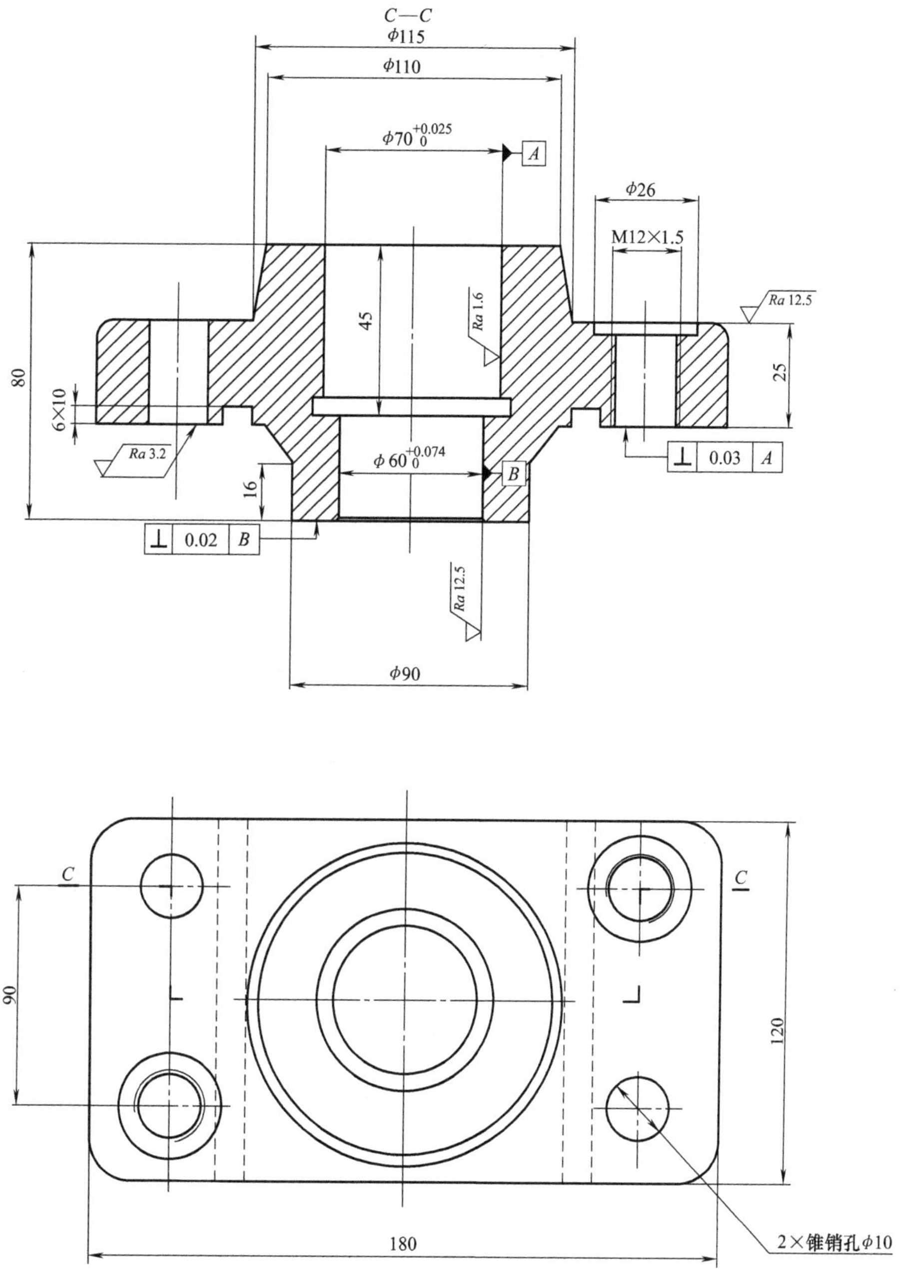

C—C

技术要求

1.未注倒角$C1$。
2.未注圆角$R5$。

方支座	比例	数量	材料	图号
	1:1		20	
制图				
审核				

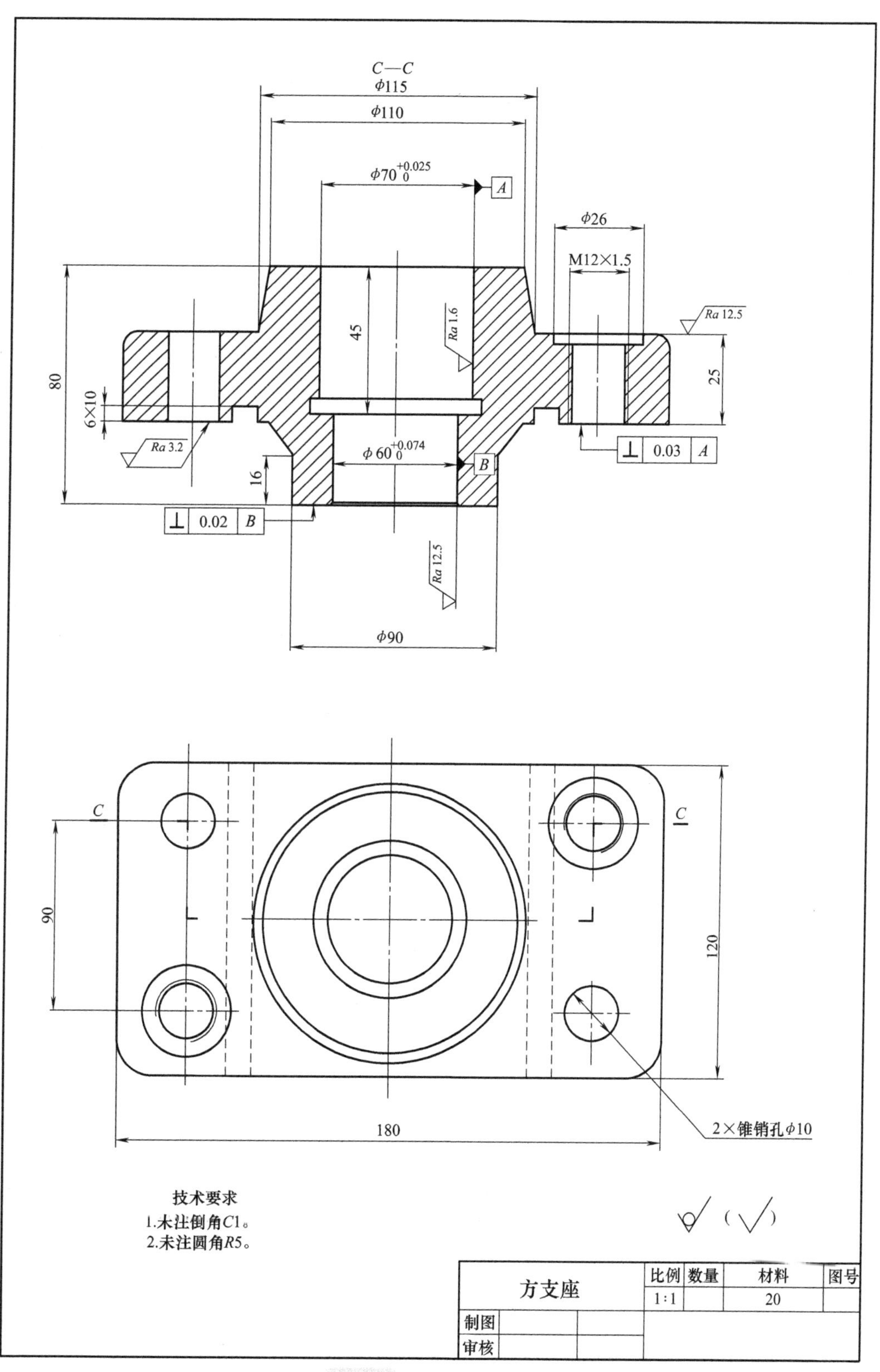

方支座零件图

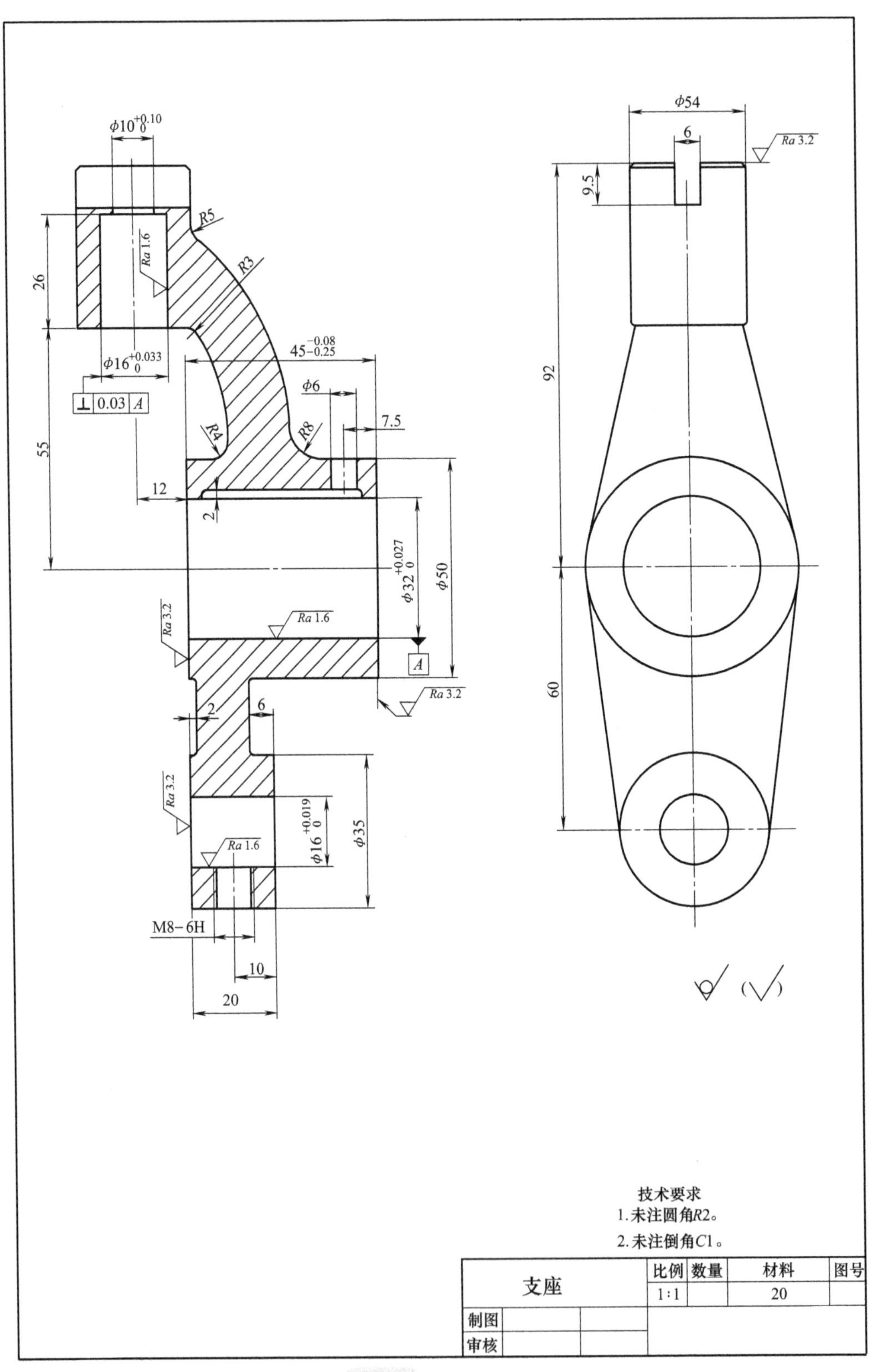

支座	比例	数量	材料	图号
	1:1		20	
制图				
审核				

支座零件图

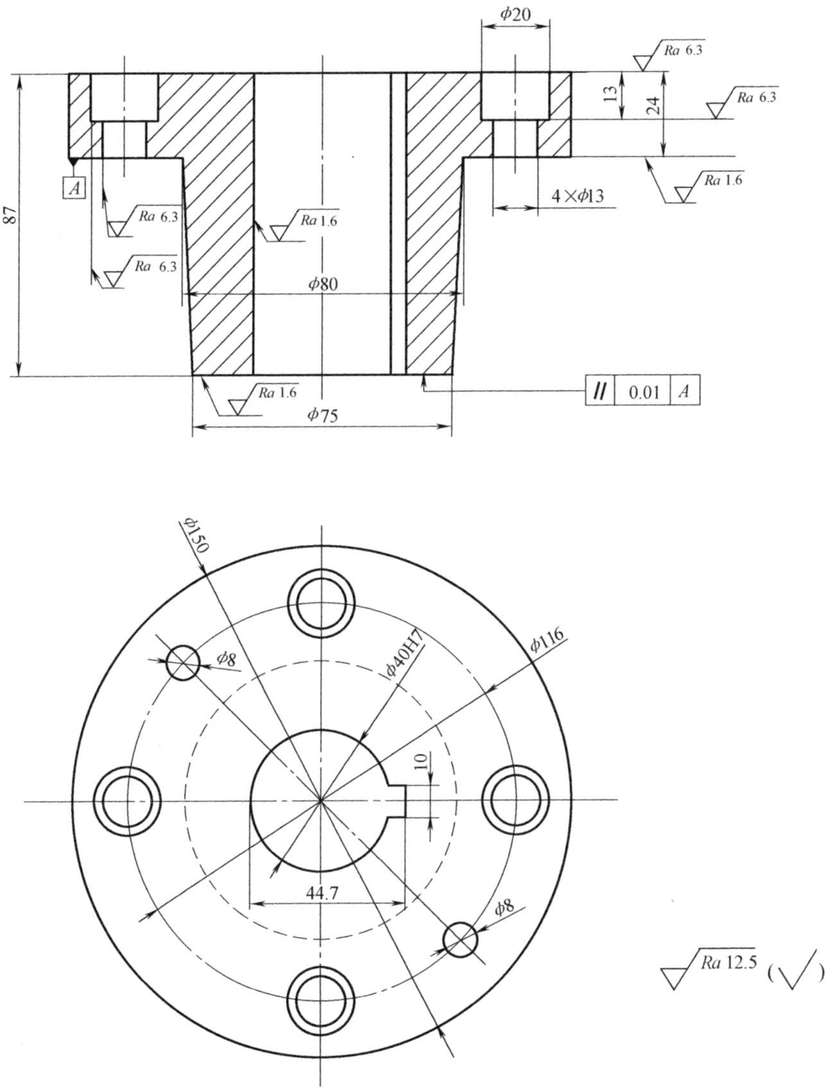

接盘			比例	数量	材料	图号
			1:1		20	
制图						
审核						

接盘零件图

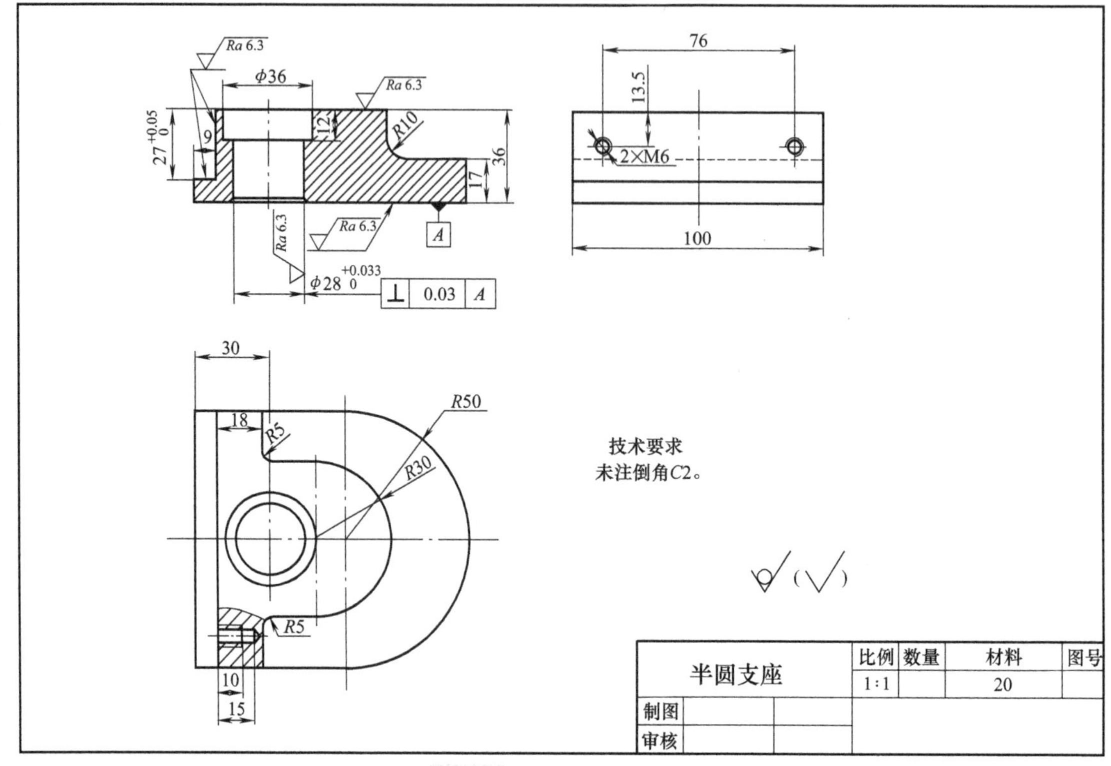

半圆支座零件图

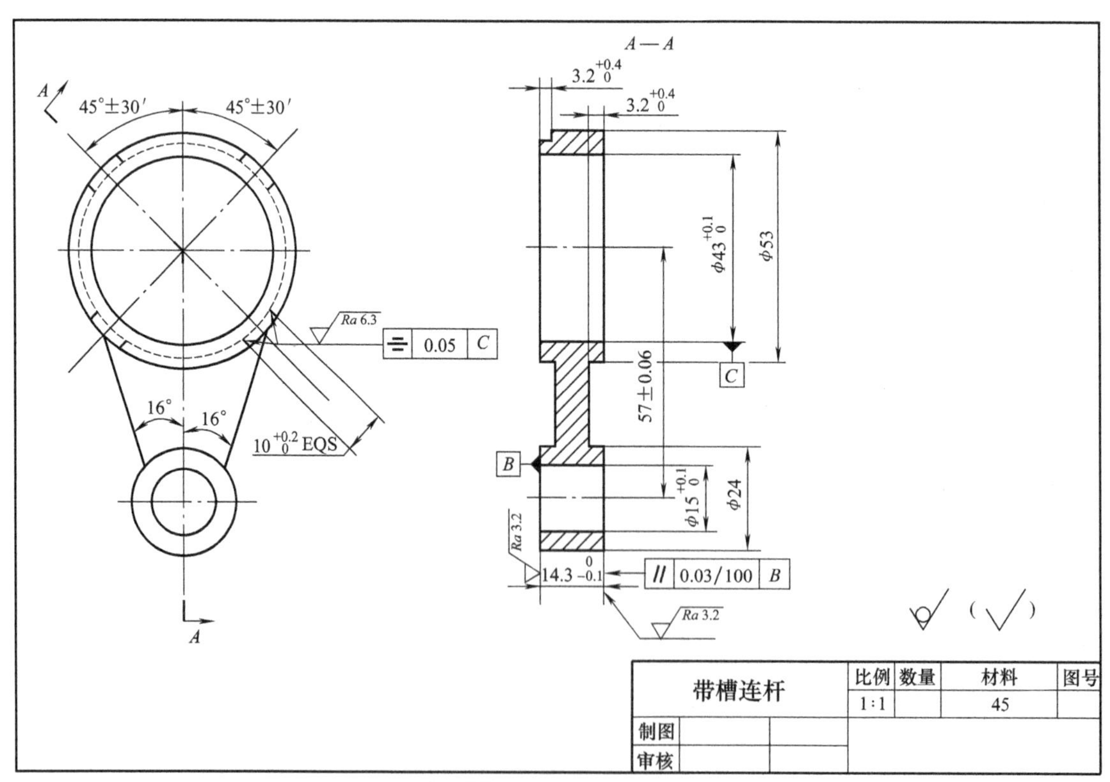

带槽连杆零件图

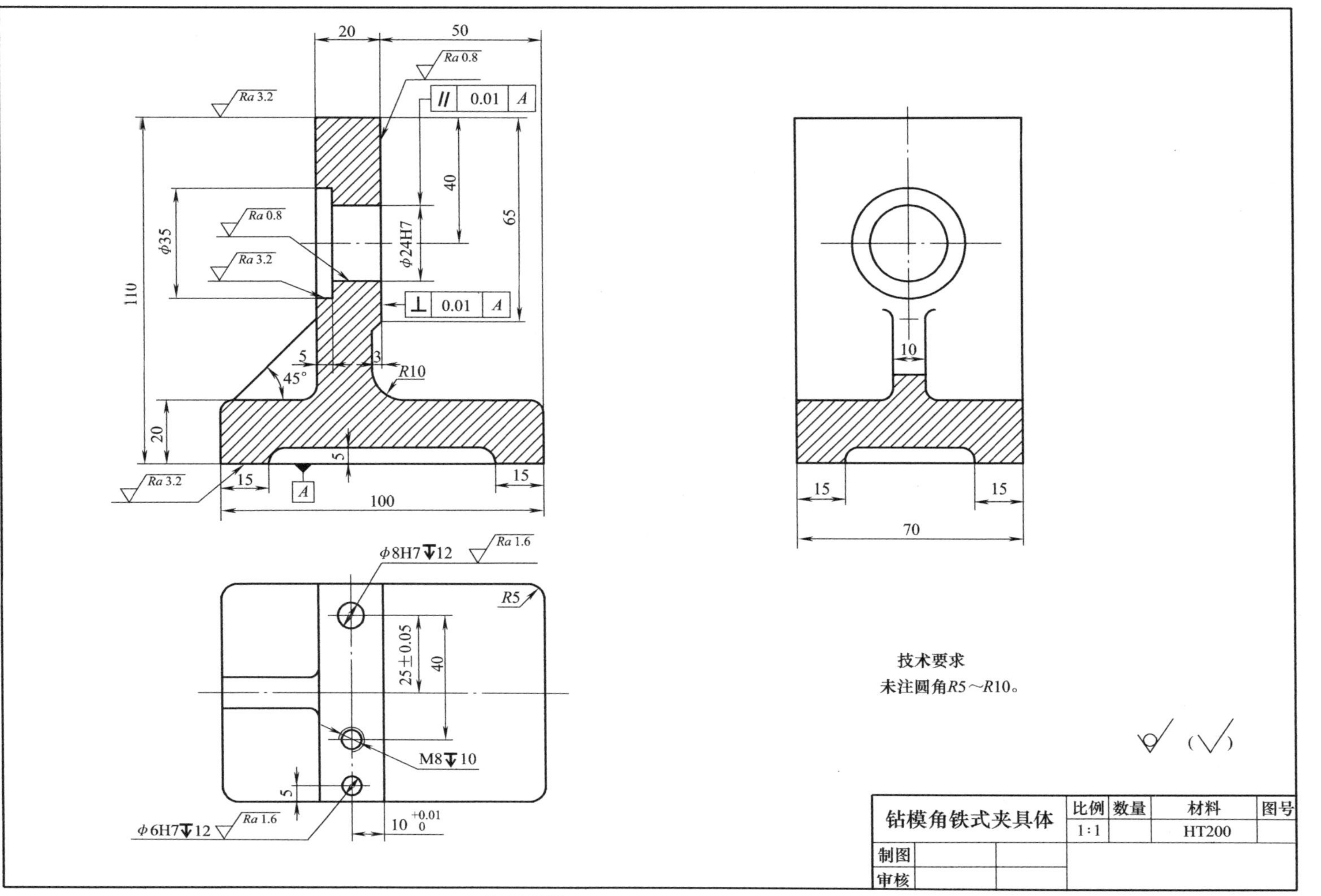

钻模角铁式夹具体零件图

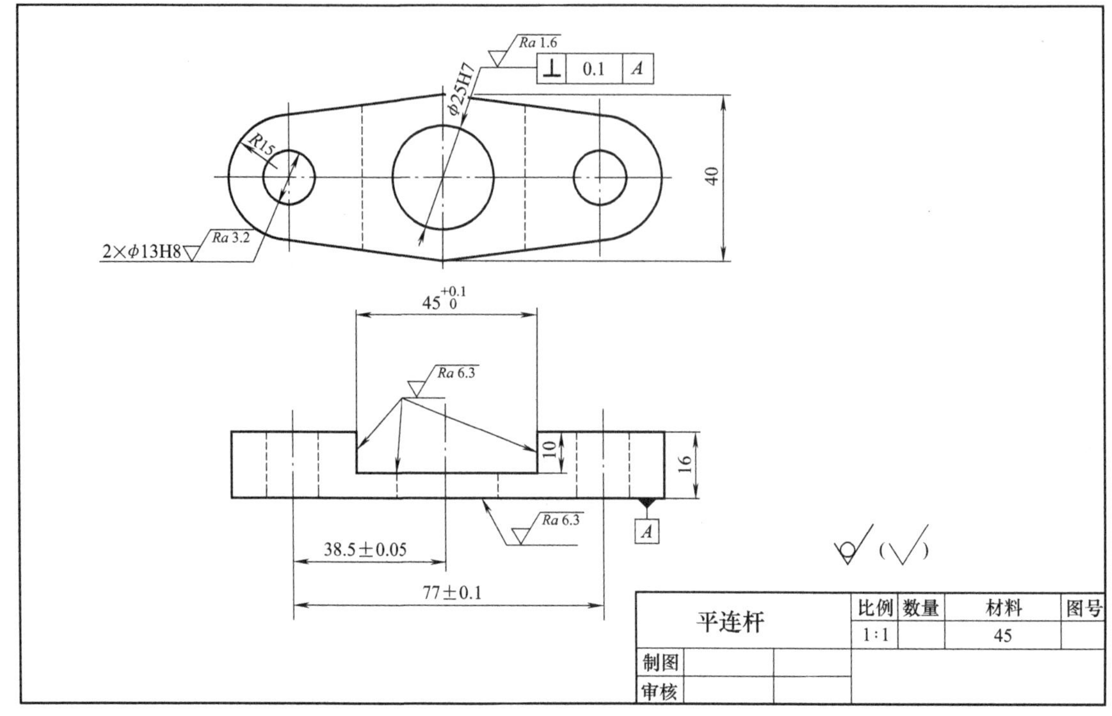

平连杆零件图

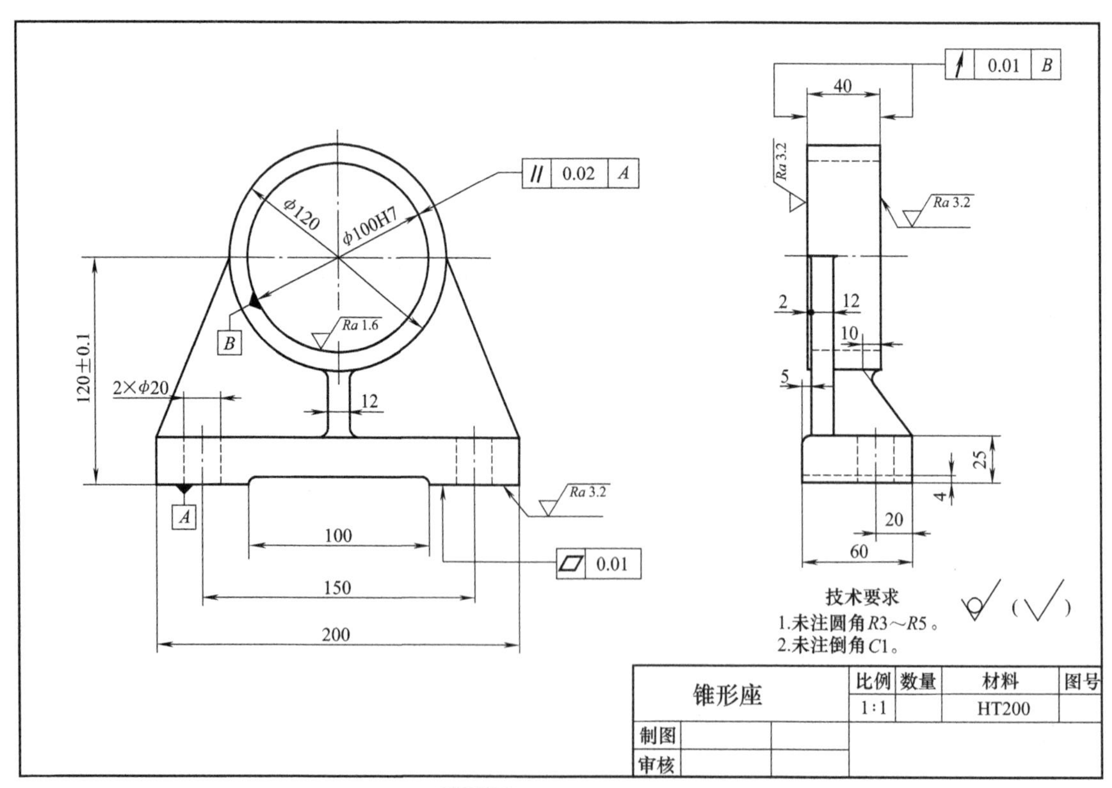

锥形座零件图

A—A

技术要求

1.未注倒角C2。

2.未注圆角R3～R5。

直角支座	比例	数量	材料	图号
	1:1		HT200	
制图				
审核				

直角支座零件图

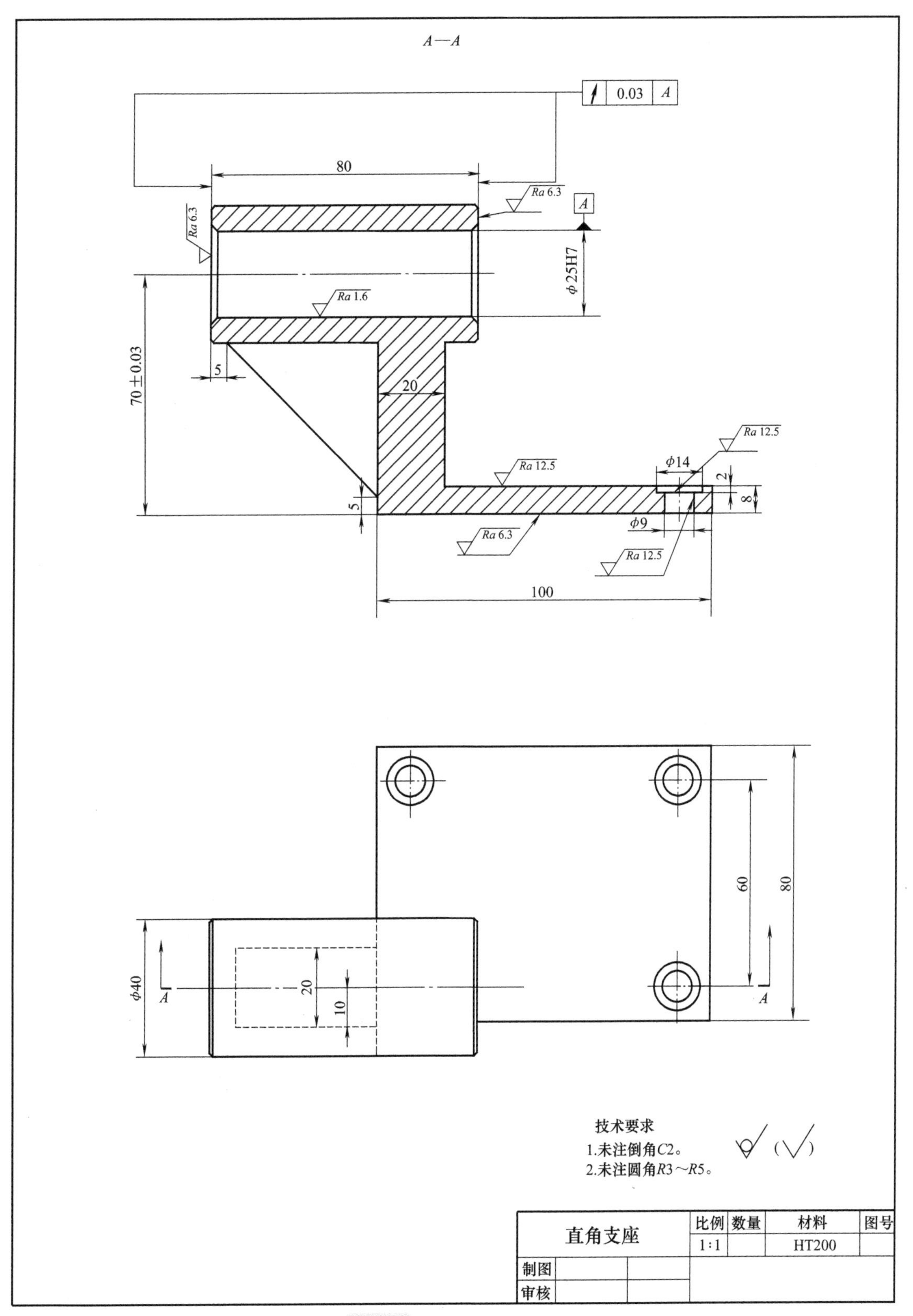

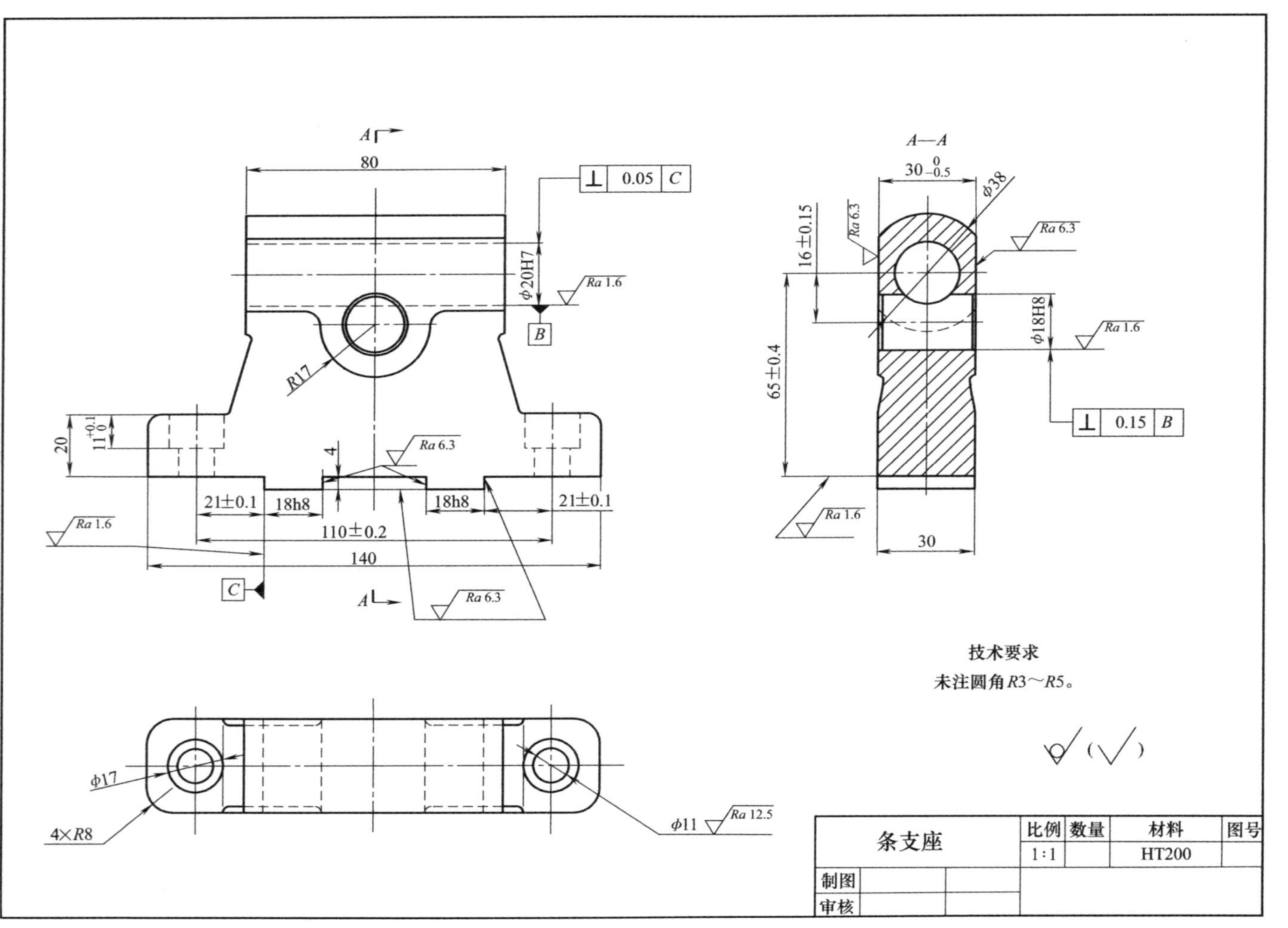
A—A
技术要求
未注圆角R3～R5。
条支座
比例
数量
材料
图号
1:1
HT200
制图
审核

条支座零件图

技术要求

1.未注圆角R3～R5。

2.未注倒角C1。

曲柄板	比例	数量	材料	图号
	1:1		45	
制图				
审核				

曲柄板零件图

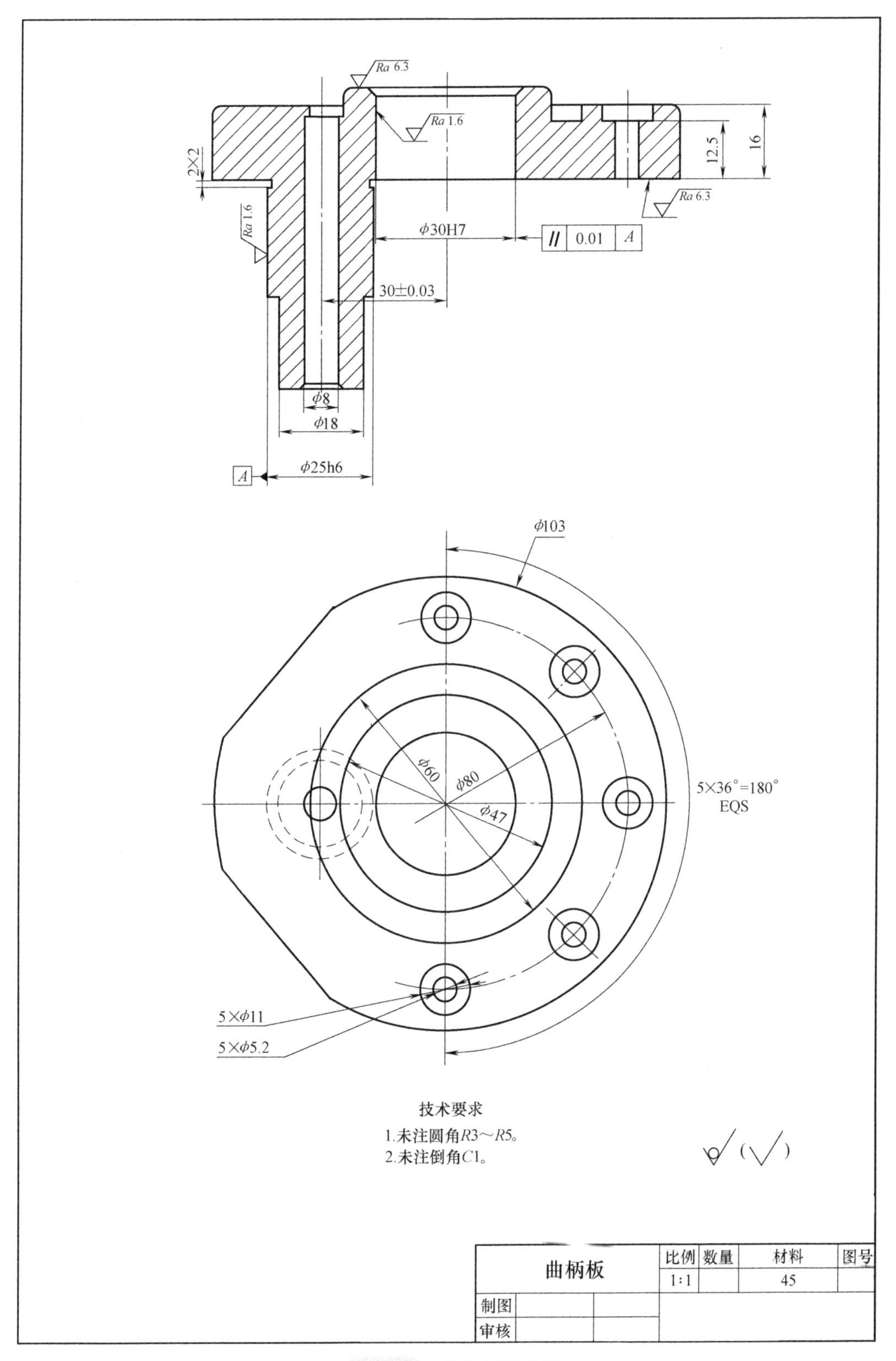

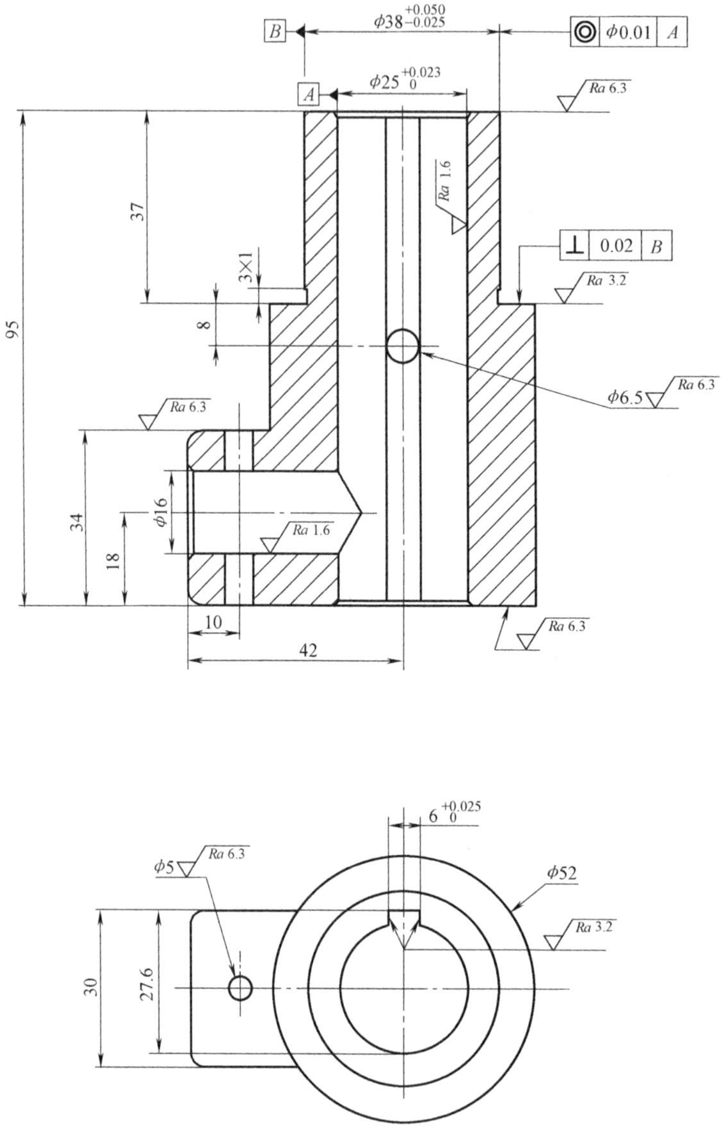

技术要求

1.未注圆角R2~R3。

2.未注倒角C1。

手柄		比例	数量	材料	图号
		1:1		HT200	
制图					
审核					

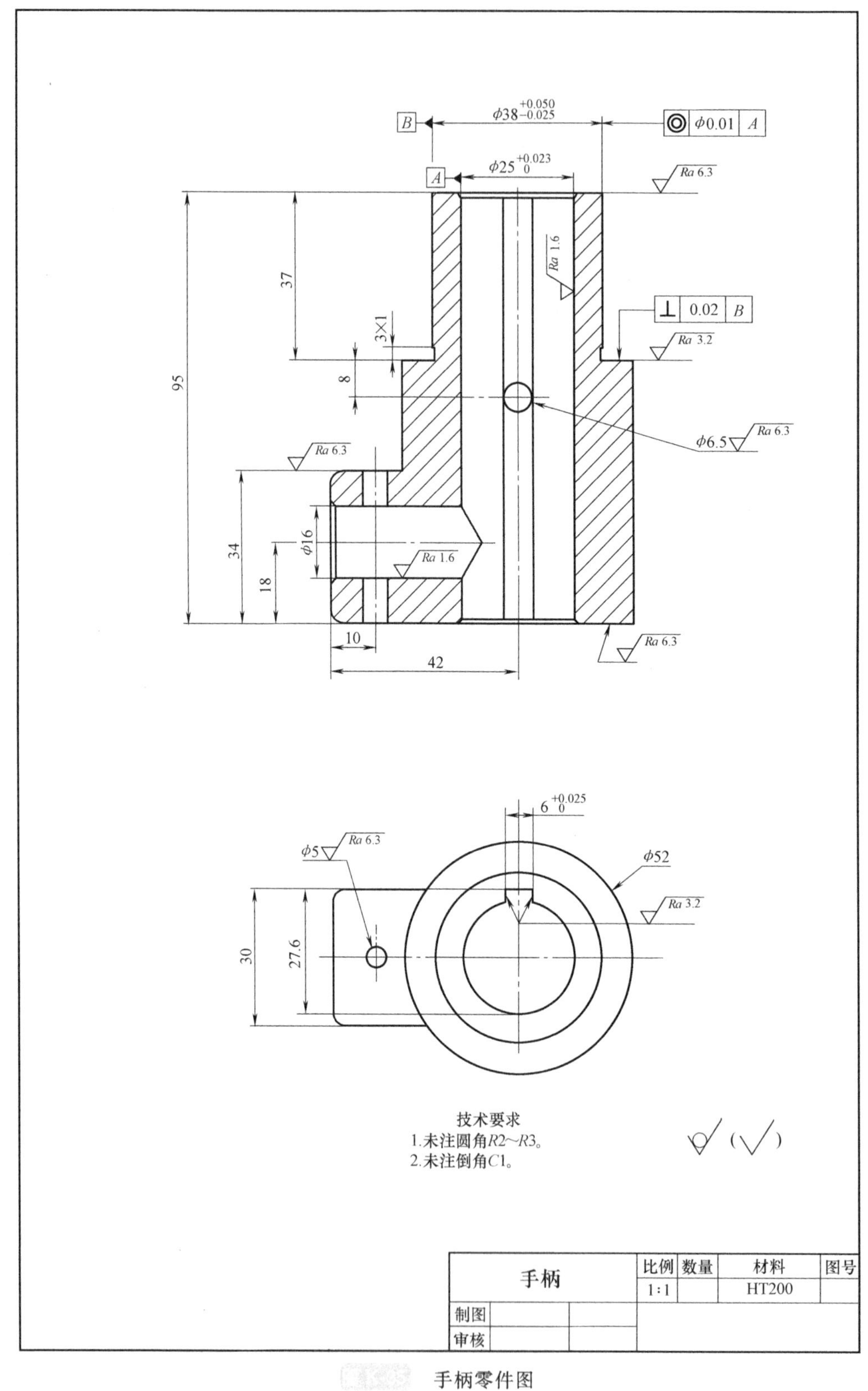

手柄零件图

附录 L　常用夹具元件的公差配合

元件名称	部位及配合		备注
衬套	外径与本体 H7/r6 或 H7/n6		
	内径 F7 或 F6		
固定钻套	外径与钻模板 H7/r6 或 H7/n6		
	内径 G7 或 F8		
可换钻套	外径与衬套 F7/m6 或 F7/k6		
快换钻套	内径	钻孔及扩孔时 F8	
		粗铰孔时 G7	
		精铰孔时 G6	
镗套	外径与衬套 H6/h5(H6/j5)、H7/h6(H7/js6)		滑动式回转镗套
	内径与镗杆 H6/g5(H6/h5)、H7/g6(H7/h6)		滑动式回转镗套
支承钉	与夹具体配合 H7/r6、H7/n6		
定位销	与工件定位基面配合(H7/g6、H7/f7)或(H6/g5、H6/f6) 与夹具体配合 H7/r6 或 H7/h6		
可换定位销	与衬套配合 H7/h6		
钻模板铰链轴	轴与孔配合 G7/h6 或 F8/h6		

附录 M　标准公差数值（GB/T 1800.1—2009）

公称尺寸/mm		标准公差等级																	
		IT1	IT2	IT3	IT4	IT5	IT6	IT7	IT8	IT9	IT10	IT11	IT12	IT13	IT14	IT15	IT16	IT17	IT18
大于	至	μm											mm						
—	3	0.8	1.2	2	3	4	6	10	14	25	40	60	0.1	0.14	0.25	0.4	0.6	1	1.4
3	6	1	1.5	2.5	4	5	8	12	18	30	48	75	0.12	0.18	0.3	0.48	0.75	1.2	1.8
6	10	1	1.5	2.5	4	6	9	15	22	36	58	90	0.15	0.22	036	0.58	0.9	1.5	2.2
10	18	1.2	2	3	5	8	11	18	27	43	70	110	0.18	0.27	0.43	0.7	1.1	1.8	2.7
18	30	1.5	2.5	4	6	9	13	21	33	52	84	130	0.21	0.33	0.52	0.84	1.3	2.1	3.3
30	50	1.5	2.5	4	7	11	16	25	39	62	100	160	0.25	0.39	0.62	1	1.6	2.5	3.9
50	80	2	3	5	8	13	19	30	46	74	120	190	0.3	0.46	0.74	1.2	1.9	3	4.6
80	120	2.5	4	6	10	15	22	35	54	87	140	220	0.35	0.54	0.87	1.4	2.2	3.5	5.4
120	180	3.5	5	8	12	18	25	40	63	100	160	250	0.4	0.63	1	1.6	2.5	4	6.3
180	250	4.5	7	10	14	20	29	46	72	115	185	290	0.46	0.72	1.15	1.85	2.9	4.6	7.2
250	315	6	8	12	16	23	32	52	81	130	210	320	0.52	0.81	1.3	2.1	3.2	5.2	8.1
315	400	7	9	13	18	25	36	57	89	140	230	360	0.57	0.89	1.4	2.3	3.6	5.7	8.9
400	500	8	10	15	20	27	40	63	97	155	250	400	0.63	0.97	1.55	2.5	4	6.3	9.7
500	630	9	11	16	22	32	44	70	110	175	280	440	0.7	1.1	1.75	2.8	4.4	7	11
630	800	10	13	18	25	36	50	80	125	200	320	500	0.8	1.25	2	3.2	5	8	12.5
800	1000	11	15	21	28	40	56	90	140	230	360	560	0.9	1.4	2.3	3.6	5.6	9	14
1000	1250	13	18	24	33	47	66	105	165	260	420	660	1.05	1.65	2.6	4.2	6.6	10.5	16.5
1250	1600	15	21	29	39	55	78	125	195	310	500	780	1.25	1.95	3.1	5	7.8	12.5	19.5
1600	2000	i8	25	35	46	65	92	150	230	370	600	920	1.5	2.3	3.7	6	9.2	15	23
2000	2500	22	30	41	55	78	110	175	280	440	700	1100	1.75	2.8	4.4	7	11	17.5	28
2500	3150	26	36	50	68	96	135	210	330	540	860	1350	2.1	3.3	5.4	8.6	13.5	21	33

注：1. 公称尺寸大于 500mm 的 IT1～IT5 的标准公差数值为试行的。

2. 公称尺寸小于或等于 1mm 时，无 IT14～IT18。

参 考 文 献

[1] 郭彩芬，赵宏平. 机械制造工程 [M]. 北京：机械工业出版社 ，2014.

[2] 王先逵，李旦. 机械加工工艺手册. 第1卷 工艺基础卷 [M]. 2版. 北京：机械工业出版社，2007.

[3] 邹青. 机械制造技术基础课程设计指导教程 [M]. 2版. 北京：机械工业出版社，2011.

[4] 周昌治. 机械制造工艺学 [M]. 2版. 重庆：重庆大学出版社，2012.

[5] 肖继德，陈宁平. 机床夹具设计 [M]. 2版. 北京：机械工业出版社，2000.

[6] 胡黄卿. 金属切削原理与机床 [M]. 北京：化学工业出版社，2004.

[7] 刘越. 机械制造技术 [M]. 北京：化学工业出版社，2003.

[8] 周宏甫. 机械制造技术基础 [M]. 北京：高等教育出版社，2004.

[9] 卢秉恒. 机械制造技术基础 [M]. 3版. 北京：机械工业出版社，2008.

[10] 徐鸿本，等. 铣削工艺手册 [M]. 北京：机械工业出版社，2012.

[11] 关慧贞，徐文骥. 机械制造装备设计课程设计指导书 [M]. 北京：机械工业出版社，2013.

[12] 吴拓. 现代机床夹具设计 [M]. 北京：化学工业出版社，2011.

[13] 李存霞，等. 机床夹具设计与应用 [M]. 北京：清华大学出版社，北京交通大学出版社，2012.

[14] 陈旭东. 机床夹具设计 [M]. 北京：清华大学出版社，2010.